Information & Computing-124

Pythonによる
数理・データサイエンス・AI
—理論とプログラム—

皆本 晃弥　著

サイエンス社

サイエンス社・数理工学社のホームページのご案内

https://www.saiensu.co.jp

ご意見・ご要望は　rikei@saiensu.co.jp　まで．

はじめに

本書は，大学のデータサイエンス系学部，理工系学部，高専等で行われる授業や企業のエンジニア研修などでの利用を想定した数理・データサイエンス・AIの教科書です．本書では，「数理・データサイエンス・AI（応用基礎レベル）モデルカリキュラム～AI×データ活用の実践～」（2021年3月 数理・データサイエンス教育強化拠点コンソーシアム）で示されているキーワードのうち，基礎的であり今後も大きく変わることがないと考えられるものを取り上げています．対応表については，表0.1をご覧ください．データサイエンス・AIの技術進歩は急速で，そのすべてをキャッチアップするのは確かに難しいです．しかし，陳腐化が進むのは末端の技術であり，その根底にある思想やアプローチは大きく変わることはないでしょう．

本書は，大学初年次レベルの微分積分，線形代数，確率統計，そしてPythonの基本的な知識を持っていることを前提としています．しかしながら，これらの知識が未熟な方でも，本書を通じて新たな学習や復習を行うことで理解を深められるでしょう．本書の目的は，理論と実装を織り交ぜながら，読者が応用基礎レベルからエキスパートレベルへと進む手助けをすることです．本書を読破すれば，データサイエンスや機械学習に関する文献の多くを理解し，活用できるようになることでしょう．

本書の各章は次のように構成されています．

(1) 手法の数学・理論的な解説

(2) Pythonライブラリを用いた実装

(3) Pythonを用いたゼロからの実装

多くの書籍では，主に(2)に焦点を当てたり，データサイエンスの活用について解説していますが，本書では「数理」にも焦点を当て，(1)と(3)も詳細に解説しています．また，本書では，すでに多くの講座や他書で使用されている標準的なデータセットを用いています．そのため，Webページや他の資料からの情報も効果的に活用できるでしょう．

筆者の経験上，授業でプログラムをすべて示すと，履修者の多くは何も考えないで写経（コピペ）するに留まり，あまり理解が進まないようです．そこで，本書では，プログラムの一部（1行あるいは複数行）を【自分で補おう】や【必要なライブラリ等のインポート】として，プログラムのすべてを示さないことにしました．読者自身がこれらを補うことでプログラムの理解が深まることを期待しています．ChatGPTやネット検索などで答えを見つけることもできますが，まずは自分で考えることが重要です．各章には，プログラムの理解を助けるためのウォーミングアップも用意されており，プログラムには詳細なコメントが付けられています．さらには，実行例も示されているので，本文内の解説とコメントを理解すれば，自力で空欄を埋められるでしょう．

なお，日本ではまだまだデータサイエンスを専門とする教員は少なく，データサイエンスの授業を数学系や情報系などの教員が担当することもあるでしょう．そういった方は，データサイエンス関連の授業で，何をどのように教えたらいいかがわからないものです．そのような状況を踏まえ，教員の方々が授業を行いやすいような教科書作りを心掛けています．本書の各章は約15ページで構成されており，15回の授業で使用しやすいように配慮されています．本書の内容は，教員の皆さんの授業作りの一助となることでしょう．

以上を踏まえ，本書の読み方や利用法について述べます．

とりあえずデータ分析を体験したい場合　各章の理論部分を簡単に読み，より具体的には，何をやっているのかを理解できる程度に読み，Python ライブラリを用いた実装を中心に読んでください．その際，分析結果をいろいろと吟味するといいでしょう．

各手法の理論を理解したい場合　各章の理論をしっかり読み，Python を用いたゼロからの実装を読んでください．実装すれば，理論の理解がより深まります．できれば，Python ライブラリを用いた実装の結果と比較するといいでしょう．

教員が授業で本書を活用したい場合　各章の説明をもとに授業を行い，具体的な実装は授業の一部や宿題として利用できます．また，Python を用いたゼロからの実装は，より高度な実習や課題として利用できます．たとえば，全 15 回の授業であれば，本書の各章を第 1〜14 回で利用し，第 15 回を「授業のまとめ」にする，といったことが考えられます．あるいは，やや量が多い第 12 章を 2 回に分けてもいいでしょう．なお，各章は講義 1 コマ，演習 2 コマの計 3 コマ分を想定しています．

データ分析やサービス構築などに取り組む際，既存の技術を活用して課題を解決することは可能です．しかしながら，それだけでは革新的な進歩を遂げることは難しいでしょう．既存の手法だけでは解決できない問題に直面した場合，新たな手法を開発するためには，数学的・理論的な理解，そしてゼロからの実装経験が重要となります．「技術の中身がわからなくても，それが問題解決に役立つならばそれでよい」という考え方は，一時的には有効かもしれません．しかし，長期的な視点から見れば，それは推奨できません．現在，日本において多くの技術プラットフォームは他国に依存しています．そのような状況下では，独自のアイデアが競争力となります．しかし，技術力が不足している場合，新たなアイデアは他者に模倣され，製品やサービスは容易にコモディティ化されてしまいます．結果として，先行者利益を維持することは時間とともに困難になるでしょう．独自性のあるものを創出するためには，高度な技術力が求められます．さらに，技術の中身を理解せずにデータ分析や AI 利用を進めると，理解していれば回避可能なパラメータや訓練データの調整といった「試行錯誤」という名の総当たり的な単純作業を行わざるを得なくなります．人間が AI のために単純作業をするという状況は，できるだけ避けるべきです．

本書が，数理・データサイエンス・AI 分野における理論と実践力を兼ね備えた人材育成の一助になれば幸いです．

2023 年 9 月
皆本 晃弥

本書とモデルカリキュラム（応用基礎レベル）の対応

本書のキーワードはなるべくモデルカリキュラムのキーワードに合わせています．表 0.1 を見るとわかるように，本書は,「コア学修項目」と「基盤となる学修項目」はカバーしています．

表 0.1: 本書とモデルカリキュラムとの対応表

☆：コア学修項目　※：数理・データサイエンス・AI を学ぶ上で基盤となる学修項目

モデルカリキュラムの小項目	本書で登場するキーワード等
1-1. データ駆動型社会とデータサイエンス（☆）	データ駆動型社会，Society 5.0，各章の課題がデータサイエンス活用事例にもなっている
1-2. 分析設計（☆）	回帰，分類，クラスタリング
1-3. データ観察	データの集計，ヒストグラム，散布図
1-4. データ分析	単回帰分析，重回帰分析，最小 2 乗法，ロジスティック回帰分析，最尤法，時系列データ，主成分分析，次元削減，最適化問題
1-5. データの可視化	可視化目的に応じた図表化，散布図，散布図行列，ヒートマップ
1-6. 数学基礎（※）	条件付き確率，平均値，中央値，最頻値，分散，標準偏差，相関係数，相関関係と因果関係，正規分布，ベイズの定理，ベクトルと行列ベクトルの演算，ベクトルの和とスカラー倍，内積，行列の演算，行列の和とスカラー倍，行列の積，逆行列，固有値と固有ベクトル，多項式関数，指数関数，対数関数，1 変数関数の微分法，2 変数関数の微分法
1-7. アルゴリズム（※）	全章でアルゴリズムを提示
2-1. ビッグデータとデータエンジニアリング（☆）	ビッグデータ，クラウドサービス
2-2. データ表現（☆）	コンピュータで扱うデータ，配列，木構造，ピクセル，RGB
2-3. データ収集	IoT（Internet of Things）
2-4. データベース	
2-5. データ加工	集計処理，四則演算処理，ソート処理，サンプリング処理，データの標準化，ダミー変数，分散処理
2-6. IT セキュリティ	
2-7. プログラミング基礎（※）	全章でプログラムを掲載・解説
3-1. AI の歴史と応用分野（☆）	汎用 AI/特化型 AI（強い AI/弱い AI），機械学習ライブラリ（scikit-learn），ディープラーニングフレームワーク（PyTorch）
3-2. AI と社会（☆）	AI 倫理，AI の説明可能性
3-3. 機械学習の基礎と展望（☆）	機械学習，教師あり学習，教師なし学習，強化学習，学習データと検証データ，ホールドアウト法，交差検証法，過学習
3-4. 深層学習の基礎と展望（☆）	ニューラルネットワークの原理，畳み込みニューラルネットワーク（CNN），再帰型ニューラルネットワーク（RNN），深層学習と線形代数/微分積分との関係性
3-5. 認識	特徴抽出，識別，数字認識，画像分類
3-6. 予測・判断	決定木（Decision Tree），混同行列，accuracy，precision，recall MSE（Mean Square Error），ROC 曲線，AUC（Area Under the Curve），ランダムフォレスト，サポートベクタマシン（SVM）
3-7. 言語・知識	文書分類，bag-of-words，TF-IDF
3-9. AI の構築・運用（☆）	AI の学習と推論，評価，再学習，AI の計算デバイス

本書で利用したソフトウェアとそのバージョン

Python では，モジュール，パッケージ，ライブラリという 3 つの要素があります．

モジュール（module）　Python のファイル（.py 拡張子を持つ）を指します．このファイルには Python のコードが書かれており，関数，クラス，変数などを定義できます．別の Python スクリプトから `import` 文を使って読み込み，その中の関数やクラスを利用できます．

パッケージ（package）　Python のモジュールをまとめたものです．複数のモジュールをディレクトリ（フォルダ）で管理し，そのディレクトリがパッケージとなります．パッケージ内のモジュールは階層的に整理することができます．

ライブラリ（library）　一般的に，特定の機能や作業を簡単に行うためのコードの集まり，つまり，モジュールやパッケージの集合体を指します．たとえば，データ分析を行うためのライブラリには pandas や NumPy などがあります．

本書では，Anaconda または Google Colaboratory（`https://colab.research.google.com/`）の利用を想定しています．本書ではこれらの利用方法について詳しく解説しません．これらのツールについては Web 上で多くの情報を入手できます．

Anaconda　Anaconda は Python のためのパッケージと環境の管理システムです．ここでいう環境とは，それらのパッケージが動作するための条件のことを指します．Anaconda を利用することで，データサイエンスや機械学習に必要な多くのパッケージを簡単にインストールでき，それらが正しく動作するための環境も一緒に設定できます．

Jupyter notebook　Jupyter notebook は，Web ブラウザ上で実行可能なインタラクティブなプログラミング環境で，コードの実行結果をリアルタイムに確認しながらプログラムを作成できます．Jupyter notebook の内容は，.ipynb という拡張子のファイルとして保存されます．

Google Colaboratory　Google Colaboratory は，Google が提供するクラウド上で動作する Jupyter notebook 環境です．特別な設定やインストールをすることなく Python プログラムの作成・実行が可能で，無料プランでも GPU を利用できます．

また，本書のプログラムを実行するための環境は以下の通りです．なお，環境によっては本書で掲載したプログラムが動作しない可能性もあります．これらのライブラリは頻繁にアップデートされており，バージョンによっては本書で利用しているライブラリの使用方法が本書執筆時点と異なる場合もありますので，ご了承ください．

Matplotlib　Matplotlib は Python でグラフを描画するためのライブラリです．折れ線グラフ，散布図，ヒストグラム，3D グラフなど，多様なグラフを描画することができます．また，描画スタイルやレイアウトを細かく制御することも可能です．

Mlxtend　Mlxtend（machine learning extensions）は，Python の機械学習に関連する便利なツールやユーティリティを提供するライブラリです．

NumPy　NumPy は Python で数値計算を効率的に行うためのライブラリです．大量の数値データを高速に処理するための配列や行列演算機能を提供し，科学技術計算の基盤として利用されます．

pandas　pandas は Python でデータ分析を行うためのライブラリです．表形式のデータ（データフレーム）を効率的に扱うことができ，データの読み書き（CSV，Excel など），フィルタリング，変換，集約，欠損値処理など，データ前処理に必要な機能を持っています．

PyTorch PyTorch は Python のための機械学習ライブラリで，Facebook（現在の Meta Platforms）によって開発されました．深層学習モデルの構築と訓練を助ける多くの機能を提供します．

scikit-learn scikit-learn は Python のための機械学習ライブラリです．分類，回帰，クラスタリング，次元削減，モデル選択など，機械学習に必要な各種のアルゴリズムとユーティリティが含まれています．

SciPy SciPy は科学技術計算を行うための Python ライブラリです．最適化，線形代数，積分，補間，特殊関数など，多様な科学技術計算の機能を提供します．

seaborn seaborn は Matplotlib をもとにしたデータ可視化ライブラリです．より美麗で洗練されたグラフを描画することができ，統計的な情報を視覚的に表現するための高水準なインタフェースを提供します．

statsmodels statsmodels は Python で統計的な計算やデータ分析を行うためのライブラリです．さまざまな統計モデルの推定や検定，データの可視化機能などを提供します．

NumPy や seaborn の関数は，本来，`numpy.` 関数や `seaborn.` 関数と表記すべきですが，本書では「`import numpy as np`」と「`import seaborn as sns`」の形でインポートした場合の，`np.` 関数や `sns.` 関数として表記します．

本書で使っているバージョンは以下の通りです．

```
matplotlib        3.5.0
mlxtend           0.22.0
numpy             1.22.1
pandas            2.0.3
python            3.8.8
scikit-learn      1.3.0
scipy             1.7.3
seaborn           0.11.2
statsmodels       0.13.2
threadpoolctl     3.1.0
torch             1.10.1
torchvision       0.11.2
```

なお，threadpoolctl は Python のライブラリであり，同時に作動するスレッド（プログラムの実行単位）の数を制御します．これにより，コンピュータは同時に複数のタスクを効率的に処理できます．一度に動作するスレッドが多すぎると，コンピュータのパフォーマンスが低下する可能性がありますが，threadpoolctl の使用によりその問題を防ぐことが可能です．ただし，threadpoolctl のバージョンが古いと，エラーが発生しプログラムが正常に実行できない場合があります．そのような状況に遭遇した場合は，バージョンの更新を検討してください．

目　次

第1章
線形単回帰分析

回帰分析（regression analysis）は，「気温 x からアイスクリームの売り上げ y を予測する」といったように，**ある変数から別の変数を予測する**ための方法です．このようにある変数から別の変数を見ることを**回帰**（regression）といいます．

$$x\ (\text{気温：説明変数}) \rightarrow \boxed{f(x)} \rightarrow y = f(x)\ (\text{売り上げ：目的変数})$$

回帰分析は，基本的な手法であり，NumPy，SciPy，scikit-learn といったさまざまなライブラリで実装できるので，本章では，これらを使って実際に実装していきます．また，回帰分析は，機械学習の考え方を学ぶ上でも有益なので，機械学習との関連についても説明します．

1.1 回帰分析の概要

回帰分析の目的は，何らかの数値を予測することです．他の変数を予測するための変数 x（上の例の場合，気温）を**説明変数**（explanatory variable）といい，予測される変数 y（上の例の場合，アイスクリームの売り上げ）を**目的変数**（objective variable）といいます．y がある値をとる理由を x が説明している，という考え方です．機械学習では，x を分析対象の性質を特徴付ける変数と考えて，**特徴量**（feature）と呼び，y を予測すべき正解を示すものと考えて，**正解ラベル**（label，correct label）と呼ぶことがあります．これらの変数は，その他にも，以下のように呼ばれることもあります．本によっては，用語の使い方が違うので，別の文献を参照する際には注意してください．

表 1.1: 説明変数と目的変数の別称

説明変数	目的変数
特徴量（feature）	**正解ラベル**（correct label）
独立変数（independent variable）	**従属変数**（dependent variable）
予測変数（predictor variable）	**結果変数**（outcome variable）
外生変数（exogenous variable）	**内生変数**（endogenous variable）

回帰分析を行うと，説明変数 x から目的変数 y が決定される状況や仕組みが明らかになり，結果として，因果関係を説明できます．また，説明変数は複数あってもかまいません．たとえば，築年数 x_1，広さ x_2，最寄駅からの距離 x_3 より中古住宅の価格 $y = f(x_1, x_2, x_3)$ を予測するような場合です．説明変数が 1 つの場合と，2 つ以上の場合を区別するため，前者を**単回帰分析**（simple regression analysis），後者を**重回帰分析**（multiple regression analysis）と呼びます．特に，説明変数 $x, x_1, \ldots, x_p$ と目的関数の関係 y を直線 $y = ax + b$ や超平面[1] $y = a_1x_1 + a_2x_2 + \cdots + a_px_p + b$ で表すことを前提とした回帰を**線形回帰**（linear regression）といいます．

---

[1] 一般に平面は 2 次元（$y = a_1x_1 + a_2x_2 + b$）ですが，それを n 次元に一般化したものを**超平面**（hyperplane）といいます．

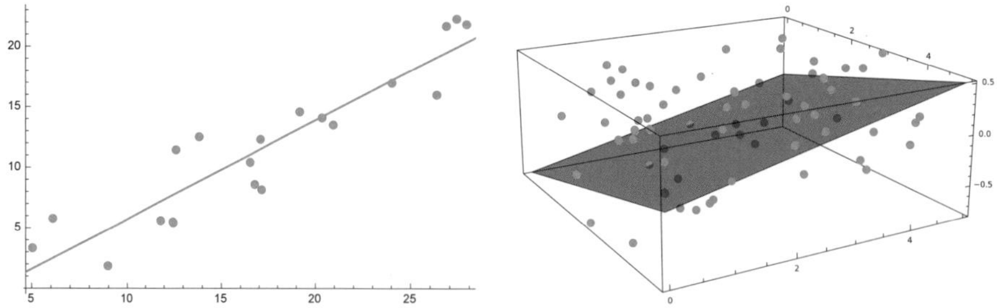

図 1.1: 線形単回帰分析（左）と線形重回帰分析（右）のイメージ

なお，変数間の対応を表現した数式 $y = f(x)$ や $y = f(x_1, x_2, x_3)$ などを**モデル**（model）と呼ぶことがあります．そのため，回帰を表現する数式を**回帰モデル**（regression model）と呼ぶこともあります．

1.2　機械学習の概要

回帰分析は，従来からある統計的手法ですが，機械学習手法の 1 つとしても位置付けられています．大抵の場合，統計的手法と機械学習手法の目的は同じですが，機械学習手法は，ビッグデータやコンピュータを前提としている点が異なります．ここでは，ビッグデータ，機械学習，人工知能にまつわる話題について簡単に説明しておきましょう．

1.2.1　ビッグデータ

一般的には，**ビッグデータ**（big data）とは大量のデータの集合体を指します．その規模はテラバイト（TB）からペタバイト（PB）まで，またはそれ以上にも及ぶことがあります．しかし，ビッグデータが重要なのはその単純な規模だけではありません．ビッグデータは，以下の「3V」という特性によって特徴付けられます．

規模（Volume）　データのサイズが大きい．
速度（Velocity）　データの生成・更新が高速．
多様性（Variety）　データの形式・種類が多様．

ビッグデータの収集と蓄積は，一般的なリレーショナルデータベースシステム（20 世紀の晩期から 21 世紀初頭まで広く使われていたもの）では困難です．その理由は，その量や生成速度が非常に大きく，またデータの形式が多様であるため，従来型システムでは処理しきれないからです．そのため，分散ストレージや分散処理システムが使われます．これらのシステムでは，複数のマシン上にデータを分散させることで，ビッグデータの取り扱いを可能にしています．

また，**クラウドサービス**（cloud service）の登場がビッグデータの蓄積や処理をさらに容易にしています．クラウドサービスは，インターネットを通じてデータストレージや計算能力を提供するサービスのことを指します．Amazon Web Services（AWS）や Google Cloud Platform（GCP）などの主要なクラウドサービスプロバイダは，ユーザが必要なだけのストレージや計算能力を短時間で利用できるようにしています．これにより，大量のデータを蓄積し，高度な分析を行うための高性能な計算機を設置と運用の手間なく利用することが可能になっています．

1.2.2 データ駆動型社会

データ駆動型社会（data-driven society）とは，ビッグデータが生成・収集され，それらを個人，組織，社会などの意志決定に役立てる社会のことを指します．ここで重要なのは，単にデータがあるだけでなく，そのデータを分析し，有用な情報や知識に変換し，それを利用して意思決定を行うというプロセスです．ビッグデータの技術，人工知能（AI），機械学習などの先進的なデータ解析技術が，このプロセスを可能にしています．

一方，Society5.0 とは，日本政府が提唱する「人間中心の社会」のビジョンで，内閣府ホームページ（`https://www8.cao.go.jp/cstp/society5_0/`）によれば以下の通りです．

> サイバー空間（仮想空間）とフィジカル空間（現実空間）を高度に融合させたシステムにより，経済発展と社会的課題の解決を両立する，人間中心の社会（Society）
>
> 狩猟社会（Society 1.0），農耕社会（Society 2.0），工業社会（Society 3.0），情報社会（Society 4.0）に続く，新たな社会を指すもので，第 5 期科学技術基本計画において我が国が目指すべき未来社会の姿として初めて提唱されました．

Society5.0 では，先進的なデジタル技術が全社会に普及し，人間の生活をより豊かで便利に，そして持続可能なものに変えることを目指しています．より具体的には，**IoT**（Internet of Things）[2]，ビッグデータ，AI などの技術を活用して，さまざまな社会問題を解決します．たとえば，AI とセンサー技術を用いて高齢者の健康管理を行う，ビッグデータを利用して都市交通の最適化を図る，といったことが可能になります．

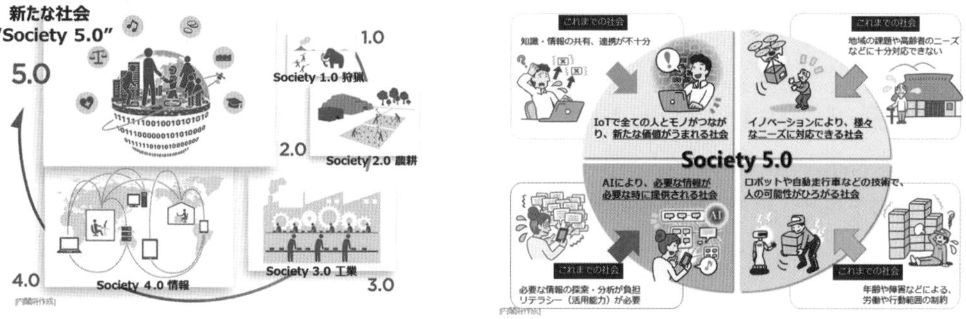

図 1.2: Society 5.0．内閣府ホームページより引用

1.2.3 機　械　学　習

機械学習（machine learning, training）とは，予測や分類などを行うため，機械（コンピュータ）にデータを読み込ませて，ルールやパターン等を獲得させるための技術です．このルールやパターン等を獲得するためには，あらかじめモデルを決めておき，そのパラメータを調整していきます．通常，モデルは大量のパラメータを含む数式で表されます．このパラメータのことを**重み**（weight）と呼ぶこともあります．そして，このパラメータを調整する過程のことを**学習**（learning）と呼びます．何だか「学習」というと，機械も人間のように勉強しているような感じがしますが，単にモデルのパラメータを調整しているだけです．そして，学習済みのモデルを使って，未知のデータに対して予測や分類などを行います．

[2] さまざまな機器がインターネットに接続されている状況を IoT と呼びます．

以上を踏まえると，機械学習は次の 3 つのステップからなるといえます．

1 モデル化　現象をモデル化する．現象を数式で近似する．

2 学習　モデルを最適化するパラメータを決定する．

3 予測　学習したモデルを使い，未知のデータに対して予測や分類などを行う．

また，機械学習は，大きく教師あり学習，教師なし学習，強化学習の 3 つに分けられます．

教師あり学習（supervised learning）　特徴を表す情報（説明変数）と正解を表す情報（目的変数）がペアになっているデータを用いてモデルのパラメータを調整する方法です．この際に利用されるデータを**訓練データ**（training data），**教師データ**，あるいは**学習データ**といいます．

教師なし学習（unsupervised learning）　教師あり学習とは異なり，説明変数のみを訓練データとして与え，データの特徴を抽出できるようにパラメータを調整する方法です．教師，つまり，正解に相当する目的変数がないため，教師なし学習と呼ばれています．

強化学習（reinforcement learning）　訓練データではなく，環境を与える点が他の 2 つの方法と異なります．強化学習では，**行動**（action）により**報酬**（reward）が得られるような**環境**（environment）を与え，報酬を最大化する行動をとるようにモデルのパラメータを調整します．強化学習モデルでは，「行動の評価方法」と「評価に基づく行動の選び方（**方策**：policy）」を学習します．

また，行動する主体を**エージェント**（agent）といいます．たとえば，自動運転技術の場合，自動車がエージェント，自動車の現在地が環境になります．自動車は，おかれた**状態**（state），たとえば道路の状況や信号の色など，に応じて行動し（直進する，止まるなど），なるべく高い報酬（スコア）が得られる行動をとるようにパラメータが調整されます．自動車が進めば，現在地が変わりますから，環境も変わります．すると，その状態に応じて，なるべく高い報酬が得られる行動ができるようパラメータが調整されます．なお，本書では，強化学習については扱いません．

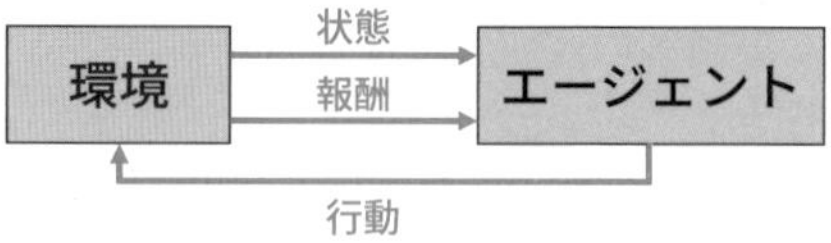

図 1.3: 強化学習

これら 3 つの学習法の特徴をまとめたものが表 1.2 です．本書では太字部分を解説します．

表 1.2: 教師あり学習，教師なし学習，強化学習

学習法	入力	正解	主な手法	活用例
教師あり学習	○ 説明変数	○目的変数	**線形回帰, 多項式回帰, ロジスティック回帰，サポートベクタマシン，決定木，ナイーブベイズ，*k* 最近傍法, ニューラルネットワーク**	分類，回帰
教師なし学習	○ 説明変数	× なし	***k*-means 法，主成分分析**，協調フィルタリング	クラスタリング，次元削減，推薦
強化学習	○ 環境	△ 報酬の最大化	動的計画法，モンテカルロ法，TD（Temporal Difference：時間的差分）学習	対戦型ゲーム, 制御, 推薦

1.2.4　人　工　知　能

人工知能（**AI**：Artificial Intelligence）は，コンピュータやコンピュータ制御のロボット，またはソフトウェアが人間の知能を模倣する技術全般を指します．

実は，「人工知能とは何か」については明確な定義はありません．しかし，その目的は，学習，推論，知識表現，認識，計画，操作，感知などの人間の知的活動を自動化すること，というのは多くの人が共通認識を持っていると思います．機械学習は AI を実現するための 1 つの手段ともいえます．また，近年話題となっている**深層学習**（deep learning）は，機械学習の一種であり，ニューラルネットワークの深い層を通じて複雑なパターンを学習できます．

図 1.4: 人工知能，機械学習，深層学習の関係

AI は大きく特化型 AI と汎用 AI の 2 つに分類されます．**特化型 AI**（narrow AI）は，特定のタスクに特化した AI のことで，現在主流となっている AI の形態です．たとえば，チェスや囲碁の AI，音声認識 AI，画像認識 AI などはすべて特化型 AI の例です．これらはそれぞれ特定のタスクにおいて人間を超えるパフォーマンスを発揮することもありますが，それ以外のタスクには適用できません．

一方，**汎用 AI**（AGI：Artificial General Intelligence，または general AI）は，人間のように広範囲のタスクを理解し，学習し，実行する能力を持つ AI を指します．これは一般的な認識能力や問題解決能力を有し，自己学習や自己進化が可能で，未知の問題に対しても独立して解を見つけ出せる AI です．しかし，本書の執筆時点で，このような AI はまだ存在していません．

なお，特化型 AI と汎用 AI は，それぞれ弱い AI，強い AI と呼ばれることがありますが，微妙に意味が異なります．

強い AI（strong AI）　人間の認知的な能力を模倣または再現する AI を指します．それは人間のように論理的な推論を行い，学習し，課題を解決する能力を持つとされています．つまり，強い AI は自己意識，意識，感情を持つとされ，思考や意識の一部を持っていると認識されます．これは「人間と同じ意識的体験が存在する AI」といえ，「汎用 AI」の多様なタスクを処理する，という観点とは異なります．

弱い AI（weak AI）　特定のタスクを実行する，別の言い方をすれば，単に計算だけをしている AI を指します．弱い AI は人間の意識を模倣または再現することは目指していません．単に計算をしているだけのプログラムが弱い AI であり，これは，「特化型 AI」が特定のタスクに特化しているという観点とは異なります．

現在の AI 技術は，数学モデルの 1 つに過ぎません．それ以上でもそれ以下でもないことを理解しましょう．過度な期待は禁物ですが，一方で過小評価も避けるべきです．現在の AI をいかに効果的に活用し，その能力をさらに高度化させるかが重要です．そのためには，AI の基礎となる数学モデルを理解し，数学と同時にコンピュータのアルゴリズムもしっかりと学ぶことが不可欠です．

1.2.5 AI のライフサイクル

AI のライフサイクルは主に学習，推論・予測，評価，そして再学習の 4 つのステップから成り立っています．これは，一般的な機械学習のプロセスと類似しています．

1. **学習（training）** AI モデルの学習は，大量のデータを利用してモデルが特定のタスクを遂行するために必要なパターンや関係を理解するプロセスです．たとえば，AI が画像を分類するタスクを学習する場合，多数のラベル付き画像（すなわち，各画像が何を表しているかを示すラベルが付いた画像）を使用します．モデルは，画像の特徴とそれに対応するラベルとの間の関係を把握し，この関係を内部のパラメータとして保存します．
2. **推論・予測（inference/prediction）** 学習が完了したら，モデルは新たなデータに対して予測を行うことができます．これを推論と呼びます．推論は，学習段階で獲得したパターンや関係を用いて，未知のデータに対する予測や決定を行うプロセスです．
3. **評価（evaluation）** AI モデルが適切に学習し，良好な予測を行っているかを確認するために，評価ステップが必要です．評価は通常，モデルがまだ見たことのないテストデータセットを用いて行われ，モデルの予測精度，適合率，再現率など，さまざまな指標を用いて行います．
4. **再学習（re-training）** 評価ステップでモデルの性能に問題が見つかった場合，または新たなデータが利用可能になった場合には，モデルを再学習することが有益です．再学習は，新たなデータを用いてモデルの学習を繰り返すプロセスで，これによりモデルは新たなパターンを学習し，既存のパターンを強化することができます．

これらのステップは，AI のライフサイクルの中で繰り返され，AI モデルが持続的に学習し，適応し，改善されることを可能にします．

1.2.6 AI の計算デバイス

AI の計算を行うためにはコンピュータが使われますが，より具体的には，以下のような種類のデバイスが利用されます．

1. **CPU（Central Processing Unit）** CPU は一般的なコンピューティングタスクの主要な処理デバイスで，複雑な論理と数値演算を担当します．しかし，機械学習や深層学習といった AI の計算では，大量の浮動小数点演算を同時に行う必要があり，CPU のみでは処理速度が十分でないことが多いです．
2. **GPU（Graphics Processing Unit）** GPU は元々グラフィックスのレンダリング（描画）を高速化するために開発されましたが，その並列処理能力が高いことから，AI の計算にも大いに利用されています．特に，深層学習など大量の行列計算を必要とするタスクでは，GPU は CPU に比べて大幅に高速な計算を実現します．
3. **TPU（Tensor Processing Unit）** TPU は Google が開発した AI 専用のプロセッサで，テンソルと呼ばれる多次元配列の計算を高速化します．深層学習では大量のテンソル計算が必要となるため，TPU はこのようなタスクにおいて非常に高いパフォーマンスを発揮します．
4. **FPGA（Field Programmable Gate Array）** FPGA はハードウェアレベルで再プログラム可能なデバイスで，特定の計算を高速化するために使用されます．AI のタスクにおいても，特定の処理を最適化するために FPGA が利用されることがあります．

これらのデバイスはそれぞれ異なる性能と特性を持ち，AI のタスクの種類や要件に応じて最適なデバイスが選ばれます．

1.2.7　AI の 倫 理

AI の進歩と普及に伴い，それが社会や個々の人々に与える影響について考えることが重要になってきています．ここで考慮されるのが AI 倫理という概念です．**AI 倫理**（AI ethics）とは，AI 技術の使用に関連する倫理的な問題や規範について考察する学問領域を指します．

AI 倫理ではさまざまなテーマを取り扱いますが，主なものは以下の通りです．

1. **プライバシーとデータ保護**　AI の多くは，ビッグデータをもとに学習し，その結果を予測や決定に利用します．これらのデータは個人情報を含むことが多く，その保護が重要な課題となっています．
2. **公平性と透明性**　AI はしばしば偏った学習データによって偏った結果を出すことがあります．また，AI の決定プロセスは「ブラックボックス」であることが多いため，なぜ特定の結果が出たのかを理解するのが難しい場合があります．これは公平性と透明性の観点から問題となります．
3. **自律性と責任**　AI が自律的に行動する場合，その結果に対する責任はどこにあるのか，という問題があります．たとえば，自動運転車が事故を起こした場合，その責任は AI を設計したエンジニアにあるのか，それとも他の要素にあるのか，といった問題です．
4. **AI と雇用**　AI の発展により，一部の仕事が自動化され，失業の問題が生じる可能性があります．その一方で，新たな雇用機会も生み出されるでしょう．この問題をどのように取り扱うかは大きな課題です．
5. **人間の尊厳**　AI が人間の能力を超える日が来た場合，人間の尊厳はどのように保たれるのか，という問題もあります．

これらの問題は深刻であり，その解決は社会全体の議論と取り組みを必要とします．AI が人間の社会にとって良い方向に向かうよう，さまざまな国や地域でガイドラインや規制が作られていくことでしょう．2023 年 5 月には，生成 AI の活用や開発，規制に関する国際的なルール作りを推進するため，G7 関係閣僚が中心となって議論を行う枠組「広島 AI プロセス」が立ち上がりました．

1.2.8　AI の説明可能性

AI の**説明可能性**（explainability）とは，AI の決定過程や結果について，人間が理解しやすい形で説明する能力のことを指します．これは AI 倫理の一部分であり，特に深層学習などの複雑な AI モデルが「ブラックボックス」のようになりがちなことを受けて，注目を集めています．

AI の説明可能性は重要な理由がいくつかあります．まず，AI の決定について説明ができることは，その結果を信頼する上で不可欠です．たとえば，医療分野で AI が診断を下す場合，その診断結果がどのように導かれたのかを理解することは，患者や医師がその診断を信頼し，適切な治療を選択する上で重要です．

次に，AI が公平でない結果を出している場合，その理由を理解することは，その不公平性を是正する上で重要です．たとえば，AI が特定の人種や性別に対して偏った結果を出している場合，それがどのように起こったのかを理解することで，問題の解決に向けた手がかりを得ることができます．

AI の説明可能性を向上させるための研究は活発に行われており，特定の AI モデルの内部の動作を視覚化したり，どの入力特徴が出力に最も影響を与えたかを定量的に評価する手法などが開発されています．しかし，複雑な AI モデルの説明可能性を確保することは難しい課題であり，今後もその解決に向けた取り組みが必要とされています．

1.3 線形単回帰分析

前節では，機械学習や人工知能について説明しましたが，これらを基本から学ぶために，まずは，単回帰分析から始めましょう．単回帰モデルは，最も簡単な機械学習モデルです．

回帰曲線・回帰直線

定義 1.1　変量 x の値 $x_1, x_2, \ldots, x_N$ と変量 y の値 $y_1, y_2, \ldots, y_N$ が与えられたとき，これを平面上の点 $(x_1, y_1), (x_2, y_2), \ldots, (x_N, y_N)$ で表したとき，これらの点の分布状況に最も近い曲線を**回帰曲線**（regression curve）という．特に，その曲線が直線のときは，その直線を**回帰直線**（regression line）という．

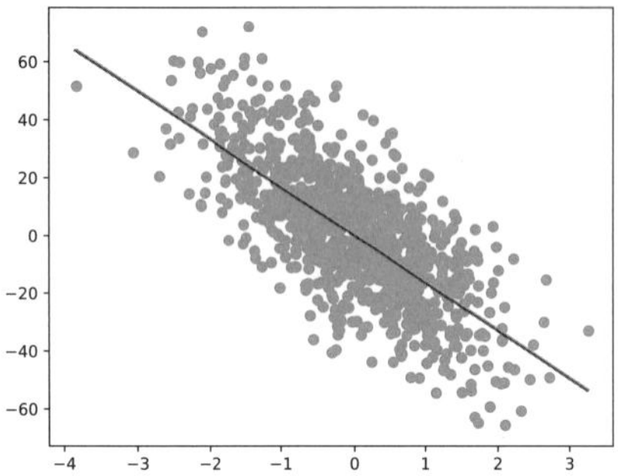

図 1.5: 回帰直線の例

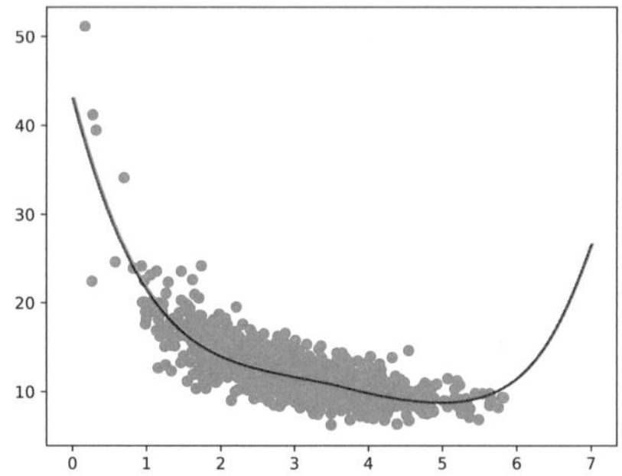

図 1.6: 回帰曲線の例

回帰直線は，$y = ax + b$ で表せます．この a と b が定まれば，x から y が決定される状況や仕組みが明らかになります．言い換えれば，データの分布状態に一番近い直線を求めて，x と y の関係を明らかにしようとするわけです．確率統計で登場する相関も直線的な関係を調べていたのですが，相関と回帰直線との違いは，「相関は直線的な関係があるかないのか？」という点のみを調べた（つまり，具体的にどのような直線で関係が表されるのか，ということはわからない）のに対し，「回帰は具体的にどのような直線の関係にあるのか？」という点を調べることです．

回帰直線を求めるには，x_i から予想される y の値 $\widehat{y_i} = ax_i + b$ と観測値 y_i との差，$e_i = y_i - \widehat{y_i} = y_i - (ax_i + b)$ の 2 乗和

$$Q = \sum_{i=1}^{N} e_i^2 = \sum_{i=1}^{N} (y_i - ax_i - b)^2 \tag{1.1}$$

を最小にする a と b を求めます．このような求め方を**最小 2 乗法**（least squares method）といいます．なお，e_i を**残差**（residual）と呼びます．

回帰直線を求めるには，次の定理を用います．

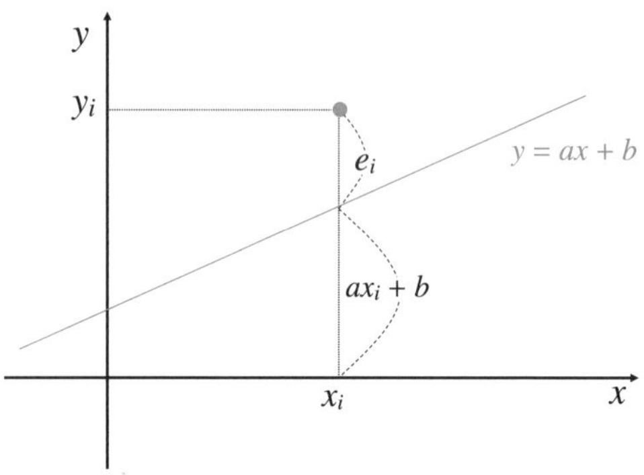

図 1.7: 回帰直線の説明図

回帰直線の方程式

定理 1.1 観測値 $(x_1, y_1), (x_2, y_2), \ldots, (x_N, y_N)$ に対して，y の x への回帰直線は，

$$y - \overline{y} = a(x - \overline{x}) \tag{1.2}$$

で与えられる．ただし，$\overline{x} = \frac{1}{N}\sum_{i=1}^N x_i$，$\overline{y} = \frac{1}{N}\sum_{i=1}^N y_i$，$a = \frac{\sum_{i=1}^N (x_i - \overline{x})(y_i - \overline{y})}{\sum_{i=1}^N (x_i - \overline{x})^2}$ である．なお，a を**回帰係数**（regression coefficient）と呼ぶこともある．

定理 1.1 と式 (1.1) より，回帰直線は，観測値との差が最小で，かつ，観測値の平均 $(\overline{x}, \overline{y})$ を通る直線であることがわかります．

（証明）
後で示す定理 2.1 において，$p = 1$ とすれば，

$$\begin{bmatrix} 1 & \cdots & 1 \\ x_1 & \cdots & x_N \end{bmatrix} \begin{bmatrix} 1 & x_1 \\ \vdots & \vdots \\ 1 & x_N \end{bmatrix} \begin{bmatrix} b \\ a \end{bmatrix} = \begin{bmatrix} 1 & \cdots & 1 \\ x_1 & \cdots & x_N \end{bmatrix} \begin{bmatrix} y_1 \\ \vdots \\ y_N \end{bmatrix} \iff \begin{bmatrix} \sum_{i=1}^N 1 & \sum_{i=1}^N x_i \\ \sum_{i=1}^N x_i & \sum_{i=1}^N x_i^2 \end{bmatrix} \begin{bmatrix} b \\ a \end{bmatrix} = \begin{bmatrix} \sum_{i=1}^N y_i \\ \sum_{i=1}^N x_i y_i \end{bmatrix}$$

となり，これを a, b について解くと，

$$a = \frac{\sum_{i=1}^N x_i y_i - N\overline{x}\overline{y}}{\sum_{i=1}^N x_i^2 - N\overline{x}^2} = \frac{\sum_{i=1}^N (x_i - \overline{x})(y_i - \overline{y})}{\sum_{i=1}^N (x_i - \overline{x})^2}, \quad b = \overline{y} - a\overline{x}$$

を得る．これと $y = ax + b$ より，$y - \overline{y} = a(x - \overline{x})$ を得る． ■

課題 1.1 $\frac{\sum_{i=1}^N x_i y_i - N\overline{x}\overline{y}}{\sum_{i=1}^N x_i^2 - N\overline{x}^2} = \frac{\sum_{i=1}^N (x_i - \overline{x})(y_i - \overline{y})}{\sum_{i=1}^N (x_i - \overline{x})^2}$ が成り立つことを確認せよ．

課題 1.2 残差の平均 $\overline{e}$ は 0 となることを示せ．

1.4 決 定 係 数

回帰直線の当てはまりの良さを表す指標に**決定係数**（coefficient of determination）があります．回帰直線を $y = \widehat{f}(x)$ で表し，観測値 x_i に対して，モデルの予測値を $\widehat{y_i} = \widehat{f}(x_i)$ と表すとき，決定係数は，R^2（R squared）と表され，次式で定義されます．

$$R^2 = \frac{\sum_{i=1}^N (\widehat{y_i} - \overline{y})^2}{\sum_{i=1}^N (y_i - \overline{y})^2} = 1 - \frac{\sum_{i=1}^N (y_i - \widehat{y_i})^2}{\sum_{i=1}^N (y_i - \overline{y})^2} \tag{1.3}$$

ここで，$\sum_{i=1}^N (y_i - \overline{y})^2$ は平均値では説明できなかった観測値の変動（ばらつき）を表しており，**全平方和**（total sum of squares）と呼ばれます．一方，$\sum_{i=1}^N (\widehat{y_i} - \overline{y})^2$ は平均値では説明できなかった予測値の変動を表しており，**回帰平方和**（regression sum of squares）と呼ばれます．また，$\sum_{i=1}^N (y_i - \widehat{y_i})^2$ は予測値では説明できなかった観測値の変動を表しており，**残差平方和**（residual sum of squares）あるいは**誤差平方和**（error sum of squares）と呼ばれます．ここで，式 (1.3) の最右辺の等式において，全平方和，回帰平方和，残差平方和の関係

$$\sum_{i=1}^N (y_i - \overline{y})^2 = \sum_{i=1}^N (\widehat{y_i} - \overline{y})^2 + \sum_{i=1}^N (y_i - \widehat{y_i})^2 \tag{1.4}$$

を使っています．式 (1.3) および (1.4) より，全平方和を SST，回帰平方和を SSR，残差平方和を SSE とすれば，SST = SSR + SSE と表せるので，

$$0 \leq R^2 = \frac{\mathrm{SSR}}{\mathrm{SST}} = \frac{\mathrm{SSR}}{\mathrm{SSR} + \mathrm{SSE}} \leq 1 \quad \text{かつ} \quad R^2 = \frac{\mathrm{SST} - \mathrm{SSE}}{\mathrm{SST}} = 1 - \frac{\mathrm{SSE}}{\mathrm{SST}} \tag{1.5}$$

が成り立ちます．

R^2 は，平均値では説明できなかった観測値の変動（SST）のうち，回帰モデルの予測によってどれくらい説明できるようになったかを表す指標といえます[3]．回帰モデルの予測精度が高ければ SSE は小さくなるので R^2 は 1 に近づき，逆に予測精度が低ければ SSE は大きくなるので R^2 は小さくなります．したがって，R^2 が 1 に近ければ近いほど，$y = \widehat{f}(x)$ は良い回帰モデルだといえます．実際，すべての観測点が，$y = \widehat{f}(x)$ 上にあるとき，つまり，予測精度が 100% のとき，$y_i = \widehat{y_i}$ が成り立つので，このときは，$R^2 = 1$ となります．

なお，定理 1.1 を満たさない直線に対しては，式 (1.4) が成立しないので，特に，SSR > SST という条件下では R^2 が 1 以上になることもあるし，SSE > SST という条件下，つまり，単に平均値で予測するよりも回帰モデルによる予測精度が低い場合には，R^2 が負になることもありえます．実際，課題 1.6 で見るように，回帰直線を原点を通るような直線に制限すると，このようなことが起こりえます．

課題 1.3　式 (1.4) を示せ．

課題 1.4　予測値 $\widehat{y_i}$ と残差 e_i の相関係数は 0 であることを示せ．

課題 1.5　$R^2 = 0$ となるのは，どのようなときかを述べよ．また，このようなことは一般に起こりうるかを検討せよ．

課題 1.6　点 $(-1, 2), (1, 3), (3, 1), (5, 2)$ に対する回帰直線として，仮に $y = x$ と $y = -0.1x + 2.2$ の 2 つが得られたとする．このとき，式 (1.5) を用いて，それぞれの直線に対する決定係数を求めよ．

課題 1.7　式 (1.1) は，x と y の相関係数 r を用いて，$\sum_{i=1}^{N} e_i^2 = \sum_{i=1}^{N}(y_i - \widehat{y_i})^2 = (1 - r^2)\sum_{i=1}^{N}(y_i - \overline{y})^2$ と表せることを示せ．これより，線形単回帰分析の場合は，r^2 が決定係数 R^2 と一致することがわかる．なお，$\widehat{y_i} = ax_i + b$ なので，r は観測値 y_i と予測値 $\widehat{y_i}$ との相関係数と考えることもできる．

1.5　ウォーミングアップ

次節以降，Python を用いて線形単回帰分析を行いますが，本節では，そこで登場する計算やグラフ作成などを練習しましょう．

ソースコード 1.1: 簡単な計算とグラフ作成

```
# Jupyter Notebook 内でグラフを表示する
%matplotlib inline
# Matplotlib の pyplot モジュールをインポート
import matplotlib.pyplot as plt
import numpy as np # NumPy をインポート

# 何度実行しても同じ乱数が生成されるように乱数のシードを 5に固定
np.random.seed(seed = 5)
# 平均 1000，標準偏差 100の正規分布に従うデータを 2000個生成
x = np.random.normal(1000, 100, 2000)
print("平均は", np.mean(x)) # mean メソッドを使って平均を表示
print("合計は", np.sum(x)) # sum メソッドを使って合計を表示
# 合計を総数で割ると平均になる
print("合計を総数で割ると", np.sum(x)/2000)
print("各値の 2乗の合計は", np.sum(x**2)) # 各値の 2乗和
```

[3]決定係数を式 (1.3) の最右辺で定義すれば，回帰直線以外のモデルの評価にも決定係数が使えます．

```
# センタリング(平均を引いた値)の 2乗和
print("センタリングの 2乗の合計は", np.sum((x-np.mean(x))**2))
# 2x に平均 10, 標準偏差 50の正規分布に従うデータ 2000個を加える
y = 2 * x + np.random.normal(10, 50, 2000)
plt.scatter(x, y, c = 'cyan') # x と y の散布図を作成
# x の最小値と最大値の間に 100 個の点を生成
xp = np.linspace(np.amin(x), np.amax(x), 100)
plt.plot(xp, 2*xp, c = 'black') # y = 2x を描画
# 散布図を表示(Jupyter では, これがなくても描画される)
plt.show()
```

実行例

```
平均は 1000.934029031269
合計は 2001868.058062538
合計を総数で割ると 1000.934029031269
各値の 2 乗の合計は 2023488949.4917781
センタリングの 2 乗の合計は 19751088.54623924
```

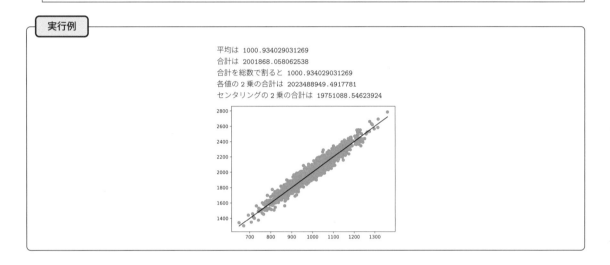

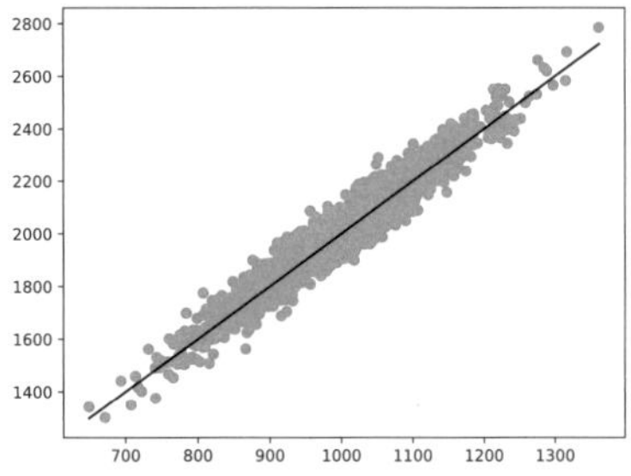

1.6 SciPy による線形単回帰分析

ここでは，SciPy の `stats.linregress` を使って線形単回帰分析を行います．練習のため，まずは練習用データを作成し，散布図を作成しましょう．`x_data` は平均 3，標準偏差 2 の正規分布に従う 100 個の乱数で，`y_data` は `40 - x_data` に平均 0，標準偏差 0.5 の正規分布に従う 100 個の乱数を加えたものとします．なお，ソースコード 1.2 では，乱数のシード（種）を 12 に固定しています．この数字は何でもかまいません．シードを指定すれば，誰が実行しても同じ乱数が出力されますから，第三者によるプログラムの検証が可能になる，つまり，再現性が高くなります．

ソースコード 1.2: 練習用データの作成

```
【Matplotlib と NumPy のインポート】

np.random.seed(【自分で補おう】) # 乱数のシードを 12に設定
x_data = np.random.normal(【自分で補おう】)
y_data = 【自分で補おう】

【自分で補おう】# 散布図の作成
【自分で補おう】# 散布図の表示
```

実行例

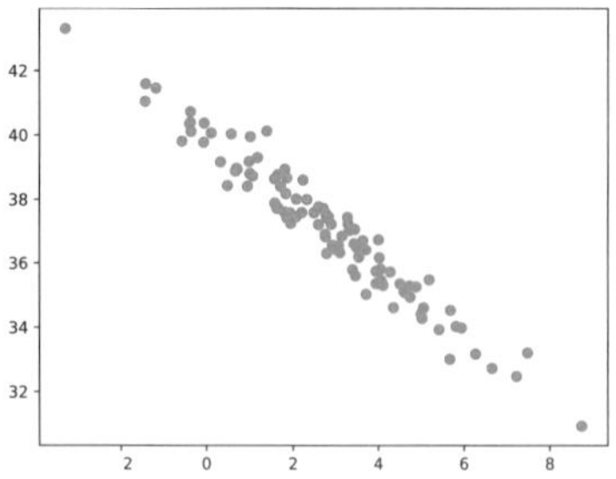

このデータに対して，linregress メソッドを使って線形単回帰分析を行うには次のようにします．結果は result に格納されます．また，インスタンス変数 rvalue が相関係数なので，決定係数を求めるには result.rvalue を 2 乗します．

ソースコード 1.3: linregress による線形単回帰

```
from scipy import stats # Scipy の統計モジュール stats をインポート
result = stats.linregress(x_data, y_data) # 線形単回帰分析
print(result)
print("決定係数：",【自分で補おう】)  # 決定係数
```

実行例

```
LinregressResult(slope=-1.028821660982986, intercept=39.97002482035558, rvalue=-0.97308930743824,
pvalue=2.7882552138830743e-64, stderr=0.024609918189610624, intercept_stderr=0.08427831090020434)
決定係数： 0.9469028002506334
```

決定係数が約 0.95 なので，この回帰直線は平均値では予測できなかった観測値のうち，約 95% を予測できていると解釈できます．

傾きと切片の値は，それぞれ result.slope と result.intercept に格納されているので，これらを使って回帰直線を描画できます．なお，stats.linregress の使い方は，https://docs.scipy.org/doc/scipy/reference/generated/scipy.stats.linregress.html に記載されています．

ソースコード 1.4: 回帰直線の描画

```
a = result.slope      # 傾き
b =【自分で補おう】# 切片

def regline(x):         # 回帰直線を定義
    return【自分で補おう】

# x_data の上端と下端間に 100 個の点を生成
xp = np.linspace(【自分で補おう】)
fit = regline(xp) # 回帰直線上の点(予測値)

【自分で補おう】# 散布図の作成
【自分で補おう】# 回帰直線の作成
plt.show() # 散布図と回帰直線の表示
```

実行例

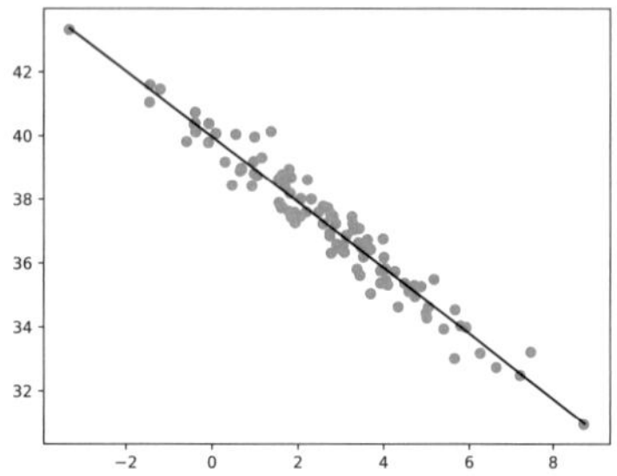

決定係数は，scikit-learn の `r2_score` で求めることもできます．`r2_score` は，観測値 `y_data` と予測値 `regline(x_data)` から式 (1.3) で決定係数を求めています．予測値は回帰直線で求められたものである必要はありません．曲線でもいいし，適当に決めたものでもかまいません．

ソースコード 1.5: 決定係数

```
from sklearn.metrics import r2_score

print("r2_score :", r2_score(y_data, regline(x_data)))
```

実行例

```
r2_score : 0.9469028002506336
```

課題 1.8 ソースコード 1.2〜1.5 の実行結果を確認せよ．また，テスト用データの標準偏差を大きくしたとき，決定係数がどのように変化するかを確認し，どのようなことがいえるか考えよ．

課題 1.9 点 $(-1,2), (1,3), (3,1), (5,2)$ と 2 つの直線 $y = x$ と $y = -0.1x + 2.2$ による予測点に対して `r2_score` 関数を用いて決定係数を求めよ．この結果に対する自分の考えや解釈を述べよ．

1.7 Python による単回帰分析の実装

それでは，定理 1.1 に基づいて線形単回帰分析を実装してみましょう．ここでは，scikit-learn の回帰用のデータを生成する `make_regression` を使ってデータを生成します．また，式 (1.3) を使って決定係数も求めましょう．

ソースコード 1.6: 単回帰分析の実装

```
【NumPy のインポート】
from sklearn.datasets import make_regression
【scikit-learn から r2_score をインポート】
【Matplotlib をインポート】

# サンプル数 1000，説明変数の数：1，ガウシアンノイズの標準偏差:16，random\_state:7
x_data, y_data = make_regression(n_samples=1000, n_features=1, noise=16.0, random_state=7)
x_data = x_data.flatten() # 多次元リストを 1次元リストに平坦化

【自分で補おう】# 散布図の作成

### 線形単回帰を定義 ###
def mylinregress(x, y):
    sum_de = 【自分で補おう】# 定理 1.1のa の分母
    sum_nu = 【自分で補おう】# a の分子
    a = sum_nu / sum_de # 回帰係数:定理 1.1のa
    b = 【自分で補おう】# 式 (1.2)から切片を求める
    return a, b

### 回帰直線を定義 ###
def myregline(x, a, b):
    return 【自分で補おう】# y = a x + b

### 決定係数を定義 ###
def mycd(y_data, y_pred):
    sse = 【自分で補おう】# 残差平方和SSE，式 (1.3)参照
    sst = 【自分で補おう】# 全平方和SST
    return 1.0 - sse/sst # 式 (1.3),(1.5)で決定係数を求める
```

```

# 線形単回帰分析を実行
a, b = mylinregress(x_data, y_data)

# x_data の上端と下端に 100 個の点を生成
xp = 【自分で補おう】
fit = myregline(【自分で補おう】) # 回帰直線上の点(予測値)

【自分で補おう】 # 散布図の作成
【自分で補おう】 # 回帰直線の作成
【自分で補おう】 # 散布図と回帰直線の表示

# 決定係数の表示
print("決定係数 (mycd):", mycd(【自分で補おう】))
print("決定係数 (r2_score):", r2_score(【自分で補おう】))
```

実行例

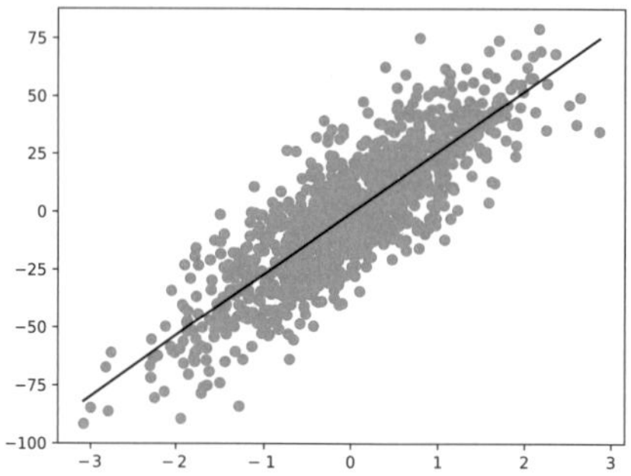


```
決定係数 (mycd): 0.7133795045886714
決定係数 (r2_score): 0.7133795045886714
```

課題 1.10　ソースコード 1.6 の実行結果を確認せよ.

第 2 章
多項式回帰

回帰直線の次は，回帰曲線を考えましょう．回帰曲線ではさまざまな形が考えられますが，ここでは p 次回帰多項式 $\widehat{f}(x) = w_0 + w_1 x + w_2 x^2 + \cdots + w_p x^p$ を考えます．このように多項式を使った回帰分析を**多項式回帰分析**（polynomial regression analysis）といいます．

2.1 多 項 式 回 帰

式 (1.1) と同様に考えると，p 次回帰多項式を求めるには，

$$
\begin{aligned}
E(\boldsymbol{w}) &= \frac{1}{2}\sum_{i=1}^{N}\left\{y_i - (w_0 + w_1 x_i + \cdots + w_p x_i^p)\right\}^2 \\
&= \frac{1}{2}\|\boldsymbol{y} - A\boldsymbol{w}\|_2^2 \qquad (2.1)
\end{aligned}
$$

を最小にする $\boldsymbol{w} = \begin{bmatrix} w_0 \\ w_1 \\ \vdots \\ w_p \end{bmatrix}$ を求めればよいことになります．$E(\boldsymbol{w})$ のように予測値と正解値の差，つまり，残差を計算する関数のことを**損失関数**（loss function），**コスト関数**（cost function），**目的関数**（objective function）などと呼びます．ただし，$A = \begin{bmatrix} 1 & x_1 & \cdots & x_1^p \\ 1 & x_2 & \cdots & x_2^p \\ \vdots & \vdots & \vdots & \vdots \\ 1 & x_N & \cdots & x_N^p \end{bmatrix}$ で，ベクトル $\boldsymbol{x} = {}^t[x_1, x_2, \ldots, x_N]$ に対して，$\|\boldsymbol{x}\|_2 = \sum_{i=1}^{N} x_i^2$ です．また，^{t} はベクトルあるいは行列の転置を表します．

回帰多項式の方程式

定理 2.1　観測値 $(x_1, y_1), (x_2, y_2), \ldots, (x_N, y_N)$ に対して，y の x への p 次回帰多項式を

$$
y = \sum_{k=0}^{p} w_k x^k \qquad (2.2)
$$

と表す．このとき，$p + 1 \leq N$，つまり，データ数よりも次数の方が小さければ，係数ベクトル $\boldsymbol{w}$ は，

$$
\boldsymbol{w} = ({}^tAA)^{-1}({}^tA\boldsymbol{y}) \qquad (2.3)
$$

によってただ 1 つに定まる．ただし，$\boldsymbol{y} = {}^t[y_1, y_2, \ldots, y_N]$ である．

なお，式 (2.3) は

$$
{}^tAA\boldsymbol{w} = {}^tA\boldsymbol{y} \qquad (2.4)
$$

と表せますが，これを**正規方程式**（normal equation）といいます．また，コンピュータで $\boldsymbol{w}$ を求める際，式 (2.3) の右辺を直接的に計算するのではなく，式 (2.4) を解く方がいいでしょう．なぜなら，逆行列 $({}^tAA)^{-1}$ を求めるよりも式 (2.4) を解く方が計算量が少ないからです．

（証明）

後で述べる補題 2.1 より，式 (2.1) を最小にする $\boldsymbol{w}$ を求めるためには，

$$\nabla E(\boldsymbol{w}) = \begin{bmatrix} \frac{\partial E(\boldsymbol{w})}{\partial w_0} \\ \frac{\partial E(\boldsymbol{w})}{\partial w_1} \\ \vdots \\ \frac{\partial E(\boldsymbol{w})}{\partial w_p} \end{bmatrix} = \begin{bmatrix} \sum_{i=1}^{N} \left\{y_i - (w_0 + w_1 x_i + \cdots + w_p x_i^p)\right\} \\ \sum_{i=1}^{N} \left\{y_i - (w_0 + w_1 x_i + \cdots + w_p x_i^p)\right\} x_i \\ \vdots \\ \sum_{i=1}^{N} \left\{y_i - (w_0 + w_1 x_i + \cdots + w_p x_i^p)\right\} x_i^p \end{bmatrix} = \boldsymbol{0} \tag{2.5}$$

を解けばよい．式 (2.5) より，

$$\begin{bmatrix} \sum_{i=1}^{N}(w_0 + w_1 x_i + \cdots w_p x_i^p) \\ \sum_{i=1}^{N}(w_0 x_i + w_1 x_i^2 + \cdots + w_p x_i^{p+1}) \\ \vdots \\ \sum_{i=1}^{N}(w_0 x_i^p + w_1 x_i^{p+1} + \cdots + w_p x_i^{2p}) \end{bmatrix} = \begin{bmatrix} \sum_{i=1}^{N} y_i \\ \sum_{i=1}^{N} y_i x_i \\ \vdots \\ \sum_{i=1}^{N} y_i x_i^p \end{bmatrix}$$

であり，これは

$$\begin{bmatrix} 1 & 1 & \cdots & 1 \\ x_1 & x_2 & \cdots & x_N \\ \vdots & \vdots & \cdots & \vdots \\ x_1^p & x_2^p & \cdots & x_N^p \end{bmatrix} \begin{bmatrix} 1 & x_1 & \cdots & x_1^p \\ 1 & x_2 & \cdots & x_2^p \\ \vdots & \vdots & \vdots & \vdots \\ 1 & x_N & \cdots & x_N^p \end{bmatrix} \begin{bmatrix} w_0 \\ w_1 \\ \vdots \\ w_p \end{bmatrix} = \begin{bmatrix} 1 & 1 & \cdots & 1 \\ x_1 & x_2 & \cdots & x_N \\ \vdots & \vdots & \cdots & \vdots \\ x_1^p & x_2^p & \cdots & x_N^p \end{bmatrix} \begin{bmatrix} y_1 \\ y_2 \\ \vdots \\ y_N \end{bmatrix}$$

と表せるので，次を得る．

$$\begin{aligned} {}^t A A \boldsymbol{w} &= {}^t A \boldsymbol{y} \\ \Longrightarrow \boldsymbol{w} &= ({}^t A A)^{-1}({}^t A \boldsymbol{y}) \end{aligned}$$

ここで，補題 2.2 より E のヘッセ行列 $H = {}^t AA$ は正定値であり，文献 [17] の定理 7.14 より正定値行列は正則なので，$({}^t AA)^{-1}$ がただ 1 つ存在することに注意せよ．結局，式 (2.3) で求められる $\boldsymbol{w}$ は，E を極小にするただ 1 つの $\boldsymbol{w}$ なので，これが E の最小値を与えることがわかる．

■

多項式回帰分析においても，多項式の当てはまりの良さを表す指標として式 (1.3) で定義される決定係数が使えます．

直線の当てはまりの良さを表す決定係数が，多項式で表現される曲線の当てはまりの良さを表す指標として使える，というのは不思議に思うかもしれません．しかし，$x_1 = x, x_2 = x^2, \ldots, x_p = x^p$ とすれば，回帰多項式は $\widehat{f}(x_1, x_2, \ldots, x_p) = w_0 + w_1 x_1 + w_2 x_2 + \cdots + w_p x_p$ と表され，この形は第 3.1 節の重回帰式 (3.1) と同じになります．これは，多項式回帰は，線形重回帰分析と実質的に同じであることを意味します．したがって，線形重回帰分析における超平面の当てはまりの良さを表す指標として決定係数が使えることがわかれば，多項式回帰にも決定係数が使えることがわかります．そのため，ここでは，これ以上は決定係数について触れず，第 3.1 節であらためて取り上げることにします．

課題 2.1 $p + 1 > N$，つまり，係数 $w_0, w_1, \ldots, w_p$ の数の方がデータ数 N よりも多い場合は，これらの係数を定めることはできるかを検討し，理由を述べて回答せよ．

2.2　ヘッセ行列と極値

ここでは，定理 2.1 を証明するのに必要な補題を示します．

ヘッセ行列

定義 2.1　n 変数 $\boldsymbol{x} = (x_1, x_2, \ldots, x_n)$ の関数 $f(\boldsymbol{x})$ が 2 回微分可能なとき，

$$H(\boldsymbol{x}_0) = \begin{bmatrix} \frac{\partial^2 f}{\partial x_1^2}(\boldsymbol{x}_0) & \frac{\partial^2 f}{\partial x_1 \partial x_2}(\boldsymbol{x}_0) & \cdots & \frac{\partial^2 f}{\partial x_1 \partial x_n}(\boldsymbol{x}_0) \\ \frac{\partial^2 f}{\partial x_2 \partial x_1}(\boldsymbol{x}_0) & \frac{\partial^2 f}{\partial^2 x_2}(\boldsymbol{x}_0) & \cdots & \frac{\partial^2 f}{\partial x_2 \partial x_n}(\boldsymbol{x}_0) \\ \vdots & \vdots & \ddots & \vdots \\ \frac{\partial^2 f}{\partial x_n \partial x_1}(\boldsymbol{x}_0) & \frac{\partial^2 f}{\partial x_n \partial x_2}(\boldsymbol{x}_0) & \cdots & \frac{\partial^2 f}{\partial x_n^2}(\boldsymbol{x}_0) \end{bmatrix}$$

を点 $\boldsymbol{x}_0$ における f の**ヘッセ行列**（Hessian matrix）という．ただし，$\boldsymbol{x}_0 = (x_{01}, x_{02}, \ldots, x_{0n})$ である．

以下では，$f(\boldsymbol{x})$ は C^2 級，つまり，2 回連続微分可能だとします．

ヘッセ行列と極値

補題 2.1　点 $\boldsymbol{x}_0$ を n 変数関数 $f(\boldsymbol{x})$ の停留点，つまり，$\nabla f(\boldsymbol{x}_0) = \boldsymbol{0}$ が成り立つとする．このとき，点 $\boldsymbol{x}_0$ における f のヘッセ行列 $H(\boldsymbol{x}_0)$ が正定値行列ならば，$\boldsymbol{x}_0$ は f の極小点である．

（証明）
テイラーの定理（たとえば，文献 [16] の定理 7.1[1]）より，任意の $\boldsymbol{h} = {}^t[h_1, h_2, \ldots, h_n]$ およびある $0 < \theta < 1$ に対して，

$$f(\boldsymbol{x}_0 + \boldsymbol{h}) - f(\boldsymbol{x}_0) = \frac{1}{2} \sum_{i,j=1}^{n} \frac{\partial^2 f}{\partial x_i \partial x_j}(\boldsymbol{x}_0 + \theta \boldsymbol{h}) h_i h_j$$

が成り立つ．ここで，$f(\boldsymbol{x})$ が C^2 級で，$H(\boldsymbol{x}_0)$ が正定値なので，$\delta > 0$ を適当に選べば，$\|\boldsymbol{\varepsilon}\| < \delta$ となる任意の $\boldsymbol{\varepsilon} \in \mathbb{R}^n$ に対して，$H(\boldsymbol{x_0} + \boldsymbol{\varepsilon})$ も正定値である．すなわち，$0 < \|\boldsymbol{h}\| < \delta$ ならば $\sum_{i,j=1}^{n} \frac{\partial^2 f}{\partial x_i \partial x_j}(\boldsymbol{x}_0 + \theta \boldsymbol{h}) h_i h_j > 0$ である．したがって，$\|\boldsymbol{h}\| < \delta$ を満たす任意の $\boldsymbol{h} \neq \boldsymbol{0}$ に対して，$f(\boldsymbol{x}_0 + \boldsymbol{h}) - f(\boldsymbol{x}_0) > 0$ が成立する．よって，停留点 $\boldsymbol{x}_0$ は f の極小値でもある．■

ヘッセ行列の正定値性

補題 2.2　式 (2.1) で定義される E のヘッセ行列 $H = {}^t AA$ は正定値行列である．ただし，$p + 1 \leq N$ とする．

（証明）
式 (2.1) を $E(\boldsymbol{w}) = \frac{1}{2} \sum_{i=1}^{N} \left(\sum_{j=0}^{p} w_j x_i^j - y_i \right)^2$ と表すと，

$$\frac{\partial E}{\partial w_n} = \sum_{i=1}^{N} \left(\sum_{j=0}^{p} w_j x_i^j - y_i \right) x_i, \quad \frac{\partial^2 E}{\partial w_m \partial w_n} = \frac{\partial}{\partial w_m} \left(\frac{\partial E}{\partial w_n} \right) = \sum_{i=1}^{N} x_i^m x_i^n$$

なので，E のヘッセ行列は，A の定義より

$$H = {}^t AA \tag{2.6}$$

と表せる．ここで，$p + 1 \leq N$ と仮定すれば、任意のベクトル $\boldsymbol{u} \neq \boldsymbol{0} \in \mathbb{R}^{p+1}$ に対して，

$${}^t\boldsymbol{u} H \boldsymbol{u} = {}^t\boldsymbol{u} {}^t A A \boldsymbol{u} = \|A\boldsymbol{u}\|^2 > 0 \tag{2.7}$$

が成り立つ．実際，$i \neq j$ に対して $x_i \neq x_j$ とすれば，A のランクは，課題 2.2 より $\mathrm{rank}(A) = p + 1$ なので，文献 [17] の定理 2.11 より，連立 1 次方程式 $A\boldsymbol{u} = \boldsymbol{0}$ は自明解のみを持つ．したがって，$A\boldsymbol{u} = \boldsymbol{0}$ を満たす非自明解は存在しないので，$A\boldsymbol{u} \neq \boldsymbol{0}$ は常に成立する．ゆえに，H は正定値である．■

[1] 文献 [16] の定理 7.1 は 2 変数関数に対するテイラーの定理ですが，これは n 変数でも単に項数が増えるだけで同様に成立します．

課題 2.2　$p+1 \leq N$，かつ $i \neq j$ に対して $x_i \neq x_j$ が成り立つとき，行列 A のランクが $\mathrm{rank}(A) = p+1$ であることを示せ．

2.3　訓練データとテストデータ

今までは，回帰モデルのパラメータを決定する際，別の言い方をすれば，回帰モデルの学習を行う際，データセットのデータをすべて使っていました．

機械学習の目的は，今あるデータを学習することによって，未知のデータが与えられたときに，正しく予測や分類などができるようになることです．未知のデータに対する予測や分類などの能力のことを**汎化性能**（generalization ability）といいますが，モデルの評価をする際には，この汎化性能を調べなければなりません．

しかし，未知のデータを準備することはできませんから，今あるデータから疑似的に未知のデータを作り出します．そのために，全データを学習用のデータである**訓練データ**（training data）と評価用のデータであるテストデータ**テストデータ**（test data）とに分けます．このようにデータを分けて評価する方法を**交差検証**（cross validation）といいます．特に，データの一部を訓練データに使い，残りをテストデータに使う方法を**ホールドアウト検証**（hold-out validation）といいます．しかし，ホールドアウト検証は，たまたまテストデータに対する評価が高くなる可能性があります．そこで，訓練データとテストデータの分割を複数回（k 回）行い，テストデータを入れ替えながら学習と評価を行うこともあります．これを **k-分割交差検証**（k-fold cross validation）といいます．k-分割交差検証法では，k 回の検証を行うため計算量は多くなりますが，k 回の精度の平均をモデルの精度とするため，テストデータにデータの偏りがあったとしてもその影響を受けにくく，データ数（サンプル数）が少ない場合でも，ホールドアウト法よりも信頼できる精度が得られます．ただし，k-分割交差検証法でも，k 個の並列処理を行えば，理論上はホールドアウト法とほぼ変わらない時間で計算が実行できます．

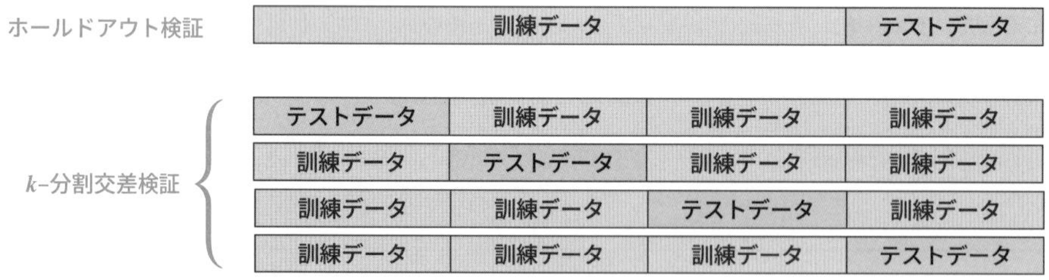

図 2.1: ホールドアウト検証と k-分割交差検証

また，訓練データをさらに 2 つに分けて，全データを訓練データ，**検証データ**（validation data），テストデータの 3 つに分けることもあります．このときは，いったん検証データでモデルの評価を行ってモデルのパラメータを調整した後，テストデータで再び評価を行うことになります．それぞれのデータの役割は次のようになります．

訓練データ　モデルの学習，つまり，モデルのパラメータを自動的に決定するために使うデータ．

検証データ　多項式回帰分析における多項式の次数のように，人間が事前に調整しなければならないパラメータのことを**ハイパーパラメータ**という．このハイパーパラメータを調整するために使われるデータ．

テストデータ　学習済みモデルの汎化性能を評価するためのデータ．

全体的な流れは，訓練データでモデルを作成した後，検証データでモデルの評価を行ってパラメータを調整して最終的なモデルを構築し，テストデータで汎化性能を評価する，となります．

資格試験や入学試験でたとえれば，本番の試験問題がテストデータ，それまでに何回か受ける模試が検証データ，普段利用する教科書や参考書の問題が訓練データというイメージです．

課題 2.3　ホールドアウト検証において，テストデータに対する評価が良くなるケースとしてはどのようなことが考えられるかを検討せよ．

2.4　過学習と正則化

訓練データに対してのみ予測や分類の性能が高くなった状況を**過学習**（over-fitting）といいます．別の言い方をすれば、未知のデータに対して予測や分類がうまくできない状態になった，ともいえます．

正則化は，学習の際に用いる式に**正則化項**（regularization term）と呼ばれる項を追加することによって，とりうる重みの範囲を制限し，過学習を抑制するための手法です．一方で，正則化をしすぎてしまうと，モデルが単純になりすぎて（多項式回帰の場合，次数が低すぎる，あるいは高次の項の影響が少なくなりすぎる），全体の汎化性能が低下する可能性があります．これを過学習に対して**未学習**（underfitting）といいます．

よく用いられる正則化項としては，L1 正則化（L1 regularization）と L2 正則化（L2 regularization）があります．それぞれの特徴は次の通りです．

L1 正則化　必要のない説明変数の影響をゼロにする，つまり，一部のパラメータの値をゼロにする．この手法は，特に説明変数が多すぎるがために，モデルが複雑になり過学習が発生する際に有効である．

L2 正則化　モデルを複雑化させている（多項式回帰でいえば，特定の項の影響が大きい）説明変数の影響を小さくするため，その大きさに応じてパラメータの値を小さくする．これにより，汎化された滑らかなモデルが得られる．説明変数自体の数を減らさずに係数を調整することでモデルを改善するため，特定の係数が大きすぎてモデルに偏りが出ているときに有効である．

データ数も説明変数の数も多い場合は，L1 正則化によって説明変数の数自体を減らし，データが少なく，説明変数の数も多くない場合は，L2 正則化によって偏回帰係数を最適化します．

回帰に対して，L1 正則化を適用した手法を**ラッソ回帰**（LASSO：Least Absolute Shrinkage and Selection Operator），L2 正則化を適用した手法を**リッジ回帰**（ridge regression）といいます．また，両者を組み合わせた手法を**エラスティックネット**（elastic net）といいます．

$\boldsymbol{w} = {}^t[w_1, w_2, \ldots, w_p]$ に対して，$\|\boldsymbol{w}\|_r^r = \sum_{j=1}^{p} |w_j|^r$ とするとき，α_1, α_2 をハイパーパラメータとして損失関数 $E(\boldsymbol{w})$ は次のように変更されます．

ラッソ回帰　$$E_{\mathrm{LASSO}}(\boldsymbol{w}) = E(\boldsymbol{w}) + \alpha_1 \|\boldsymbol{w}\|_1 = E(\boldsymbol{w}) + \alpha_1 \sum_{j=1}^{p} |w_j|$$

リッジ回帰　$$E_{\mathrm{Ridge}}(\boldsymbol{w}) = E(\boldsymbol{w}) + \alpha_2 \|\boldsymbol{w}\|_2^2 = E(\boldsymbol{w}) + \alpha_2 \sum_{j=1}^{p} w_j^2$$

エラスティックネット　$$E_{\mathrm{Elastic}}(\boldsymbol{w}) = E(\boldsymbol{w}) + \alpha_1 \|\boldsymbol{w}\|_1 + \alpha_2 \|\boldsymbol{w}\|_2^2 = E(\boldsymbol{w}) + \alpha_1 \sum_{j=1}^{p} |w_j| + \alpha_2 \sum_{j=1}^{p} w_j^2$$

2.5 モデルの性能評価

回帰モデルの性能評価には決定係数以外にも，**平均 2 乗誤差**（MSE：Mean Squared Error）

$$\mathrm{MSE} = \frac{1}{N}\sum_{i=1}^{N}(y_i - \widehat{y_i})^2 \tag{2.8}$$

が使われます．これは，実際の値と予測値の絶対値の 2 乗を平均したものであり，値が 0 に近いほど良いモデルだといえます．また，2 乗の影響を補正するために MSE の平方根

$$\mathrm{RMSE} = \sqrt{\frac{1}{N}\sum_{i=1}^{N}(y_i - \widehat{y_i})^2} \tag{2.9}$$

を考え，これを **2 乗平均平方根誤差**（RMSE：Root Mean Squared Error）といいます．これもモデルの評価に使われます．

訓練データセットでは，決定係数 R^2 は $0 \leq R^2 \leq 1$ を満たしますが，テストデータセットでは負の値になる可能性があります．また，y の分散を $\mathrm{Var}(y)$ とすれば，

$$R^2 = 1 - \frac{\mathrm{SSE}}{\mathrm{SST}} = 1 - \frac{\frac{1}{N}\sum_{i=1}^{N}(y_i - \widehat{y_i})^2}{\frac{1}{N}\sum_{i=1}^{N}(y_i - \overline{y})^2} = 1 - \frac{\mathrm{MSE}}{\mathrm{Var}(y)} \tag{2.10}$$

なので，MSE は R^2 の見方を変えた尺度であることがわかります．

2.6 ウォーミングアップ

次節以降，Python を用いて多項式回帰を行いますが，本節では，そこで登場する行列計算や $y = \sin x$ のグラフ作成などを練習しましょう．

ソースコード 2.1: 本章のウォーミングアップ

```
# Jupyter 内でグラフを表示する
%matplotlib inline
import matplotlib.pyplot as plt # Matplotlib の pyplot モジュールをインポートする
import numpy as np # NumPy をインポート
# scikit-learn で MSE と決定係数を求めるためのモジュールをインポート
from sklearn.metrics import mean_squared_error, r2_score

a = np.array([1, 2, 3, 4]) # 1次元配列
print(a.shape, "\n", a) # 形状と中身を表示
b = a.reshape(-1,1) # 4行 1列の 2次元配列へ変換
print(b.shape, "\n", b) # 形状と中身を表示

c = [] # 空のリストc を生成
for i in range(1,10): # 1～9の数字を空のリストに追加
    c.append(i)
print(c) # c の中身を表示

# c の各要素を i 乗した値で行列を生成，i は 0～3
A = np.array([[x**i for i in range(4)] for x in c])
print(A)

Tmp = np.dot(A.T, A) # A の転置と A の積の計算
```

```
print(Tmp)

TmpInv = np.linalg.inv(Tmp) # Tmp の逆行列
print(TmpInv)

print(np.dot(Tmp, a)) # 行列Tmp とベクトル a との積

# a と a に乱数を加えたもので MSE を計算，seed を固定していないので実行のたびに結果は変わる
mse = mean_squared_error(a, a+np.random.normal(0, 0.1, 4))
print(mse)
print(np.sqrt(mse)) # RMSE の計算

xp = np.linspace(-2.0 * np.pi, 2.0 * np.pi, 100)  # -2π から 2π までの間に点を 100個生成
# sin(2 x)のグラフを作成
plt.plot(xp, np.sin(2.0 * xp), c='black')
plt.grid() # グリッドを表示
plt.show()
```

実行例

```
(4,)
 [1 2 3 4]
(4, 1)
 [[1]
 [2]
 [3]
 [4]]
[1, 2, 3, 4, 5, 6, 7, 8, 9]
[[  1   1   1   1]
 [  1   2   4   8]
 [  1   3   9  27]
 [  1   4  16  64]
 [  1   5  25 125]
 [  1   6  36 216]
 [  1   7  49 343]
 [  1   8  64 512]
 [  1   9  81 729]]
[[      9      45     285    2025]
 [     45     285    2025   15333]
 [    285    2025   15333  120825]
 [   2025   15333  120825  978405]]
```

実行例

```
[[ 4.67460317e+00 -3.60449735e+00  7.53968254e-01 -4.62962963e-02]
 [-3.60449735e+00  3.14313773e+00 -6.97450697e-01  4.43322110e-02]
 [ 7.53968254e-01 -6.97450697e-01  1.61075036e-01 -1.05218855e-02]
 [-4.62962963e-02  4.43322110e-02 -1.05218855e-02  7.01459035e-04]]
[   9054   68022  533634 4308786]
0.011315579273246836
0.10637471162474113
```

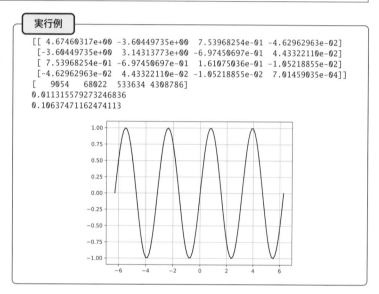

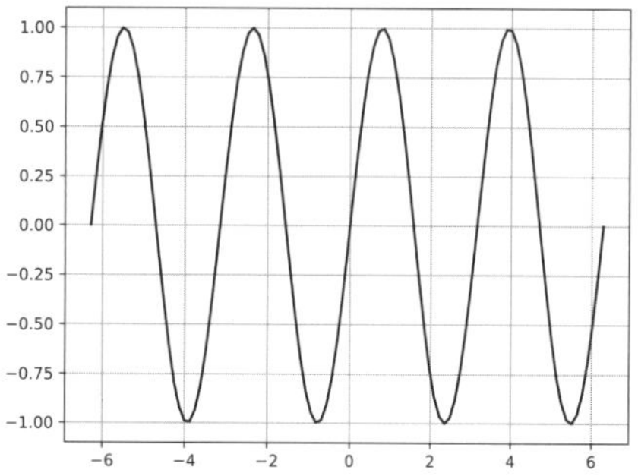

2.7　Python による多項式回帰の実装

まずは，訓練データを生成し，散布図を作成しましょう．x_data は，平均 3，標準偏差 2 の正規分布に従うデータ 40 個で，y_data は，$\sin x$ に平均 0，標準偏差 0.3 の正規分布に従うデータ 40 個を加えたものとします．

ソースコード 2.2: 訓練データの生成

```
【Matplotlib，NumPy のインポート】

np.random.seed(seed = 12) # 乱数のシードを 12に設定
x_data = np.random.normal(3.0, 2.0, 40) # 平均 3，標準偏差 2の正規分布に従うデータを 40個生成
# sin x + 平均 0，標準偏差 0.3の正規分布に従うデータ
y_data  =【自分で補おう】

【自分で補おう】# 散布図の作成
plt.show() # 散布図の表示
```

多項式回帰を行うには，式 (2.3) を実装するだけです．

実行例

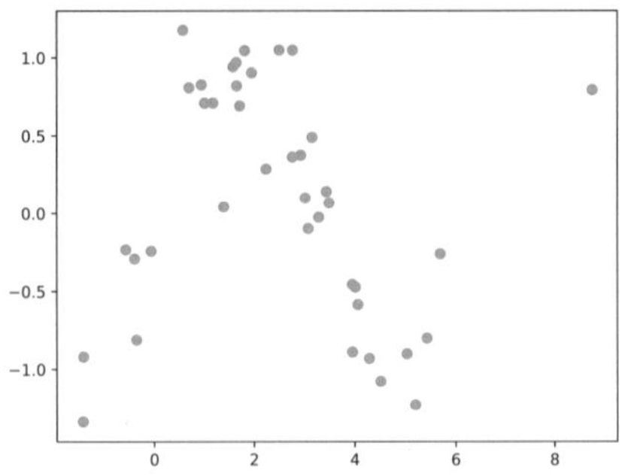

ソースコード 2.3: 多項式回帰の実装

```
# 説明変数:x_data, 目的変数:y_data, 次数:deg, 行列A：MatA, 係数w：Vec_w
def my_poly_regress(x_data, y_data, deg):
  # 行列A の作成, 各列はx の k 乗 (k=0,1,...,p)
  MatA = np.array([[【自分で補おう】 for k in range(deg+1)] for x in x_data])
  tmp = np.linalg.inv(【自分で補おう】) # (A^t A)の逆行列, A^t は A の転置行列
  Vec_w = np.dot(【自分で補おう】) # 式 (2.3)の計算

  def f(x): # 多項式の定義
    y = 0  # y を 0 に初期化
    for k, w in enumerate(Vec_w): # k にカウンタの値, w に Vec_w[k]の値
      y +=【自分で補おう】 # 式 (2.2)の計算
    return y

  return f, Vec_w

# 多項式回帰
deg = 3 # 次数を 3にセット
poly, coef = my_poly_regress(x_data, y_data, deg)
print("係数：",coef)

# 多項式近似の曲線を表示
# x_data の上端と下端間に 100 個の点を生成
xp = np.linspace(np.amin(x_data), np.amax(x_data), 100)
【自分で補おう】# 散布図を表示
plt.plot(【自分で補おう】, c='black')  # 多項式を表示
plt.show()
```

課題 2.4　ソースコード 2.2〜2.3 の実行結果を確認せよ．

実行例

係数： [0.34028804 0.70940215 -0.34227767 0.03058493]

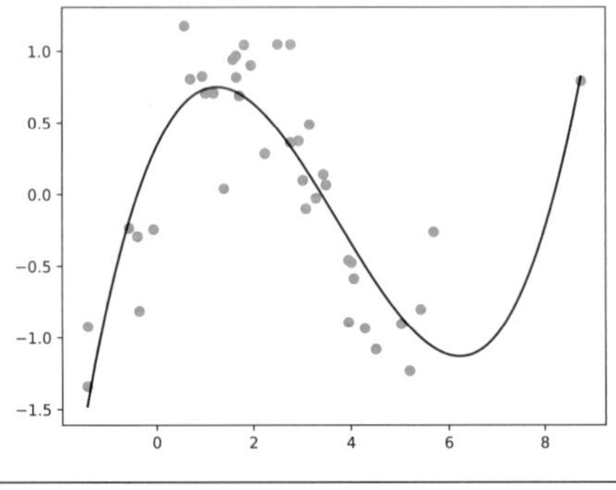

2.8　NumPy による多項式回帰

NumPy の `polyfit` メソッドを使えば多項式回帰ができます．なお，`poly1d` は 1 次元多項式オブジェクトを生成し，たとえば，`poly1d([3,4,5])` は $3x^2 + 4x + 5$ を表します．また，scikit-learn の `r2_score` を用いて決定係数を，`mean_squared_error` を用いて 2 乗平均平方根誤差（RMSE）を求めます．`mean_squared_error` では，平均 2 乗誤差（MSE）が求まりますから，これの平方根が RMSE となります．

ソースコード 2.4: NumPy による多項式回帰

```
from sklearn.metrics import mean_squared_error, r2_score

# 3次の多項式による回帰
my_poly = np.poly1d(np.polyfit(x_data, y_data, 3))
print(my_poly)    # 3次多項式を表示

y_pred = my_poly(x_data) # 予測
print("決定係数：",【自分で補おう】)
print("RMSE:",【自分で補おう】)

plt.scatter(x_data, y_data, c = 'cyan') # 散布図を表示
plt.plot(xp, my_poly(xp), c='black') # 多項式を表示
plt.show()
```

決定係数が約 0.76 なので，この多項式回帰モデルは，平均では予測できなかった観測値の変動のうち約 76% を予測できていると解釈できます．また，RMSE が約 0.37 なので，平均的には観測値の予測を 0.37 だけ外していると解釈できます．

課題 2.5　ソースコード 2.4 の実行結果を確認せよ．また，データの標準偏差，乱数のシード，次数などを変えていろいろと試し，決定係数がどのように変化するかを確認し，これらのことからどのようなことがいえるかを述べよ．

実行例

```
        3          2
0.03058 x - 0.3423 x + 0.7094 x + 0.3403
決定係数： 0.7570308582861722
RMSE: 0.3655314891575126
```

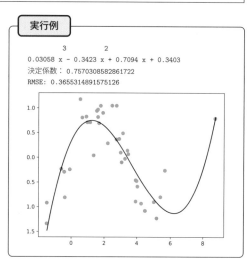

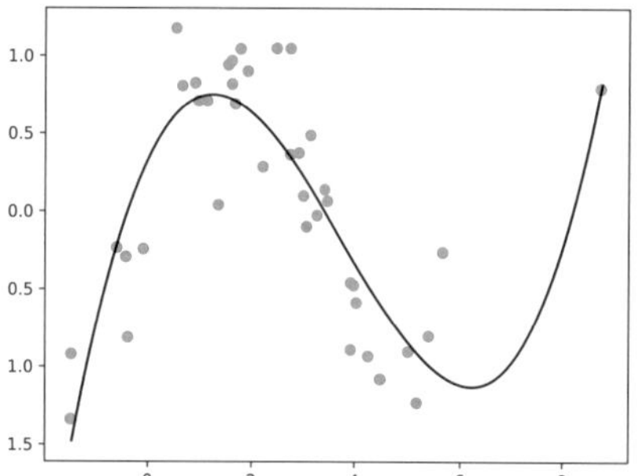

2.9　過学習と未学習の例

ここでは，過学習と未学習の例を見てみましょう．そのために，次数を変えて，回帰多項式を見てみます．

ソースコード 2.5: 次数 1〜9 に対する多項式回帰

```
for d in【自分で補おう】: # 1〜9まで
    my_poly = np.poly1d(【自分で補おう】) # d次の多項式による回帰

    print("d=",d)
    y_pred = my_poly(x_data) # 予測
    print("決定係数：",【自分で補おう】)
```

```
    print("RMSE:", 【自分で補おう】)

    plt.scatter(x_data, y_data, c = 'cyan')
    plt.plot(xp, my_poly(xp), c='black')
    plt.show()
```

実行例

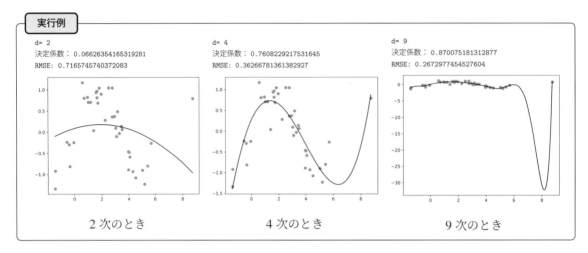

```
d= 2
決定係数： 0.06626354165319281
RMSE: 0.7165745740372083
```

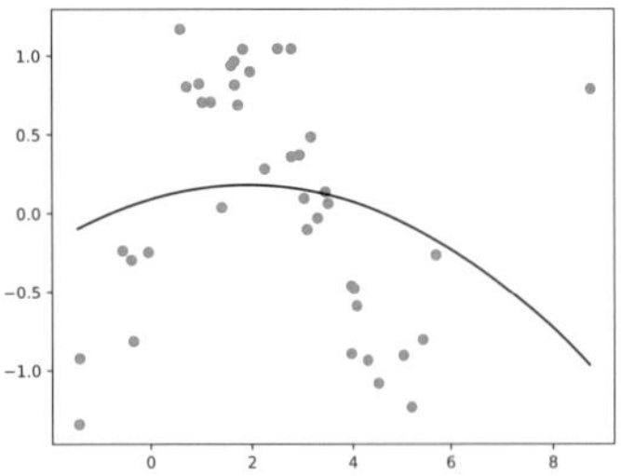

2 次のとき

```
d= 4
決定係数： 0.7608229217531645
RMSE: 0.36266781361382927
```

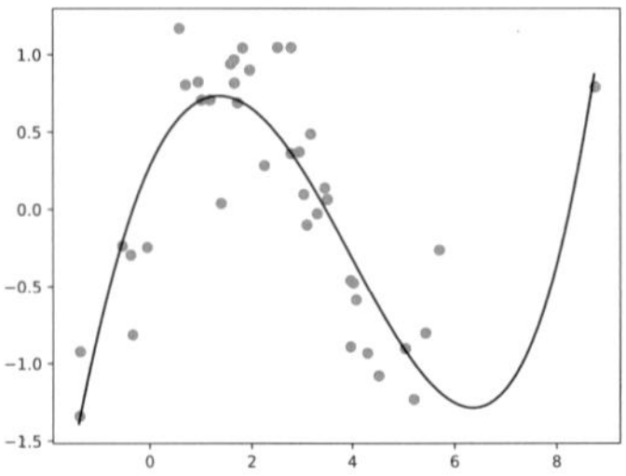

4 次のとき

```
d= 9
決定係数： 0.870075181312877
RMSE: 0.2672977454527604
```

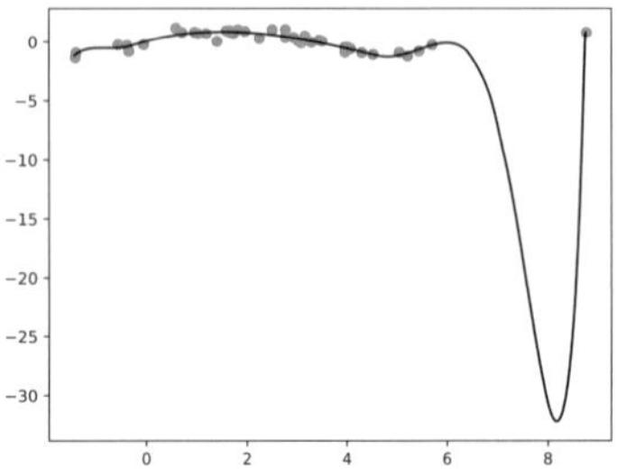

9 次のとき

課題 2.6 ソースコード 2.5 の実行結果を確認せよ．

2 次のときを見ると，2 次回帰多項式では次数が低すぎる，つまり，未学習になっていると判断できます．一方，9 次のときを見ると，9 次回帰多項式では，無理やり訓練データに曲線を合わせた状況になっており，過学習になっていると判断できます．いずれの多項式も全体の傾向や関係性を表現できるとは考えられず，汎化性能は低いといえます．4 次のときを見ると，4 次くらいがちょうど良さそうです．

このように，回帰多項式を用いる際には，過学習や未学習を避けるために，次数を適切に選ぶ必要があります．一般には，第 2.3 節で述べたように，訓練データの一部を検証データとして分け，検証データでの誤差を見ながら，次数を選択します．

それでは，RMSE と決定係数を使って，過学習の様子を見てみましょう．訓練データは 40 個だったので，訓練データとテストデータの割合を 4 : 1 となるようにテストデータは 10 個とします．

ソースコード 2.6: RMSE と決定係数の表示

```
# テストデータの用意
np.random.seed(seed = 10) # 乱数のシードを 10に設定
x_test =【自分で補おう】# 平均 3, 標準偏差 2の正規分布に従うデータを 10個生成
# sin x + 平均 0, 標準偏差 0.3の正規分布に従うデータ
y_test  =【自分で補おう】

# RMSE の記録用リスト作成
degree = [] # 次数，決定係数でも利用
train_rmse = []
test_rmse = []

# 決定係数の記録用リスト作成
train_cd = []
test_cd = []

# RMSE と決定係数の記録
```

```
17  for d in【自分で補おう】: # 1〜15まで
18      my_poly = np.poly1d(【自分で補おう】) # d次の多項式による回帰
19
20      # 予測値の計算
21      y_pred_train = my_poly(x_data) # 予測（訓練データ）
22      y_pred_test =【自分で補おう】 # 予測（テストデータ）
23
24      # RMSE の計算
25      rmse_train = np.sqrt(mean_squared_error(y_data, y_pred_train)) # RMSE（訓練データ）
26      rmse_test =【自分で補おう】 # RMSE（テストデータ）
27
28      # RMSE の記録
29      degree.append(d) # 次数
30      train_rmse.append(rmse_train) # RMSE（訓練データ）を追加
31     【自分で補おう】 # RMSE（テストデータ）を追加
32
33      # 決定係数の計算
34      cd_train = r2_score(y_data, y_pred_train) # 決定係数(訓練データ)
35      cd_test =【自分で補おう】 # 決定係数(テストデータ)
36
37      # 決定係数の記録
38      train_cd.append(cd_train) # 決定係数(訓練データ)の追加
39     【自分で補おう】 # 決定係数(テストデータ)の追加
40
41  # RMSE の表示
42  plt.figure(figsize=(12,5)) # 横 12，縦 5
43  plt.subplot(121) # 縦に 1分割，横に 2分割，左上から数えて 1番目
44  plt.plot(degree, train_rmse, label="Train")
45  plt.plot(【自分で補おう】, label="Test")
46  plt.legend()       # 凡例の表示
47  plt.xlabel("Degree") # x軸のラベル
48  plt.ylabel("RMSE") # y軸のラベル
49
50  # 決定係数の表示
51  plt.subplot(122) # 縦に 1分割，横に 2分割，左上から数えて 2番目
52  plt.plot(degree, train_cd, label="Train")
53  plt.plot(【自分で補おう】, label="Test")
54  plt.legend()           # 凡例の表示
55  plt.xlabel("Degree")    # x軸のラベル
56  plt.ylabel("Coefficient of determination") # y軸のラベル
57  plt.show()
```

実行例

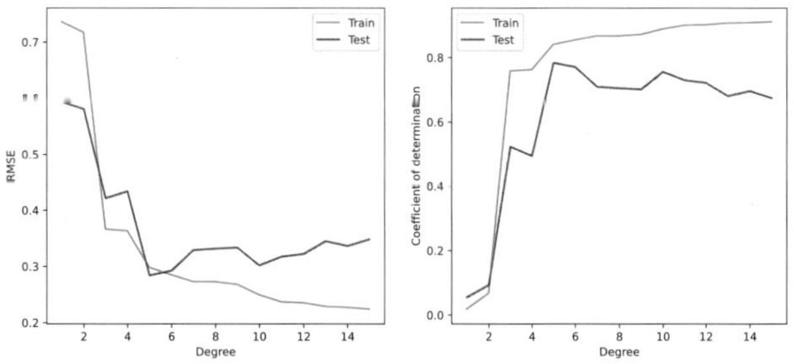

実行例より，次数が大きくなるにつれ，訓練データに対するRMSEは徐々に0に近づき，決定係数は1に近づいていますが，テストデータに対するRMSEと決定係数はそれぞれそのようになっていません．実際，次数が5を超えたあたりから，訓練データとテストデータのRMSEと決定係数の両方において，値の差が広がっていることがわかります．このことは，過学習が起こっていることを意味します．

課題 2.7 ソースコード2.6の実行結果を確認せよ．また，seedを変えたり，訓練データとテストデータの割合を変えたりする等，いろいろと試してみよ．また，これらの結果に対する自分の考えや解釈を述べよ．

2.10 scikit-learnによる多項式回帰

scikit-learnを使っても多項式回帰ができます．また，正則化もできるので，これらを行ってみましょう．ただし，scikit-learnの入力は2次元配列が前提なので，入力が1次元配列の場合，事前に2次元配列に変更しておく必要があります．

ソースコード2.7: scikit-learnによる多項式回帰

```
from sklearn.preprocessing import PolynomialFeatures
from sklearn.linear_model import LinearRegression

# scikit-learn の入力は 2 次元配列なので，1次元配列を 2次元配列(縦ベクトル)へ変換
X = x_data.reshape(-1, 1) # reshape(-1,1)は列数が 1という意味

# 多項式に変換する
poly = PolynomialFeatures(degree=7) # 7次多項式
x_poly = poly.fit_transform(X)

# モデルの作成
model = LinearRegression()

# モデルの学習
model.fit(x_poly, y_data) # y_data は 1 次元配列

# 予測
x_plt =【自分で補おう】# 1次元配列xp を 2 次元配列に変換
y_pred = model.predict(poly.transform(x_plt)) # 予測

# 係数を表示
print("切片: ",model.intercept_)
print("係数（傾き）", model.coef_)

# 描画
plt.scatter(x_data, y_data, c="cyan")
plt.plot(x_plt, y_pred, c="black")
plt.show()
```

課題 2.8 ソースコード2.7の実行結果を確認せよ．

実行例

```
切片： 0.11844131269512756
係数（傾き）[ 0.00000000e+00  1.07895683e+00 -4.37417285e-01 -8.95861784e-02
  1.33284956e-01 -5.01209106e-02  7.68869518e-03 -4.01500433e-04]
```

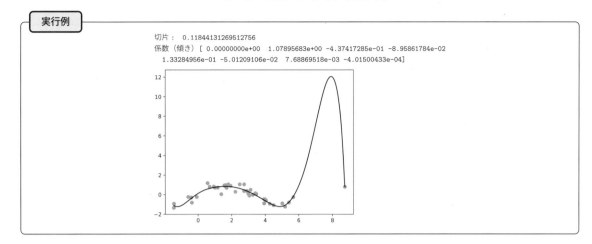

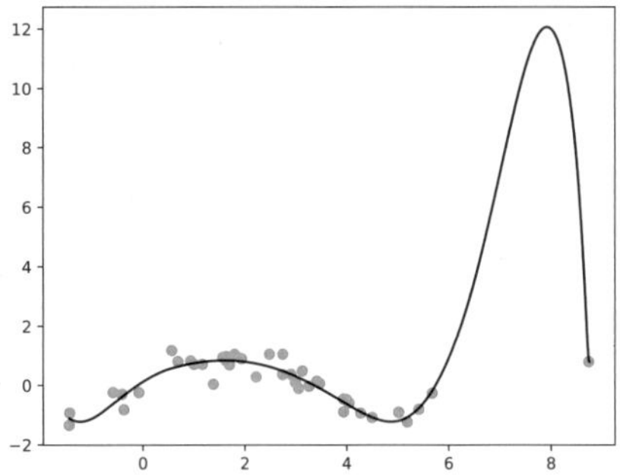

リッジ回帰を行う場合は，ソースコード 2.8 のように Ridge クラスをインポートします．

ソースコード 2.8: リッジ回帰

```
from sklearn.preprocessing import PolynomialFeatures
from sklearn.linear_model import LinearRegression
from sklearn.linear_model import Ridge

# scikit-learn の入力は 2 次元配列なので，1次元配列を 2次元配列(縦ベクトル)へ変換
X = 【自分で補おう】# reshape(-1,1)は列数が 1という意味

# 多項式に変換する
poly = PolynomialFeatures(degree=7) # 7次多項式
x_poly = poly.fit_transform(X)

# モデルの作成
model = LinearRegression() # 正則化なし
model2 = Ridge(alpha=0.1)  # リッジ回帰

# モデルの学習
model.fit(【自分で補おう】) # y_data は 1 次元配列
model2.fit(x_poly, y_data) # リッジ回帰

# 予測
x_plt = xp.reshape(-1,1) # 1次元配列xp を 2 次元配列に変換
y_pred = model.predict(poly.transform(x_plt)) # 予測
y_pred2 = model2.predict(poly.transform(x_plt)) # リッジ回帰による予測

# 係数を表示
print("切片: ",model2.intercept_)
print("係数（傾き）", model2.coef_)

# 描画
plt.scatter(x_data, y_data, c="cyan")
plt.plot(x_plt, y_pred, c="black", label='Polynomial')
plt.plot(x_plt, y_pred2, c="black", label="Ridge", linestyle='--')
plt.legend(loc='upper right') # 凡例を右上に表示
plt.show()
```

もしかしたら，Convergence Warning といった警告（ワーニング）が表示されるかもしれません．これは回帰モデルのパラメータが正しく推定されていない可能性があることを示しているので，本来は無視すべきではありませんが，ここでは無視します．無視した結果，実行例のような過学習を起こした結果が得られます．このように Convergence Warning が表示される場合は，過学習が起こっている可能性が高いと考えておくといいでしょう．

実行例

```
切片： 0.10326066885179028
係数（傾き）[ 0.00000000e+00  9.90163302e-01 -3.55071639e-01 -7.07852110e-02
  9.90298874e-02 -3.88673627e-02  6.21886619e-03 -3.33977612e-04]
```

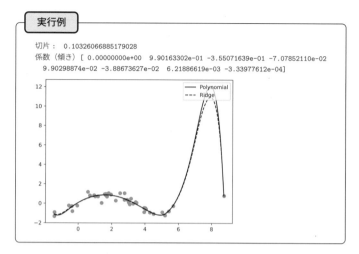

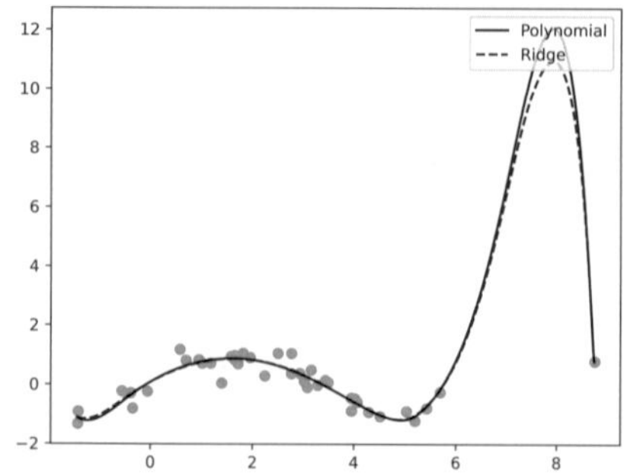

ハイパーパラメータ alpha は正則化項の強さを調整します．alpha が大きいほど正則化が強くなるので，alpha を変えて試してみるといいでしょう．

課題 2.9　ソースコード 2.8 の実行結果を確認せよ．また，alpha の値を変えて結果を確認せよ．この結果に対する自分の考えや解釈を述べよ．

課題 2.10　ソースコード 2.8 を参考にして，ラッソ回帰とエラスティックネットによる正則化を行え．また，正則化なし，リッジ回帰，ラッソ回帰，エラスティックネットの結果からどのようなことがいえるかを述べよ．さらに，パラメータをいろいろと変えて試し，これらの結果からどのようなことがいえるかを述べよ．

なお，ラッソ回帰を実装するには，ソースコード 2.8 の 3 行目を

```
from sklearn.linear_model import Lasso
```

とし，14 行目を

```
Lasso(alpha=0.1)  # ラッソ回帰
```

とすればよい．また，Elastic Net を実装するには，ソースコード 2.8 の 3 行目を

```
from sklearn.linear_model import ElasticNet
```

とし，14 行目を

```
ElasticNet(alpha=0.1, l1_ratio=0.4)  # Elastic Net
```

とすればよい．ここで，ハイパーパラメータ l1_ratio=0.4 は L1 正則化の割合を 0.4 とすることを意味する．

第3章
重回帰分析

説明変数が 2 つ以上の場合は，**重回帰式**（multiple regression equation/function）

$$y = w_0 + w_1x_1 + w_2x_2 + \cdots + w_px_p \tag{3.1}$$

で観測値の分布状況に最も近い超平面を定めます．重回帰式のことを**重回帰モデル**（multiple regression model）と呼ぶこともあります．また，重回帰モデルにおける回帰係数 $w_0, w_1, \ldots, w_p$ を**偏回帰係数**（partial regression coefficient）といいます．

なお，重回帰式として，

$$y = w_0 + w_1x_1^2 + w_2x_1x_2 + w_3x_3^3 \tag{3.2}$$

のようにべき乗項やクロス項も考えることができるので，特に，式 (3.1) を**線形重回帰式**（multiple linear regression equation）ということもあります．ここでは，式 (3.1) の形しか考えませんので，以下，重回帰式といえば，線形重回帰式を指すものとします．

3.1 重回帰分析

式 (2.3) と同様に考えると，N 個の観測値 $(x_1^{(i)}, x_2^{(i)}, \ldots, x_p^{(i)}, y_i)$，$i = 1, 2, \ldots, N$ に対して，

$$E(\boldsymbol{w}) = \frac{1}{2}\sum_{i=1}^{N}\left\{y_i - (w_0^{(i)} + w_1x_1^{(i)} + w_2x_2^{(i)} + \cdots + w_px_p^{(i)})\right\}^2 \tag{3.3}$$

を最小化すれば，所望の超平面が得られます．

ここで，式 (3.3) は式 (2.3) と同じ形なので，$\boldsymbol{w} = \begin{bmatrix} w_0 \\ w_1 \\ \vdots \\ w_p \end{bmatrix}, A = \begin{bmatrix} 1 & x_1^{(1)} & \cdots & x_p^{(1)} \\ 1 & x_1^{(2)} & \cdots & x_p^{(2)} \\ \vdots & \vdots & \vdots & \vdots \\ 1 & x_1^{(N)} & \cdots & x_p^{(N)} \end{bmatrix}$ とすれば，定理 2.1 と同様の結果が得られます．

重回帰分析

定理 3.1 観測値 $(x_1^{(1)}, x_2^{(1)}, \ldots, x_p^{(1)}, y_1)$, …, $(x_1^{(N)}, x_2^{(N)}, \ldots, x_p^{(N)}, y_N)$ に対して，重回帰式を $y = \sum_{k=0}^{p} w_kx_k$ と表す．このとき，$p + 1 \leq N$，つまり，データ数よりも説明変数の数が少なければ，係数ベクトル $\boldsymbol{w}$ は，

$$\boldsymbol{w} = ({}^tAA)^{-1}({}^tA\boldsymbol{y}) \tag{3.4}$$

で与えられる．

なお，定理 2.1 の場合と同様，式 (3.4) は，

$${}^tAA\boldsymbol{w} = {}^tA\boldsymbol{y} \tag{3.5}$$

と表せ，これを**正規方程式**といいます．

課題 3.1　定理 3.1 を証明せよ．

求めた重回帰式の当てはまりの良さを測る指標としては，観測値 y_i と予測値 $\widehat{y_i}$ との間の相関係数

$$R = \frac{\sum_{i=1}^{N}(y_i - \overline{y})(\widehat{y_i} - \overline{\widehat{y}})}{\sqrt{\sum_{i=1}^{N}(y_i - \overline{y})^2 \sum_{i=1}^{N}(\widehat{y_i} - \overline{\widehat{y}})^2}} \tag{3.6}$$

が考えられます．この R を**重相関係数**（multiple correlation coefficient）といいます．重相関係数の 2 乗は，

$$R^2 = \frac{\left\{\sum_{i=1}^{N}(y_i - \overline{y})(\widehat{y_i} - \overline{\widehat{y}})\right\}^2}{\sum_{i=1}^{N}(y_i - \overline{y})^2 \sum_{i=1}^{N}(\widehat{y_i} - \overline{\widehat{y}})^2} = \frac{\sum_{i=1}^{N}(\widehat{y_i} - \overline{y})^2}{\sum_{i=1}^{N}(y_i - \overline{y})^2} = 1 - \frac{\sum_{i=1}^{N}(y_i - \widehat{y_i})^2}{\sum_{i=1}^{N}(y_i - \overline{y})^2} = 1 - \frac{\mathrm{SSE}}{\mathrm{SST}} \tag{3.7}$$

となり，これは式 (1.3) と一致します．そのため，重回帰分析においても当てはまりの良さを表す指標として決定係数 R^2 が利用できます．

式 (3.7) の左から 2 つ目の等号が成立する理由を述べておきましょう．まず，定理 3.1 を証明すればわかるように，式 (2.5) と同様の式より，

$$\sum_{i=1}^{N}(y_i - \widehat{y_i}) = 0, \quad \sum_{i=1}^{N} x_1^{(i)}(y_i - \widehat{y_i}) = 0, \quad \sum_{i=1}^{N} x_2^{(i)}(y_i - \widehat{y_i}) = 0, \quad \cdots, \quad \sum_{i=1}^{N} x_p^{(i)}(y_i - \widehat{y_i}) = 0 \tag{3.8}$$

が成り立ちます．これより，$\sum_{i=1}^{N}(y_i - \widehat{y_i}) = N\overline{y} - N\overline{\widehat{y}} = 0$ なので，$\overline{y} = \overline{\widehat{y}}$ が成り立ちます．また，

$$\sum_{i=1}^{N}(y_i - \widehat{y_i})(\widehat{y_i} - \overline{\widehat{y}}) = \sum_{i=1}^{N}(y_i - \widehat{y_i})\widehat{y_i} - \overline{\widehat{y}}\sum_{i=1}^{N}(y_i - \widehat{y_i}) = \sum_{i=1}^{N}(y_i - \widehat{y_i})(w_0 + w_1 x_1^{(i)} + \cdots + w_p x_p^{(i)}) = 0$$

も成り立ちます．したがって，式 (3.7) の分子は，

$$\sum_{i=1}^{N}(y_i - \overline{y})(\widehat{y_i} - \overline{\widehat{y}}) = \sum_{i=1}^{N}(y_i - \widehat{y_i} + \widehat{y_i} + \overline{y})(\widehat{y_i} - \overline{\widehat{y}}) = \sum_{i=1}^{N}(y_i - \widehat{y_i})(\widehat{y_i} - \overline{\widehat{y}}) + \sum_{i=1}^{N}(\widehat{y_i} - \overline{y})^2 = \sum_{i=1}^{N}(\widehat{y_i} - \overline{y})^2 \tag{3.9}$$

より，$\left\{\sum_{i=1}^{N}(\widehat{y_i} - \overline{y})^2\right\}^2$ となります．一方，分母は $\overline{y} = \overline{\widehat{y}}$ より $\sum_{i=1}^{N}(\widehat{y_i} - \overline{\widehat{y}})^2 = \sum_{i=1}^{N}(\widehat{y_i} - \overline{y})^2$ となるので，結局，式 (3.7) の左から 2 つ目の等号が成立します．

課題 3.2　重回帰分析においても，式 (1.4) が成り立つことを示せ．

3.2 自由度調整済み決定係数

説明変数の個数 p が等しい場合，決定係数 R^2 をモデル間の比較に利用できますが，p が異なる場合の比較には利用できません．説明変数の候補のうち，p 個を用いたモデルに対する残差平方和を $\mathrm{SSE}(p)$ とし，この p 個に説明変数を 1 つ加えて作成したモデルの残差平方和を $\mathrm{SSE}(p+1)$ とします．説明変数を追加した場合，重回帰モデルの予測精度は良くなるはずですから，残差平方和は減少します．つまり，

$$\begin{aligned}\mathrm{SSE}(p) &= \sum_{i=1}^{N}\left\{y_i - (w_0 + w_1^{(i)} + \cdots + w_p x_p^{(i)})\right\}^2 \\ &\geq \sum_{i=1}^{N}\left\{y_i - (\widehat{w}_0 + \widehat{w}_1^{(i)} + \cdots + \widehat{w}_p x_p^{(i)} + \widehat{w}_{p+1} x_{p+1}^{(i)})\right\}^2 = \mathrm{SSE}(p+1)\end{aligned}$$

が成り立ちます．これは，意味のない変数を説明変数に追加すると，決定係数が大きくなることを意味します．極端な場合，説明変数を $N-1$ 個まで増やすと $\mathrm{SSE}(N-1) = 0$，$R^2 = 1$ となります．

課題 3.3　$\mathrm{SSE}(p) = \mathrm{SSE}(p+1)$ が成立するのは，どのようなときか検討せよ．

この欠点を解消して，p の異なるモデルの比較に利用するために提案された指標の 1 つが**自由度調整済み決定係数**または**自由度修正済み決定係数**（adjusted R^2）

$$R^{*2} = 1 - \frac{\frac{SSE}{N-p-1}}{\frac{SST}{N-1}} \tag{3.10}$$

です．SSR，SSE，SST の自由度は以下の通りです．式 (3.10) において，SSE と SST はそれぞれの自由度で割ったものが使われています．

	SSR : $\sum_{i=1}^{N}(\widehat{y_i} - \overline{y})^2$	SSE : $\sum_{i=1}^{N}(y_i - \widehat{y_i})^2$	SST : $\sum_{i=1}^{N}(y_i - \overline{y})^2$
自由度	p	$N - p - 1$	$N - 1$

まず，$\widehat{y} = w_0 + w_1x_1 + w_2x_2 + \cdots + w_px_p$ は，p 個のパラメータ $w_1, \ldots, w_p$ で決まるので自由度を p と考えます．w_0 は $w_1, \ldots, w_p$ が決まれば正規方程式から自動的に決まります．次に，SSE は，観測値数 N の自由度がありますが，式 (3.8) より $p+1$ 個の制約があるので，自由度は $N-(p+1)$ と考えます．最後に，SST は，観測値数 N の自由度がありますが，平均を 1 つ引いているので，自由度が 1 つ減ると考えます．なぜなら，平均と $N-1$ 個のデータから，残りの 1 つは自動的に決定されるからです．

3.3 多 重 共 線 性

直線 $x_2 = x_1$ 上にある 3 点 $(1,1), (2,2), (3,3)$ を考えてみましょう．このとき，x_1 と x_2 の相関係数は 1 であり，定理 3.1 の A は $A = \begin{bmatrix} 1 & 1 & 1 \\ 1 & 2 & 2 \\ 1 & 3 & 3 \end{bmatrix} \to \begin{bmatrix} 1 & 0 & 1 \\ 1 & 0 & 2 \\ 1 & 0 & 3 \end{bmatrix}$ のようになり，A の行列のランクが 1 つ下がります．したがって，${}^tAA$ の逆行列は存在しません．実際，${}^tAA = \begin{bmatrix} 3 & 6 & 6 \\ 6 & 14 & 14 \\ 6 & 14 & 14 \end{bmatrix}$ となり，その行列式は $\det({}^tAA) = 0$ です．このことは，説明変数間の相関が高いと，正規方程式 (3.5) が解きづらくなることを意味します．結果として，個々の回帰係数に対する推定精度が悪くなり，回帰係数の解釈が困難となります．

この問題は，説明変数間の**多重共線性**（multicollinearity）と呼ばれます．x と y が共通の直線上にあるような状況で起こる問題です．

多重共線性を回避するには，変量間の相関係数が高い場合，どちらか一方を重回帰分析から外す必要があります．

3.4 カリフォルニア住宅価格データセットの利用

前章までは，意図的に生成したデータを使って回帰分析をしましたが，これ以降は，主に scikit-learn に用意されているデータセットを使います[1]．scikit-learn のデータセットは，datasets モジュールで提供されており，`load_*`または `fetch_*`という関数を使って読み込みます[2]．また，これらの関数は，データセットを表す Python の辞書オブジェクトを返します．この辞書オブジェクトには，キー（key）と呼ばれる `data`（特徴量の NumPy 配列），`target`（目的変数の NumPy 配列），`DESCR`（データセットの説明），`feature_names`（特徴量の名前），`target_names`（日的変数の名前）といった属性が含まれています[3]．

---

[1]利用できるデータセットは，scikit-learn のバージョンによっても違います．内容については，`https://scikit-learn.org/stable/datasets.html` を見てください．

[2]*は任意の文字列を表します．

[3]すべてのデータセットにすべてのキーが含まれているわけではないため，使用するデータセットに応じて，必要なキーを確認する必要があります．

ここでは，カリフォルニアの住宅価格データセットを使います．まずは，このデータセットを読み込み，その説明を表示させましょう．

ソースコード 3.1: データセットの読み込み

```python
from sklearn.datasets import fetch_california_housing # カリフォルニア住宅価格データの利用
housing = fetch_california_housing() # データの読み込み
print(housing.DESCR) # データの説明を表示
```

出力結果の一部

```
California Housing dataset
--------------------------
**Data Set Characteristics:**

    :Number of Instances: 20640

    :Number of Attributes: 8 numeric, predictive attributes and the target

    :Attribute Information:
        - MedInc        median income in block group
        - HouseAge      median house age in block group
        - AveRooms      average number of rooms per household
        - AveBedrms     average number of bedrooms per household
        - Population    block group population
        - AveOccup      average number of household members
        - Latitude      block group latitude
        - Longitude     block group longitude

The target variable is the median house value for California districts,
expressed in hundreds of thousands of dollars ($100,000).
```

データ数は 20,640 件ですが，データは住宅ではなく，カリフォルニアの地区に対応しています．つまり，各データは 20,640 物件の住宅価格や部屋数ではなく，20,640 地区における住宅価格や部屋数等の中央値や平均値となっています．また，説明にあるように，目的変数は住宅価格の中央値（単位は 100,000 ドル）であり，説明変数は，`MedInc`（所得の中央値），`HouseAge`（築年数の中央値），`AveRooms`（部屋数の平均値），`AveBedrms`（寝室数の平均値），`Population`（総住民数），`AveOccup`（世帯人数の平均値），`Latitude`（緯度），`Longitude`（経度）の 8 つです．この順にデータが格納されており，これらを出力するには `data` キーを使います．たとえば，`MedInc` を表示するには `housing.data[:,0]`，`AveRooms` を表示するには `housing.data[:,2]` を指定します．添え字は 0 から始まることに注意しましょう．

そして，目的変数を表示するには，`target` キーを使って，`housing.target` を指定します．

ソースコード 3.2: 目的変数の表示

```python
print(housing.target) # 目的変数の表示
```

実行例

```
[4.526 3.585 3.521 ... 0.923 0.847 0.894]
```

最初の 3 つと最後の 3 つが表示されています．すべてのデータを出力したい場合は，次のように NumPy の `set_printoptions` 関数で閾値を `inf` に指定します．

ソースコード 3.3: 目的変数の全データの表示

```
import numpy as np
np.set_printoptions(threshold=np.inf) # データすべてを表示する
print(housing.target) # 目的変数を表示
```

実行例

```
[4.526   3.585   3.521   3.413   3.422   2.697   2.992   2.414   2.267
【途中省略】
 0.923   0.847   0.894  ]
```

目的変数のヒストグラムを作成して，目的変数の全体的な様子を見てみましょう．

ソースコード 3.4: 目的変数のヒストグラム

```
【Matplotlib のインポート】

# 価格のヒストグラム，階級数は 50
plt.hist(housing.target,bins=50)

plt.xlabel('Median house value in 10,000$')
plt.ylabel("Number of districts")
plt.show()
```

実行例

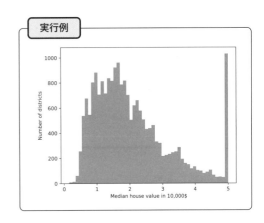

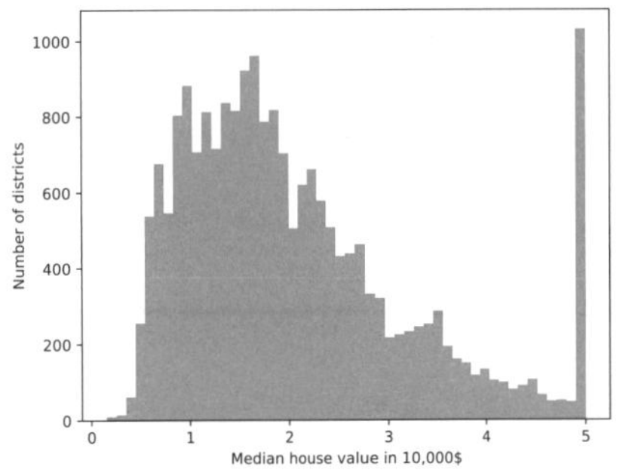

実行結果を見ると，不自然に最大値の頻度が多くなっています．機械学習モデルを構築する際には，こういった外れ値は除外するべきですが，ここではこのまま進めることにします．

課題 3.4　ソースコード 3.2〜3.4 の結果を確認せよ．また，ソースコード 3.2 の実行結果から，どのようなことが読み取れるか述べよ．

続いて，説明変数 `MedInc` を表示しましょう．

ソースコード 3.5: MedInc の表示

```
np.set_printoptions(threshold=1000) # NumPy 配列の表示をデフォルトに戻す
print(housing.data[:,0]) # 所得（MedInc）を表示
```

実行例

```
[8.3252 8.3014 7.2574 ... 1.7    1.8672 2.3886]
```

所得 `housing.data[:,0]` と住宅価格 `housing.target` の散布図を描いてみましょう．

ソースコード 3.6: 所得と価格の散布図

```
# 所得と価格の散布図
plt.scatter(housing.data[:,0], 【自分で補おう】)

plt.grid(True) # グリッドを表示
plt.xlabel('Median income')
plt.ylabel('Median house value in 10,000$')

plt.show()
```

実行例

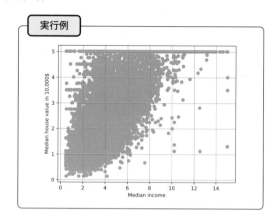

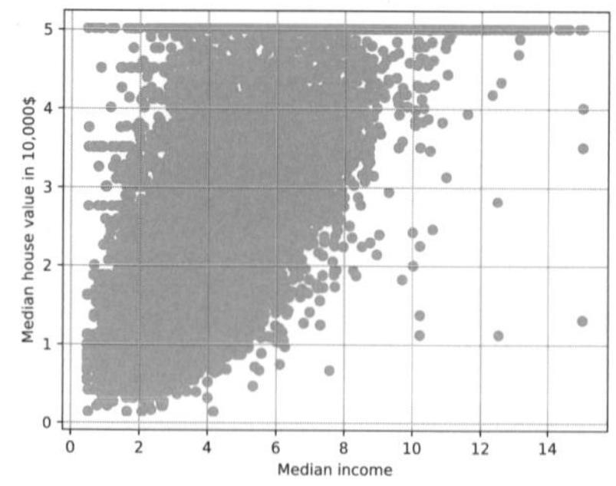

何となく，所得と価格の間には正の相関がありそうです．そこで，相関行列を求め，相関係数を確認してみましょう．

ソースコード 3.7: 相関係数を求める

```
# 相関行列を求める
corr = np.corrcoef(housing.data[:,0], housing.target)
print(corr) # 相関行列を表示
```

実行例

```
[[1.         0.68807521]
 [0.68807521 1.        ]]
```

対角成分の `0.68807521` が相関係数で，この数字は緩やかな正の相関があることを示しています．

これに回帰直線を描画しましょう．ここでは，seaborn の `lmplot` を使います．pandas には 1 次元データ用に `Series` が，2 次元データ用に `DataFrame` というデータ構造が用意されていますが，`lmplot` の引数には `DataFrame` の列名を渡す必要があります．そのため，`DataFrame` を作成します．

ソースコード 3.8: データフレームの作成と表示

```
1 import pandas as pd # pandas の読み込み
2 
3 # DataFrame の作成
4 housing_df = pd.DataFrame(housing.data)
5 # 先頭行に列名を追記
6 housing_df.columns = housing.feature_names
7 # 先頭から 5行を表示
8 housing_df.head()
```

実行例

	MedInc	HouseAge	AveRooms	AveBedrms	Population	AveOccup	Latitude	Longitude
0	8.3252	41.0	6.984127	1.023810	322.0	2.555556	37.88	-122.23
1	8.3014	21.0	6.238137	0.971880	2401.0	2.109842	37.86	-122.22
2	7.2574	52.0	8.288136	1.073446	496.0	2.802260	37.85	-122.24
3	5.6431	52.0	5.817352	1.073059	558.0	2.547945	37.85	-122.25
4	3.8462	52.0	6.281853	1.081081	565.0	2.181467	37.85	-122.25

実行例を見ればわかりますが，`DataFrame` は表形式で結果を出力します．なお，1 行目を `from pandas import DataFrame` とすれば，4 行目の `pd.DataFrame` を `DataFrame` と記述できます．

そして，`DataFrame` に新しい列を作り，そこに目的変数（住宅価格）を格納します．最後尾に `MedHouseVal` 列が追記されていることを確認しましょう．

ソースコード 3.9: 目的変数の追加

```
housing_df[housing.target_names[0]] = housing.target # 目的変数を追加
housing_df.head() # 先頭から 5行を表示
```

実行例

	MedInc	HouseAge	AveRooms	AveBedrms	Population	AveOccup	Latitude	Longitude	MedHouseVal
0	8.3252	41.0	6.984127	1.023810	322.0	2.555556	37.88	-122.23	4.526
1	8.3014	21.0	6.238137	0.971880	2401.0	2.109842	37.86	-122.22	3.585
2	7.2574	52.0	8.288136	1.073446	496.0	2.802260	37.85	-122.24	3.521
3	5.6431	52.0	5.817352	1.073059	558.0	2.547945	37.85	-122.25	3.413
4	3.8462	52.0	6.281853	1.081081	565.0	2.181467	37.85	-122.25	3.422

この DataFrame と lmplot を使って，回帰直線を描画します．

ソースコード 3.10: lmplot による回帰直線の描画

```
import seaborn as sns # seaborn の読み込み

# 回帰直線と散布図を表示 x と y は列名を指定
# ci=None で信頼区間を非表示に，回帰直線の色を黒に
sns.lmplot(x='MedInc', y='MedHouseVal', data=housing_df,
           ci=None, line_kws={'linewidth':2, 'color':'black'},
           scatter_kws={'marker':'o', 'color':'cyan'})
```

実行例

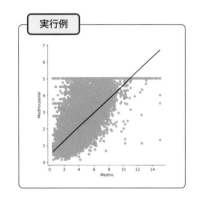

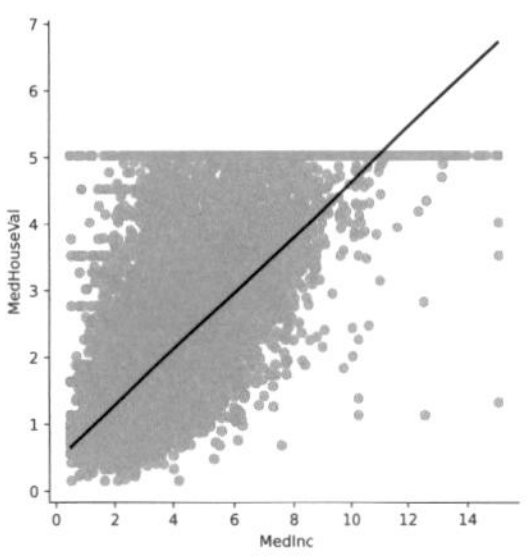

pandas の describe メソッドを使うと，各列の統計量を表示できます．また，列名を使って特定の列を取り出すこともできます．

ソースコード 3.11: 統計量の表示

```
housing_df.describe() # 統計量の表示
print(housing_df.HouseAge) # HouseAge 列を表示
```

実行例

```
0        41.0
【途中省略】
20639    16.0
Name: HouseAge, Length: 20640, dtype: float64
```

課題 3.5　ソースコード 3.5 ～ 3.11 の実行結果を確認せよ．

重回帰とこれまでに学んだ単回帰と多項式回帰の結果とを比べるため，復習を兼ねて，SciPy と NumPy を使った単回帰と多項式回帰をそれぞれやってみましょう．

課題 3.6　SciPy を使い，カリフォルニア住宅価格データセットに対し，SciPy を使って線形単回帰分析をせよ．ただし，説明変数は MedInc 目的変数は MedHouseVal とする．

課題 3.7　SciPy を使い，カリフォルニア住宅価格データセットに対し，NumPy を使って多項式回帰分析をせよ．ただし，説明変数は MedInc 目的変数は MedHouseVal とする．

課題 3.8　ボストン住宅価格データセットを使って，単回帰と多項式回帰をせよ．ただし，説明変数は RM（平均部屋数），目的変数は MEDV（住宅価格の中央値：単位は 1,000 ドル）とする．

なお，ボストン住宅価格データセットは以下のようにして読み込む．

```
data_url = "http://lib.stat.cmu.edu/datasets/boston"
raw_df = pd.read_csv(data_url, sep="\s+", skiprows=22, header=None)

boston_data = np.hstack([raw_df.values[::2, :], raw_df.values[1::2, :2]])
```

```
boston_target = raw_df.values[1::2, 2]

features = [
    'CRIM', 'ZN', 'INDUS', 'CHAS', 'NOX', 'RM', 'AGE', 'DIS', 'RAD', 'TAX',
    'PTRATIO', 'B', 'LSTAT', 'target'
]

boston_df = pd.DataFrame(data=np.hstack([boston_data, boston_target.reshape(-1, 1)]),
                         columns=features)
```

すべての変数間の散布図を表示するには pandas の `plotting.scatter_matrix` を使います．また，seaborn の `heatmap` 関数を使うと，それぞれの変数間の相関係数をヒートマップで表示することもできます[4]．こうすることで，変数間の相関が一目でわかるようになります．

ソースコード 3.12: 散布図行列と相関係数のヒートマップ表示

```
pd.plotting.scatter_matrix(housing_df,figsize=(20,20)) # すべての説明変数と目的変数の散布図
correlation_matrix = housing_df.corr().round(2) # 相関係数の値を小数点以下第2位で表示
plt.figure(figsize = (15,8)) # ヒートマップのサイズを調整，横 15，縦 8
sns.heatmap(data=correlation_matrix, annot=True) # annot : 相関係数の値を表示
plt.show() # 図の表示
```

実行例

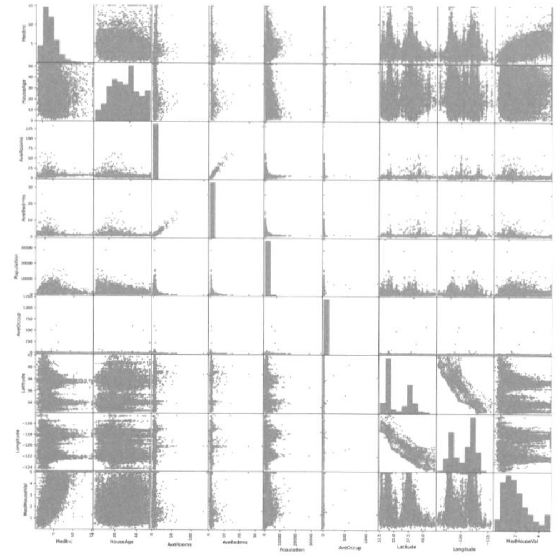

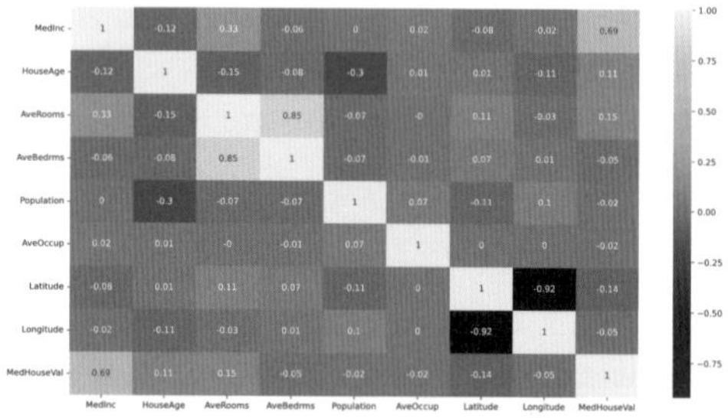

課題 3.9　ソースコード 3.11〜3.12 の実行結果を確認せよ．課題 3.6 では，単回帰分析を行う際，説明変数を `MedInc` としたが，それ以外にも説明変数とすべき変数はあるかを検討し，その結果を述べよ．また，重回帰分析を行う際，多重共線性を避けるために削除すべき説明変数はあるかを検討し，その結果を述べよ．

課題 3.10　ボストン住宅価格データセットに対しても，課題 3.9 と同様のことを行え．

[4] **ヒートマップ**（heatmap）とは，行列の形で表現された値を色や濃淡で表したものです．

3.5 学習と評価

ここでは，データセットを訓練データとテストデータに分割して学習と評価を行いましょう．

scikit-learn には，データを訓練データとテストデータに分割する train_test_split 関数があります．これは，ホールドアウト検証を行う際に使います．test_size を指定しなければ，全データの 25% がテストデータ，75% が訓練データとなります．また，random_state を指定すると，何度繰り返しても同じように分割されます．ここでは，0 にしていますが，数字は何でもかまいません．

ソースコード 3.13: 訓練データとテストデータに分割

```
from sklearn.model_selection import train_test_split

# 訓練データとテストデータに分割
x_train, x_test, t_train, t_test = train_test_split(housing.data, housing.target, random_state=0)

# どのように分割されたか確認
print(x_train.shape, x_test.shape, t_train.shape, t_test.shape)
```

実行例

```
(15480, 8) (5160, 8) (15480,) (5160,)
```

全データが 20,640 個あり，その 25% の $20640 \times 0.25 = 5160$ 個がテストデータ，残りの $20640 - 5160 = 15480$ 個が訓練データとなります．

次に scikit-learn の linear_model.LinearRegression により線形回帰のモデルを生成し，fit メソッドにより，モデルの訓練を行います．説明変数に MedInc（所得）のみを使うことで単回帰になり，訓練の結果，式の傾きと切片が定まります．また，決定係数は score メソッドで取得できます．

ソースコード 3.14: 訓練データによる回帰

```
from sklearn import linear_model

# MedInc（所得）の列を取得
x_rm_train = x_train[:, [0]]
x_rm_test = x_test[:, [0]]

model = linear_model.LinearRegression() # 線形回帰モデル
model.fit(x_rm_train, t_train)  # モデルの訓練

a = model.coef_ # 訓練済みモデルから傾きを取得，アンダーバーを忘れない
b = model.intercept_ # 切片を取得
print("a: ", a)
print("b: ", b)

# 決定係数を表示
print('決定係数 (train):{:.3f}'.format(model.score(x_rm_train, t_train)))
print('決定係数 (test):{:.3f}'.format(model.score(x_rm_test, t_test)))

plt.scatter(x_rm_train, t_train, label="Train") # 訓練データを表示
【自分で補おう】    # テストデータを表示

y_reg = 【自分で補おう】 # 回帰直線 : 傾きa，切片b
```

```
plt.plot(x_rm_train, y_reg, c="red")
plt.ylabel('Median house value in 10,000$')
plt.xlabel('Median income')
plt.legend()
plt.show()
```

訓練データの決定係数とテストデータの決定係数の値が大きく離れていないので，このモデルは過学習に陥ってはいないと判断できます．

実行例

```
a:  [0.42273457]
b:  0.4364277420917124
決定係数 (train):0.481
決定係数 (test):0.451
```

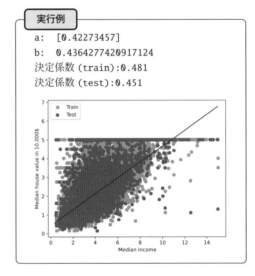

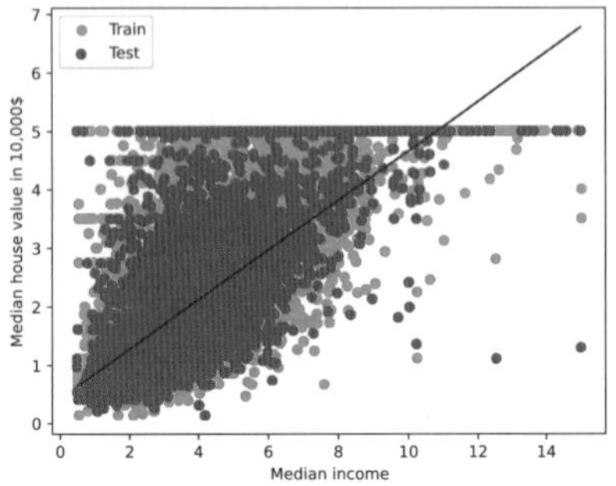

練習のため，MSE も求めてみましょう．scikit-learn で MSE を計算するには，訓練データとテストデータ，それぞれで予測値を predict メソッドで取得し，mean_squared_error 関数で計算します．

ソースコード 3.15: 平均 2 乗誤差の計算

```
from sklearn.metrics import mean_squared_error

# 訓練データ
y_train = model.predict(x_rm_train) # 予測
mse_train = mean_squared_error(t_train, y_train)
print("MSE(Train): ", mse_train) # MSEの表示

# テストデータ
y_test = 【自分で補おう】# 予測
mse_test = 【自分で補おう】
print("MSE(Test): ", mse_test) # MSEの表示
```

実行例

```
MSE(Train):  0.6931905488837381
MSE(Test):  0.7253534565158776
```

両者の値はほぼ同じなので，平均最小 2 乗誤差の結果からも過学習が起こっていないと判断できます．MSE の値は小さいものの，決定係数の値は 1 に近くないので，単純線形回帰モデルでは，精度の良い予測はできないと判断するのが妥当です．

課題 3.11　ソースコード 3.13〜3.15 の実行結果を確認せよ．また，この結果に対する自分の考えや解釈を述べよ．たとえば，MSE の値は良い結果と判断してよいか検討せよ．

課題 3.12　ボストン住宅価格データセットに対しても，課題 3.11 と同様のことを行え．

さらに，第 2.3 節で登場した k-分割交差検証もやってみましょう．k-分割交差検証を行うには，sklearn.model_selection モジュールの cross_val_score 関数を用います．決定係数を求めるには，オプション scoring において r2 を指定し，MSE を求めるには neg_mean_squared_error を指定しま

す．ただし，`neg_mean_squared_error` を指定すると，MSE を負にした値が返るので，表示するときには符号を反転させておきます．

ソースコード 3.16: *k*-分割交差検証

```
# k-分割交差検証に必要なモジュールをインポート
from sklearn.model_selection import cross_val_score

linreg = linear_model.LinearRegression() # 線形回帰モデルを初期化

k = 5 # 分割数を 5にセット
# k-分割交差検証を実行，決定係数
r2score = cross_val_score(linreg, housing.data, housing.target, cv=k, scoring='r2')
print('Cross validation scores (k={}) : {}'.format(k, r2score))
print('Cross validation scores (k={}) : 平均 : {:.3f}, 標準偏差 : {:.3f}'.format(k, r2score.mean(),
      r2score.std()))

# k-分割交差検証を実行，MSE
mse = cross_val_score(model, housing.data, housing.target, cv=k, scoring='neg_mean_squared_error')
print('Cross validation scores (k={}) : {}'.format(k, -mse))
print('Cross validation scores (k={}) : 平均 : {:.3f}, 標準偏差 : {:.3f}'.format(k, -mse.mean(),
     mse.std()))
```

実行例

```
Cross validation scores (k=5) : [0.54866323 0.46820691 0.55078434 0.53698703 0.66051406]
Cross validation scores (k=5) : 平均 : 0.553, 標準偏差 : 0.062
Cross validation scores (k=5) : [0.48485857 0.62249739 0.64621047 0.5431996  0.49468484]
Cross validation scores (k=5) : 平均 : 0.558, 標準偏差 : 0.066
```

k-分割交差検証の結果を見ると，決定係数にばらつきがあり，平均も 0.56 程度なので，単純線形回帰モデルでは，予測は難しいと判断すべきです．MSE の結果についても，同様のことがいえるでしょう．

課題 3.13 ソースコード 3.16 の実行結果を確認せよ．また，この結果に対する自分の考えや解釈を述べよ．

課題 3.14 ボストン住宅価格データセットに対しても，課題 3.13 と同様のことを行え．

3.6 scikit-learn による重回帰分析

scikit-learn で重回帰分析を行う手順は，単回帰分析の手順とほぼ同じです．また，重回帰分析では，多重共線形性を考慮しなければなりませんが，scikit-learn では内部でこれを考慮した処理が行われます．

ソースコード 3.17: 重回帰分析

```
model = linear_model.LinearRegression() # 線形回帰

model.fit(x_train, t_train) # すべての説明変数を用いて学習

# 各説明変数に対応した係数を取得
a_df = pd.DataFrame(housing.feature_names, columns=["項目"])
a_df["係数"] = pd.Series(model.coef_) # 各変数の係数
print("切片: ", model.intercept_) # 切片を表示

a_df # データフレームを表示
```

実行例

切片: -36.60959377871424

	項目	係数
0	MedInc	0.439091
1	HouseAge	0.009599
2	AveRooms	-0.103311
3	AveBedrms	0.616730
4	Population	-0.000008
5	AveOccup	-0.004488
6	Latitude	-0.417353
7	Longitude	-0.430614

説明変数の数を出力し，平均 2 乗誤差（MSE）および決定係数を求めます．

ソースコード 3.18: MSE と決定係数の計算

```
# 説明変数の数を表示，format 表記の練習，len で長さを取得
print("説明変数の数：{}".format(len(model.coef_)) )

# MSE（平均 2 乗誤差）の計算
# 訓練データ
y_train = 【自分で補おう】
mse_train = 【自分で補おう】
print("MSE(Train): ", mse_train)

# テストデータ
y_test = model.predict(x_test)
mse_test = mean_squared_error(t_test, y_test)
print("MSE(Test): ", mse_test)

# 決定係数を表示
print('決定係数 (train):{:.3f}'.format(model.score(x_train, t_train)))
print('決定係数 (test):{:.3f}'.format(model.score(x_test, t_test)))
```

実行例

```
説明変数の数：8
MSE(Train):  0.5192270684511334
MSE(Test):  0.5404128061709087
決定係数 (train):0.611
決定係数 (test):0.591
```

単回帰分析の場合と比べると，MSE は小さくなりましたが，訓練データとテストデータの MSE が大きく異なります．モデルが訓練データに過剰に適合している可能性があります．また，決定係数も訓練データの方が大きいです．

回帰分析では，実際に観測された値とモデルが予測した値の差を残差と呼び，横軸に予測値，縦軸に実際の値との差をプロットしたものを**残差プロット**（residual plot）と呼びます．

$$残差 = 観測された値 - 予測された値$$

残差プロットを描いて，多くのデータが直線 $y = 0$ の近くに集まれば，良いモデルができたと判断できます．また，均一に点がプロットされている場合，線形回帰が適切だったこと判断できます．そうではない場合は，非線形なモデルを検討する必要がります．

ソースコード 3.19: 残差プロット

```
# 訓練データの残差プロット，alpha で透明度を指定
train = plt.scatter(y_train,(y_train-t_train),
                    c='b',alpha=0.5)

# テストデータの残差プロット
test = plt.scatter(【自分で補おう】,c='r',alpha=0.5)

# 直線y=0の表示
plt.hlines(y=0, xmin=-5, xmax=10)

plt.legend((train,test),
           ('Training','Test'),loc='lower left')
plt.title('Residual Plots')
plt.show()
```

実行例

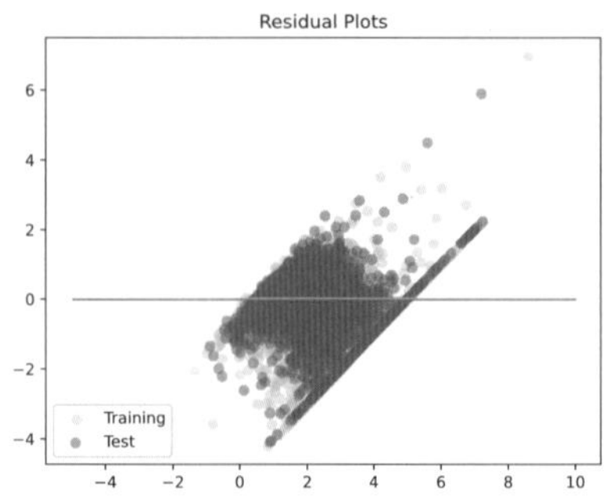

訓練データ，テストデータともに $y = 0$ 近辺に値がばらけているのでモデルは良さそうに見えます．

課題 3.15 ソースコード 3.17〜3.19 の実行結果を確認せよ．また，この結果から上記以外にどのようなことがいえるかを述べよ．

課題 3.16 ボストン住宅価格データセットに対しても，課題 3.15 と同様のことを行え．

3.7 Python による重回帰分析の実装

まずは，重回帰分析の実装をしてみましょう．実装方法は，多項式回帰分析と同じですが，ここでは，重回帰式 (3.1) の重み $\boldsymbol{w}$ を求めるのに $\boldsymbol{w} = ({}^t\!AA)^{-1}({}^t\!A\boldsymbol{y})$ ではなく，正規方程式 (3.5)

$$ {}^t\!AA\boldsymbol{w} = {}^t\!A\boldsymbol{y} $$

を解いて求めることにします．

予測するときは，式 (3.1) より，

$$
\begin{aligned}
y^{(1)} &= w_0 + w_1 x_1^{(1)} + w_2 x_2^{(1)} + \cdots + w_p x_p^{(1)} \\
y^{(2)} &= w_0 + w_1 x_1^{(2)} + w_2 x_2^{(2)} + \cdots + w_p x_p^{(2)} \\
&\vdots \\
y^{(N)} &= w_0 + w_1 x_1^{(N)} + w_2 x_2^{(N)} + \cdots + w_p x_p^{(N)}
\end{aligned}
$$

なので，結局，重み $\boldsymbol{w}$ を求めた後，

$$ \boldsymbol{y} = A\boldsymbol{w} \tag{3.11} $$

を計算すればいいことになります．

今回は，クラスで重回帰分析を作成しましょう．`numpy.array` 関数でも 2 次元配列は作成できますが，2 次元に特化した `numpy.matrix` 関数を使うと，行列に関する演算などが簡単に記載できます．たとえば，*はスカラー倍と要素ごとの積に，@は行列の積に使えます．これらを使ったウォーミングアップをしましょう．

ソースコード 3.20: 行列計算の練習

```
A = np.matrix([[2, 3, -5],[1, -1, 1], [3, -6, 2]]) # 3次行列を作成
b = np.array([3, 0, -7]) # 1次元配列
c = np.array([[3],[0],[-7]])

print("A=", A) # 3x3 行列
print("b=", b) # 1x3 行列
print("c=", c) # 3x1 行列

print("Ax=b の解", np.linalg.solve(A, b))
print("Ax=c の解", np.linalg.solve(A, c))

print("A b = ", A@b) # 行列とベクトルとの積，1x3 の 2 次元配列になる
print("A c = ", A@c) # 行列とベクトルとの積，3x1 の 2 次元配列になる
print("A b の次元を削減", np.squeeze(A@b))
# np.squeeze は次元サイズが 1 の次元を削除するが，ここではそれがないので元の配列がそのまま返される
print("A c の次元を削減", np.squeeze(A@c))
# np.squeeze により，3x1 の 2 次元配列が 1 次元配列に変換される
```

```
18
19   # 2次元配列になっているときは縦ベクトルに変換しないと解けない
20   print("Ax=Ab の解", np.linalg.solve(A, A@b.reshape(-1,1)))
21   print("Ax=Ac の解", np.linalg.solve(A, A@c)) # 縦ベクトルなので変換しなくても解ける
22
23   B =np.insert(A, 0, 5, axis=1) # 0の位置に5を行方向に挿入（第1列に5を挿入）
24   print(B)
```

実行例
```
A= [[ 2  3 -5]
 [ 1 -1  1]
 [ 3 -6  2]]
b= [ 3  0 -7]
c= [[ 3]
 [ 0]
 [-7]]
Ax=b の解 [1. 2. 1.]
```

実行例
```
Ax=c の解 [[1.]
 [2.]
 [1.]]
A b = [[41 -4 -5]]
A c = [[41]
 [-4]
 [-5]]
A b の次元を削減 [[41 -4 -5]]
A c の次元を削減 [[41 -4 -5]]
```

実行例
```
Ax=Ab の
解 [[ 3.00000000e+00]
 [ 1.01506105e-15]
 [-7.00000000e+00]]
Ax=Ac の
解 [[ 3.00000000e+00]
 [ 1.01506105e-15]
 [-7.00000000e+00]]
[[ 5  2  3 -5]
 [ 5  1 -1  1]
 [ 5  3 -6  2]]
```

課題 3.17 ソースコード 3.20 の 18 行目で reshape しなかった場合はどのようになるかを確認せよ．

重回帰を実装しましょう．単純に正規方程式 (3.5) を解いて重み w を求め，式 (3.11) で予測するだけです．

ソースコード 3.21: 重回帰の実装
```
1   class Multi_Regression:
2     def fit(self, X, y):
3       A = np.matrix(【自分で補おう】) # 第1列に1を挿入して行列型にする
4       LA = 【自分で補おう】 # 式 (3.5)の左辺の係数行列の作成
5       Rv = 【自分で補おう】 # 式 (3.5)の右辺ベクトルの作成
6       w = 【自分で補おう】 # 式 (3.5)を解く，右辺ベクトルは縦ベクトルに変換
7       self.w = np.squeeze(np.asarray(w)) # w を NumPy の array として扱い次元を削減する
8
9     def predict(self, X):
10      A = np.matrix(【自分で補おう】)
11      y_pred = 【自分で補おう】 # 予測する，式 (3.11)を計算
12      return np.squeeze(np.asarray(y_pred))
13
14  MyModel = Multi_Regression() # モデルを生成
15  MyModel.fit(x_train, t_train) # モデルの学習
16  y_pred = MyModel.predict(x_test) # 予測
17  mean_squared_error(t_test, y_pred) # MSE を計算
```

実行例
```
0.7253534565158777
```

課題 3.18 ソースコード 3.21 の実行結果を確認せよ．また，scikit-learn による結果とも比較し，どのようなことがいえるか述べよ．

課題 3.19 ボストン住宅価格データセットに対しても，課題 3.18 と同様のことを行え．

第 4 章 ロジスティック回帰による 2 値分類

たとえば，あるメールがスパムかそうでないか，ある人が病気に罹患しているか否かなど，入力を 2 つのクラスあるいはカテゴリに分けることを **2 値分類**（binary classification）といいます．ロジスティック回帰は，2 値分類に用いられる教師あり学習アルゴリズムの 1 つであり，ロジスティック回帰の目的変数は，0 と 1 という 2 つの値だけを持ちます．回帰と名前が付いていますが，ロジスティック回帰の目的は値の予測ではなく，分類であることに注意してください．

説明変数の個数を p 個とし，$\boldsymbol{w} = {}^t[w_0, w_1, \ldots, w_p]$，$\boldsymbol{x} = {}^t[1, x_1, \ldots, x_p]$ とすれば，線形回帰は

$$y = w_0 + w_1x_1 + w_2x_2 + \cdots + w_px_p = {}^t\boldsymbol{w}\boldsymbol{x}$$

と表せますが，関数 $f(x)$ を使って，これを

$$y = f(w_0 + w_1x_1 + w_2x_2 + \cdots + w_px_p) = f({}^t\boldsymbol{w}\boldsymbol{x})$$

のように拡張したものを**一般化線形モデル**（generalized linear model）といいます．

この $f(x)$ として，

$$f(x) = \frac{1}{1 + e^{-x}} \tag{4.1}$$

と選んだものが**ロジスティック回帰**（logistic regression）で，式 (4.1) を**ロジスティック関数**（logistic function）といいます．ロジスティック関数のグラフは図 4.1 のようになります．

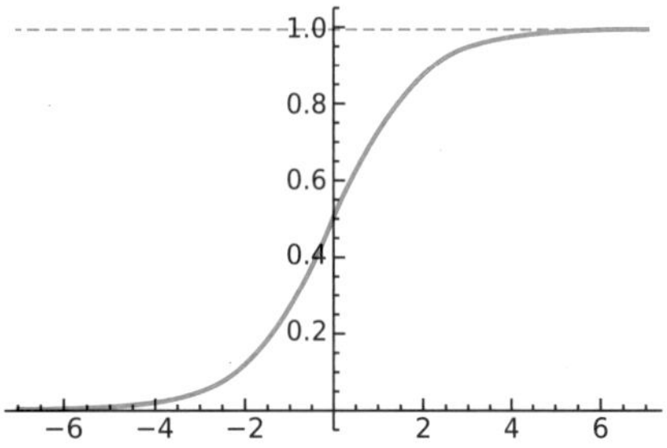

図 4.1: $f(x) = \frac{1}{1+e^{-x}}$ のグラフ

4.1 ロジスティック回帰の原理

2 値分類モデル

$$f({}^t\boldsymbol{w}\boldsymbol{x}) = \frac{1}{1 + \exp(-{}^t\boldsymbol{w}\boldsymbol{x})}$$

は，正解ラベル $y = 1$（クラス 1）に分類される確率（確信度）を出力し，${}^t\boldsymbol{w}\boldsymbol{x}$ の符号に応じて，次のように分類します．

- ${}^t\boldsymbol{w}\boldsymbol{x} > 0$ であれば，分類モデルは $f({}^t\boldsymbol{w}\boldsymbol{x}) \geq 0.5$ となり，クラス 1 と分類する
- ${}^t\boldsymbol{w}\boldsymbol{x} < 0$ であれば，分類モデルは $f({}^t\boldsymbol{w}\boldsymbol{x}) < 0.5$ となり，クラス 0 と分類する．

ロジスティック回帰による分類のイメージを図 4.2 に示します．なお，クラスの境界線のことを**決定境界**（decision boundary）といいますが，ロジスティック回帰の場合，${}^t\boldsymbol{w}\boldsymbol{x} = 0$ が決定境界の条件となります．

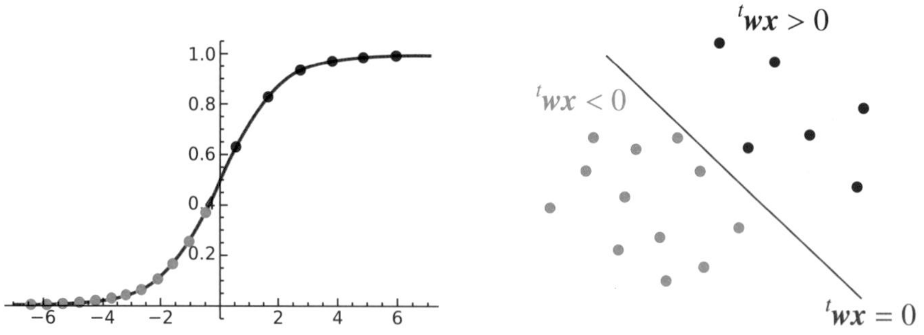

図 4.2: ロジスティック回帰による分類

ロジスティック回帰モデルの出力 $\widehat{y} = f(^t\boldsymbol{wx})$ は，入力 $\boldsymbol{x}$ が $y = 1$ で表現されるクラスに属する条件付き確率 $p(y = 1|\boldsymbol{x})$ を表しています．これを尤度という言葉で表現しましょう．**尤度**（likelihood）とは，あるモデルのもとで，そのデータが得られるであろう確率のことで，$y = 1$ に対する尤度は $p(y = 1|\boldsymbol{x})$ であり，$y = 0$ に対する尤度は $p(y = 0|\boldsymbol{x})$ です．

これらをまとめて書くと

$$p(y = 1|\boldsymbol{x})^y p(y = 0|\boldsymbol{x})^{1-y}$$

となります．これを 2 値分類における 1 つのデータに対する尤度とします．

ここで，$\boldsymbol{x}_n = {}^t[1, x_1^{(n)}, x_2^{(n)}, \ldots, x_p^{(n)}]$ とし，全データの組を $(\boldsymbol{x}_n, y_n)$（$n = 1, 2, \ldots, N$）と表すと，$p(y_n = 1|\boldsymbol{x}_n)$ はモデルの出力 $\widehat{y_n} = f(^t\boldsymbol{wx}_n)$ なので，$p(y_n = 0|\boldsymbol{x}_n)$ は $1 - \widehat{y_n}$ と表せます．このとき，全データに対する尤度は，

$$L(\boldsymbol{w}) = \prod_{n=1}^{N} p(y_n = 1|\boldsymbol{x}_n)^{y_n} p(y_n = 0|\boldsymbol{x}_n)^{1-y_n} = \prod_{n=1}^{N} \widehat{y_n}^{y_n}(1 - \widehat{y_n})^{1-y_n}$$

となります．ロジスティック回帰では，これを最大にするようにパラメータ $\boldsymbol{w}$ を決めます．

ただし，これには次のような問題点があります．

- 確率の値は $[0, 1]$ なので，データの数が多いとき，尤度は桁数が非常に小さくなりアンダーフローを起こす可能性がある．
- 積で表現されているため，微分の計算が面倒である．

これらを解消するため，対数をとった上で，負数を考えて最小化問題に帰着させます．こうすることで，既存の最適化手法を利用できます．そのために，先ほどの尤度 $L(\boldsymbol{w})$ に対する負の対数尤度

$$E(\boldsymbol{w}) = -\sum_{n=1}^{N} \{y_n \log \widehat{y_n} + (1 - y_n) \log(1 - \widehat{y_n})\} \tag{4.2}$$

を考えます．

4.2　オッズと結果の解釈

ロジスティック回帰のパラメータの解釈には**オッズ**（odds）を利用します．オッズとは，事象の起こりやすさを表すもので，事象が起こる確率 p を起こらない確率 $1 - p$ で割ったもの，つまり，$\frac{p}{1-p}$ です．また，$\log\left(\frac{p}{1-p}\right)$ を**対数オッズ**（log odds）または**ロジット関数**（logit function）といいます．今の場合，オッズは

$$\frac{p(y = 1|\boldsymbol{x})}{p(y = 0|\boldsymbol{x})} = \frac{\widehat{y}}{1 - \widehat{y}} \tag{4.3}$$

となります．

式 (4.3) より，オッズは

$$\frac{\widehat{y}}{1-\widehat{y}} = \frac{\frac{1}{1+\exp(-{}^t\boldsymbol{w}\boldsymbol{x})}}{1-\frac{1}{1+\exp(-{}^t\boldsymbol{w}\boldsymbol{x})}} = \frac{1}{1+\exp(-{}^t\boldsymbol{w}\boldsymbol{x})-1} = \exp({}^t\boldsymbol{w}\boldsymbol{x})$$

として求められ，これより，

$$\log\left(\frac{\widehat{y}}{1-\widehat{y}}\right) = {}^t\boldsymbol{w}\boldsymbol{x}$$

が成り立つこともわかります．オッズが 1 よりも大きいときは $P(y=1|\boldsymbol{x})$ の方が $P(y=0|\boldsymbol{x})$ よりも大きく（つまり，起こりやすく），オッズが 1 よりも小さいときは，$P(y=0|\boldsymbol{x})$ の方が $P(y=1|\boldsymbol{x})$ よりも大きいことを意味します．オッズが 1 のときは $P(y=1|\boldsymbol{x}) = P(y=0|\boldsymbol{x})$ です．

ある特徴量 x_i が 1 だけ増加するとき，$\boldsymbol{x}$ は $\widetilde{\boldsymbol{x}} = {}^t[1, x_1, \ldots, x_{i-1}, x_i+1, x_{i+1}, \ldots, x_p]$ となるので，

$${}^t\boldsymbol{w}\widetilde{\boldsymbol{x}} = w_0 + w_1x_1 + \cdots + w_{i-1}x_{i-1} + w_i(x_i+1) + w_{i+1}x_{i+1} + \cdots + w_px_p = {}^t\boldsymbol{w}\boldsymbol{x} + w_i$$

より，このときの出力を $\widetilde{y}$ とすれば，オッズは

$$\frac{\widetilde{y}}{1-\widetilde{y}} = \exp({}^t\boldsymbol{w}\boldsymbol{x} + w_i) = \exp(w_i)\exp({}^t\boldsymbol{w}\boldsymbol{x}) \tag{4.4}$$

つまり，$\exp(w_i)$ 倍されます．この $\exp(w_i)$ を**オッズ比**（odds ratio）といいます．オッズ比は，各係数が 1 増加したとき，正解率にどの程度の影響を及ぼすかを示す指標です．オッズ比の値が大きいほど，その説明変数によって目的変数が大きく変動することを意味します．

課題 4.1　対数オッズの逆関数はロジスティック関数であることを示せ．

4.3　statsmodels によるロジスティック回帰

ここでは，statsmodels を使ってロジスティック回帰を行います．Anaconda のインストール時に statsmodels もインストールされるはずですが，インポートの際にエラーが出るようであれば，Anaconda から statsmodels を追加する必要があります．また，scikit-learn の主な用途は予測や分類であり，モデルの統計的な特徴を知りたい場合は，statsmodels を使います．

4.3.1　データの読み込み

まずは，statsmodels をインポートして，今回利用するデータセットを読み込みましょう．

ソースコード 4.1: statsmodels からのデータ読み込み

```
import statsmodels.api as sm # statsmodels のインポート

fair = sm.datasets.fair.load_pandas().data # statsmodels からデータの読み込み
print(sm.datasets.fair.SOURCE) # データ元を表示
print(sm.datasets.fair.NOTE) # データ内容を表示

display(fair.head()) # 先頭から 5行を表示
```

出力結果（途中省略）

```
Fair, Ray. 1978. "A Theory of Extramarital Affairs," ‘Journal of Political
Economy‘, February, 45-61.

The data is available at http://fairmodel.econ.yale.edu/rayfair/pdf/2011b.htm

::

    Number of observations: 6366
    Number of variables: 9
    Variable name definitions:
```

実行例

	rate_marriage	age	yrs_married	children	religious	educ	occupation	occupation_husb	affairs
0	3.0	32.0	9.0	3.0	3.0	17.0	2.0	5.0	0.111111
1	3.0	27.0	13.0	3.0	1.0	14.0	3.0	4.0	3.230769
2	4.0	22.0	2.5	0.0	1.0	16.0	3.0	5.0	1.400000
3	4.0	37.0	16.5	4.0	3.0	16.0	5.0	5.0	0.727273
4	5.0	27.0	9.0	1.0	1.0	14.0	3.0	4.0	4.666666

4.3.2 データ加工

affairs（不倫）について，0 でなければ 1，0 なら 0 で表すことにします．そのために，pandas の apply メソッドを使って「Having_Affair」という列を作り，0 か 1 の値を格納します．

ソースコード 4.2: 列の追加

```
# affairs の値が 0 でなければ 1，0のときは 0になる関数を作る
def affair_check(x):
    if【自分で補おう】:
        return 1
    else:
        return 0

# apply を使って新しい列用のデータを作る
# apply メソッドはグループ化の結果に任意の関数を適用できる
fair['Having_Affair'] = fair['affairs'].apply(affair_check)
fair.head() # fair の先頭 5 行を表示
```

実行例

	rate_marriage	age	yrs_married	children	religious	educ	occupation	occupation_husb	affairs	Having_Affair
0	3.0	32.0	9.0	3.0	3.0	17.0	2.0	5.0	0.111111	1
1	3.0	27.0	13.0	3.0	1.0	14.0	3.0	4.0	3.230769	1
2	4.0	22.0	2.5	0.0	1.0	16.0	3.0	5.0	1.400000	1
3	4.0	37.0	16.5	4.0	3.0	16.0	5.0	5.0	0.727273	1
4	5.0	27.0	9.0	1.0	1.0	14.0	3.0	4.0	4.666666	1

groupby メソッドを使って，Having_Affair 列の値に基づく平均を求めます．

ソースコード 4.3: 特定の列の値に基づく平均

```
# groupby を使って不倫の有無（Having_Affair 列）でグループ分けする
# groupby メソッドを使うとある特定の列を軸とした集計ができる
fair.groupby('Having_Affair').mean()
```

実行例

Having_Affair	rate_marriage	age	yrs_married	children	religious	educ	occupation	occupation_husb	affairs
0	4.329701	28.390679	7.989335	1.238813	2.504521	14.322977	3.405286	3.833758	0.000000
1	3.647345	30.537019	11.152460	1.728933	2.261568	13.972236	3.463712	3.884559	2.187243

課題 4.2　ソースコード 4.1〜4.3 の実行結果を確認せよ．

4.3.3　seaborn によるヒストグラム作成

seaborn の countplot 関数を使ってヒストグラムを作成し，データの様子を把握しましょう．ここでは subplots を使って，グラフを 4 つ同時に描画しています．

ソースコード 4.4: ヒストグラムの描画

```
【Matplotlib，seaborn のインポート】

# グラフの描画領域を確保
fig, ([ax1, ax2], [ax3, ax4]) = plt.subplots(2, 2, figsize=(12,8))

# seaborn の countplot を使って年齢分布のヒストグラムを作成
sns.countplot(x='age', data=fair.sort_values('age'), hue='Having_Affair', palette='coolwarm', ax=
    ax1)

# seaborn の countplot を使って結婚年数（yrs_married）分布のヒストグラムを作成
sns.countplot(x='yrs_married', data=fair.sort_values('yrs_married'), hue='Having_Affair', palette=
    'coolwarm', ax=ax2)

# seaborn の countplot を使って子供の数（children）分布のヒストグラムを作成
sns.countplot(x='children', data=fair.sort_values('children'), hue='Having_Affair', palette='
    coolwarm', ax=ax3)

# seaborn の countplot を使って学歴（educ）分布のヒストグラムを作成
sns.countplot(x='educ', data=fair.sort_values('educ'), hue='Having_Affair', palette='coolwarm', ax
    =ax4)

plt.show()
```

実行例

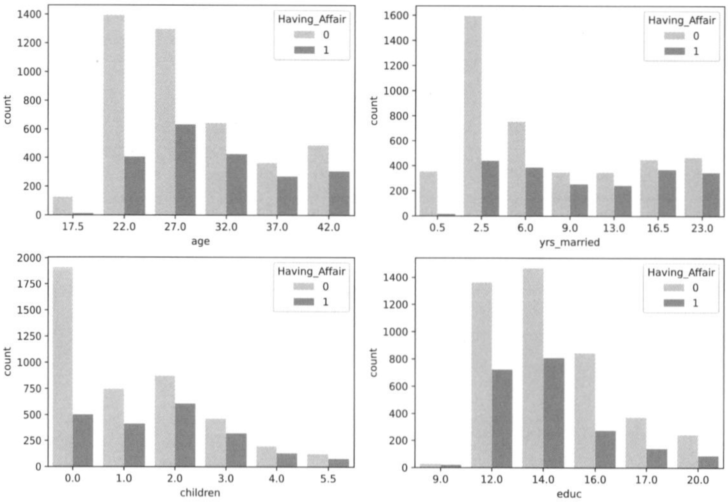

課題 4.3 ソースコード 4.4 の実行結果を確認せよ．この結果に対する自分の考えや解釈を述べよ．

4.3.4 ダミー変数への変換

特定のグループや特性を表す変数のことを**カテゴリ変数**（category variable）といいます．今回のデータの中では，occupation（女性の職業）と occupation_husb（夫の職業）の数字は職業を表しているだけなので，カテゴリ変数です．職業には順序というものはないので，数字の大小には意味がありません．

そこで，これらを**ダミー変数**（dummy variable）に変換します．ダミー変数とは，カテゴリ変数を 0 と 1 の 2 値データに変換したもので，一般には，**One-hot 表現**（one-hot encoding）が用いられます．One-hot 表現とは，各カテゴリに対する列ベクトルを生成し，特定の要素を 1 とし，それ以外は，0 とする表現で，カテゴリの数だけダミー変数が作成されます．たとえば，A, B, C, D を One-hot 表現で表すと，それぞれ，ダミー変数 $\begin{bmatrix}1\\0\\0\\0\end{bmatrix}, \begin{bmatrix}0\\1\\0\\0\end{bmatrix}, \begin{bmatrix}0\\0\\1\\0\end{bmatrix}, \begin{bmatrix}0\\0\\0\\1\end{bmatrix}$ で表すことができます．今の場合，カテゴリ数は 4 なので，4 つの列ベクトルが作成されます．

ソースコード 4.5: ダミー変数への変換

```
import pandas as pd # pandas の読み込み
from pandas import Series,DataFrame # pandas から Series, DataFrame を読み込む

# カテゴリを表現する変数をダミー変数に
# occupation をダミー変数に
occ_dummies = pd.get_dummies(fair['occupation'])
# occupation_husb をダミー変数に
hus_occ_dummies = pd.get_dummies(fair['occupation_husb'])

# データ型を整数型にする(pandas のバージョンによってはこの処理は不要)
occ_dummies = occ_dummies.astype(int)
hus_occ_dummies = hus_occ_dummies.astype(int)

# ダミー変数の先頭 5行を表示
display(occ_dummies.head())
display(hus_occ_dummies.head())
```

実行例

	1.0	2.0	3.0	4.0	5.0	6.0
0	0	1	0	0	0	0
1	0	0	1	0	0	0
2	0	0	1	0	0	0
3	0	0	0	0	1	0
4	0	0	1	0	0	0

	1.0	2.0	3.0	4.0	5.0	6.0
0	0	0	0	0	1	0
1	0	0	0	1	0	0
2	0	0	0	0	1	0
3	0	0	0	0	1	0
4	0	0	0	1	0	0

このままでは列名がわかりにくいので，列名を以下のように付け，不要になった occupation, occupation_husb 列と目的変数 Having_Affair を drop 関数を使って削除します．なお，axis=1 は列の削除を意味します．そして，concat 関数を使って，ダミー変数をつなげた後，これまでの説明変数もすべてつなげて，説明変数 X の DataFrame を作成します．また，目的変数（Having_Affair）を Y に設定します．

ソースコード 4.6: 説明変数と目的変数の作成

```
# 列名を変更
occ_dummies.columns = ['occ1','occ2','occ3','occ4','occ5','occ6']
hus_occ_dummies.columns = ['hocc1','hocc2','hocc3','hocc4','hocc5','hocc6']

# 不要になったoccupation 関連の 2 列と目的変数「Having_Affair」を削除して X へ代入
X = fair.drop(['occupation','occupation_husb','Having_Affair'], axis=1)

# ダミー変数のDataFrame をつなげる
dummies = pd.concat([occ_dummies,hus_occ_dummies],axis=1)

# すべてを連結して説明変数X の DataFrame を作成
X = pd.concat([X,dummies],axis=1)

# 説明変数の先頭 5行を表示
display(X.head())

# 目的変数の設定
Y = fair.Having_Affair
display(Y.head()) # 先頭の 5行を表示
```

実行例

	rate_marriage	age	yrs_married	children	religious	educ	affairs	occ1	occ2	occ3	occ4	occ5	occ6	hocc1	hocc2	hocc3	hocc4	hocc5	hocc6
0	3.0	32.0	9.0	3.0	3.0	17.0	0.111111	0	1	0	0	0	0	0	0	0	0	1	0
1	3.0	27.0	13.0	3.0	1.0	14.0	3.230769	0	0	1	0	0	0	0	0	0	1	0	0
2	4.0	22.0	2.5	0.0	1.0	16.0	1.400000	0	0	1	0	0	0	0	0	0	0	1	0
3	4.0	37.0	16.5	4.0	3.0	16.0	0.727273	0	0	0	0	1	0	0	0	0	0	1	0
4	5.0	27.0	9.0	1.0	1.0	14.0	4.666666	0	0	1	0	0	0	0	0	0	1	0	0

```
0    1
1    1
2    1
3    1
4    1
Name: Having_Affair, dtype: int64
```

課題 4.4 ソースコード 4.5〜4.6 の実行結果を確認せよ．

4.3.5　モデルの構築と評価

これまでと同様，データを訓練データとテストデータに分けてモデルを構築します．ここでは，訓練データとテストデータの割合を同じにしてみましょう．

statsmodels でロジスティック回帰を行うには，`Logit` 関数を使います．

ソースコード 4.7: モデルの構築と学習

```
from sklearn.model_selection import train_test_split # データ分割用モジュールのインポート

# 訓練データとテストデータに分ける，test_size=0.5, random_state=0
X_train, X_test, y_train, y_test = train_test_split(X, Y, test_size=0.5, random_state=0)

# ロジスティック回帰クラスの初期化と学習
sm_model = sm.Logit(y_train, X_train)
sm_model_result = sm_model.fit()
```

ソースコード 4.7 を実行すればわかりますが，モデルが構築できません．

実行例

```
Warning: Maximum number of iterations has been exceeded.
         Current function value: inf
         Iterations: 35

【途中省略】

LinAlgError: Singular matrix
```

「Singular matrix」と表示されていることから，多重共線性が発生していると予想されます．

課題 4.5　ソースコード 4.7 の実行結果を確認せよ．

4.3.6　多重共線性の回避

ダミー変数どうしの相関は，高い可能性があります．たとえば，男を $\begin{bmatrix}1\\0\end{bmatrix}$，女を $\begin{bmatrix}0\\1\end{bmatrix}$ とするダミー変数を導入した場合，どちらかの説明変数は不要です．

occ1〜occ6 と hooc1〜hooc6 については，そのうちの 5 つがわかれば，残りの 1 つは自動的にわかるので，ここでは occ1 と hooc1 を削除します．また，affairs の列も使わないので削除し，ロジスティック回帰をするために，目的変数 Y を 1 次元の array にします．`ravel` メソッドを使うと多次元配列を 1 次元配列に変換できます．

ソースコード 4.8: 多重共線性の回避

```
import numpy as np

# 多重共線性を回避するために列を削除
X = X.drop('occ1',axis=1)
X = X.drop('hocc1',axis=1)

# 不要な列を削除
X = X.drop('affairs',axis=1)

# 説明変数を 1次元のarray に変換
Y = np.ravel(Y)

```

```
# X の先頭の 5 行を表示
display(X.head())
display(Y)          # Y を表示
```

実行例

	rate_marriage	age	yrs_married	children	religious	educ	occ2	occ3	occ4	occ5	occ6	hocc2	hocc3	hocc4	hocc5	hocc6
0	3.0	32.0	9.0	3.0	3.0	17.0	1	0	0	0	0	0	0	0	1	0
1	3.0	27.0	13.0	3.0	1.0	14.0	0	1	0	0	0	0	0	1	0	0
2	4.0	22.0	2.5	0.0	1.0	16.0	0	1	0	0	0	0	0	0	1	0
3	4.0	37.0	16.5	4.0	3.0	16.0	0	0	0	1	0	0	0	0	1	0
4	5.0	27.0	9.0	1.0	1.0	14.0	0	1	0	0	0	0	0	1	0	0

```
array([1, 1, 1, ..., 0, 0, 0], dtype=int64)
```

課題 4.6　ソースコード 4.8 の実行結果を確認せよ.

4.3.7 モデルの再構築と評価

それでは，モデルを再構築して評価してみましょう．statsmodels でロジスティック回帰を行うには，ソースコード 4.9 の 7〜8 行目のように Logit クラスに目的変数と説明変数を指定し，インスタンス化を行い，それに fit メソッドを適用します.

ソースコード 4.9: statsmodels によるロジスティック回帰

```
1  from sklearn.model_selection import train_test_split # データ分割用モジュールのインポート
2  
3  # 訓練データとテストデータに分ける，test_size=0.5，random_state=0
4  X_train, X_test, y_train, y_test = 【自分で補おう】
5  
6  # ロジスティック回帰クラスの初期化と学習
7  sm_model = 【自分で補おう】
8  sm_model_result = sm_model.fit()
9  
10 print(sm_model_result.summary()) # サマリーを表示
11 print("オッズ比")
12 print(np.exp(sm_model_result.params)) # オッズ比を計算
13 
14 # 予測
15 pred_train = sm_model_result.predict(X_train) # 訓練データの予測
16 pred_test = 【自分で補おう】   # テストデータの予測
17 
18 # pred を読み込んで値が 0.5以上であれば 1，そうでなければ 0
19 y_pred_train = np.array(list(map(lambda x : 1 if 【自分で補おう】 else 0, pred_train)))
20 y_pred_test =  np.array(list(map(lambda x : 1 if 【自分で補おう】)))
21 
22 # 正解率の計算，訓練データとテストデータのうち予測と一致している割合を計算
23 print("正解率 (train){:.3f}".format(sum(y_pred_train==y_train)/len(y_train)))
24 print("正解率 (test){:.3f}".format(【自分で補おう】))
```

実行例

```
Optimization terminated successfully.
         Current function value: 0.553253
         Iterations 6
                           Logit Regression Results
==============================================================================
Dep. Variable:                      y   No. Observations:                 3183
Model:                          Logit   Df Residuals:                     3167
Method:                           MLE   Df Model:                           15
Date:                Sun, 23 Oct 2022   Pseudo R-squ.:                  0.1218
Time:                        17:13:48   Log-Likelihood:                -1761.0
converged:                       True   LL-Null:                       -2005.3
Covariance Type:            nonrobust   LLR p-value:                 1.424e-94
=================================================================================
                    coef    std err          z      P>|z|      [0.025      0.975]
---------------------------------------------------------------------------------
rate_marriage    -0.6420      0.044    -14.755      0.000      -0.727      -0.557
age              -0.0552      0.014     -3.861      0.000      -0.083      -0.027
yrs_married       0.0934      0.015      6.154      0.000       0.064       0.123
children          0.0254      0.045      0.569      0.569      -0.062       0.113
religious        -0.4082      0.049     -8.404      0.000      -0.503      -0.313
【以下省略】
```

coef は偏回帰係数で，std err は標準誤差です．z は z 値で，これは偏回帰係数を標準誤差で割った値です．誤差が小さいほどこの絶対値が大きくなり，信頼度が高いといえます．また，P>|z| は p 値で，この値が小さければ（0.05 未満），その変数が結果に何らかの影響を与えている，別の言い方をすれば，有意である，と考えます．標準誤差が小さければ z 値が高くなり，その結果 p 値が小さくなる，という関係になっています．

課題 4.7　ソースコード 4.9 の実行結果を確認し，この結果からどのようなことがいえるか述べよ．

4.3.8 scikit-learn によるロジスティック回帰

scikit-learn でロジスティック回帰を行うには，以下のように LogisticRegression クラスを使います．

ソースコード 4.10: scikit-learn によるロジスティック回帰

```
# ロジスティック回帰用モジュールのインポート
from sklearn.linear_model import LogisticRegression

# ロジスティック回帰クラスの初期化と学習
model = LogisticRegression(max_iter=1000) # 反復回数を 1000に設定
model.fit(X_train,y_train) # 学習

# 正解率の表示
print('正解率 (train):{:.3f}'.format(model.score(X_train, y_train)))
print('正解率 (test):{:.3f}'.format(model.score(【自分で補おう】)))

print("オッズ比：", np.exp(model.coef_)) # オッズ比の表示

# 変数名とその係数を格納するDataFrame を作成して表示
coeff_df = DataFrame([X.columns, model.coef_[0]]).T
display(coeff_df)
```

実行例

```
正解率 (train):0.718
正解率 (test):0.730
オッズ比： [[0.51998339 0.94190868 1.10271227 1.02211897 0.66321618 0.9931265
  1.02978989 1.20225001 0.95650087 1.94492191 2.24441927 1.1087839
  1.28067349 1.07920327 1.07465729 1.02877759]]
```

	0	1
0	rate_marriage	-0.654037
1	age	-0.060526
2	yrs_married	0.098413
3	children	0.020921
4	religious	-0.410809
5	educ	-0.007439
6	occ2	0.034844
7	occ3	0.185785
8	occ4	-0.041572
9	occ5	0.664436
10	occ6	0.826423
11	hocc2	0.115395
12	hocc3	0.262725
13	hocc4	0.089094
14	hocc5	0.08475
15	hocc6	0.039171

課題 4.8 ソースコード 4.10 の実行結果を確認せよ．また，この結果やソースコード 4.9 の結果どのようなことがいえるか述べよ．

4.4 ウォーミングアップ

ここでは，ロジスティック関数 $f(x) = \frac{1}{1+e^{-x}}$ のグラフの形を確認し，行列とベクトルの扱いについて少し練習しましょう．乱数の部分はシードを固定していないので，実行のたびに結果は変わります．

ソースコード 4.11: 今回のウォーミングアップ

```
import numpy as np # NumPy の読み込み

#プロット用です
import matplotlib.pyplot as plt # Matplotlib の読み込み
%matplotlib inline

# ロジスティック関数の定義
def logistic(x):
    return 1.0 / (1.0 + np.exp(-x) )

# t を -6 から 6 まで 200 点用意
x = np.linspace(-6,6,200)

# プロットしてみましょう
plt.plot(x,logistic(x))              # プロット
plt.grid(True)          # グリッドを表示
plt.title(' Logistic Function ') # グラフのタイトルを表示

# 行列 3x4A を乱数で作成，B は A の各要素を 10 倍したもの
```

```
A = np.random.rand(3,4)
B = 10 * A
print("A=\n", A)
print("B=\n", B)
print("A と B を要素ごとに掛けた結果は\n", A * B)

# 行列A の列サイズのベクトルを 0〜1 の乱数で作成
w1 = np.random.rand(A.shape[1])
print("w1=", w1)

# 行列A の行サイズのベクトルを作成，すべての要素は 0とする
w2 = np.zeros(A.shape[0])
print("w2=", w2)

# 対角成分がw1 となる対角行列の作成
print(np.diag(w1))

# 念のため配列を 1次元化してから対角行列を作成
print(np.diag(np.ravel(w1)))
```

実行例

```
A=
 [[0.37161378 【途中省略】 0.69296672]
 [0.41220379 【途中省略】 0.62464558]
 [0.74576926 【途中省略】 0.22420597]]
B=
 [[3.71613778 【途中省略】 6.92966722]
 [4.12203788 【途中省略】 6.24645576]
 [7.4576926 【途中省略】 2.24205974]]
A と B を要素ごとに掛けた結果は
 [[1.380968 【途中省略】 4.80202878]
 [1.69911963 【途中省略】 3.90182096]
 [5.56171789 【途中省略】 0.50268319]]
w1= [0.69846847【途中省略】0.35905738]
w2= [0. 0. 0.]
[[0.69846847 【途中省略】 0.         ]
 [0.         【途中省略】 0.         ]
 [0.         【途中省略】 0.         ]
 [0.         【途中省略】 0.35905738]]
[[0.69846847 【途中省略】 0.         ]
 [0.         【途中省略】 0.         ]
 [0.         【途中省略】 0.         ]
 [0.         【途中省略】 0.35905738]]
```

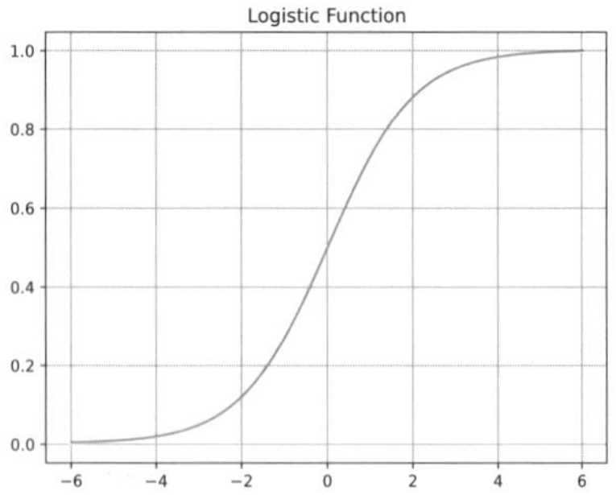

課題 4.9　ソースコード 4.11 の実行結果を確認せよ．

4.5　Python によるロジスティック回帰の実装

ロジスティック回帰を行うには，式 (4.2) の E を最小化します．そのためには，

$$\nabla E(\boldsymbol{w}) = \mathbf{0} \tag{4.5}$$

を解けばいいのですが，その理由については，本節の最後で述べることにして，まずは，式 (4.5) を解く

方法について述べましょう．ここでは，ニュートン法を使うことにします．

$\boldsymbol{f}(\boldsymbol{w}) = \boldsymbol{0}$ に対するニュートン法は，

$$\boldsymbol{w}_{\mathrm{new}} = \boldsymbol{w}_{\mathrm{old}} - [J(\boldsymbol{w}_{\mathrm{old}})]^{-1}\boldsymbol{f}(\boldsymbol{w}_{\mathrm{old}}) \tag{4.6}$$

です．ここで $J(\boldsymbol{w}_{\mathrm{old}})$ はヤコビ行列で，今の場合，具体的に書き下せば，

$$J(\boldsymbol{w}) = \begin{bmatrix} \dfrac{\partial^2 E}{\partial w_0^2} & \dfrac{\partial^2 E}{\partial w_1 \partial w_0} & \cdots & \dfrac{\partial^2 E}{\partial w_p \partial w_0} \\ \dfrac{\partial^2 E}{\partial w_0 \partial w_1} & \dfrac{\partial^2 E}{\partial w_1^2} & \cdots & \dfrac{\partial^2 E}{\partial w_p \partial w_1} \\ \vdots & \vdots & \ddots & \vdots \\ \dfrac{\partial^2 E}{\partial w_0 \partial w_p} & \dfrac{\partial^2 E}{\partial w_1 \partial w_p} & \cdots & \dfrac{\partial^2 E}{\partial w_p^2} \end{bmatrix} \tag{4.7}$$

となります．これはヘッセ行列なので，ここでは $J(\boldsymbol{w})$ を $H = H(\boldsymbol{w})$ と表すことにすれば，式 (4.6) は

$$\boldsymbol{w}_{\mathrm{new}} = \boldsymbol{w}_{\mathrm{old}} - [H(\boldsymbol{w}_{\mathrm{old}})]^{-1}\nabla E(\boldsymbol{w}_{\mathrm{old}}) \tag{4.8}$$

となります．

また，ロジスティック回帰モデルの出力は，

$$\widehat{y} = f({}^t\boldsymbol{w}\boldsymbol{x}) \tag{4.9}$$

であり，ロジスティック関数の導関数は，

$$\begin{aligned} f'(x) &= -\frac{(1+e^{-x})'}{(1+e^{-x})^2} = \frac{e^{-x}}{(1+e^{-x})^2} \\ &= \frac{e^{-x}}{1+e^{-x}} \cdot \frac{1}{1+e^{-x}} = \frac{1+e^{-x}-1}{1+e^{-x}} \cdot f(x) \\ &= f(x)(1-f(x)) \end{aligned} \tag{4.10}$$

と表せるので，$m = 0, 1, \ldots, p$ に対して，

$$\frac{\partial \widehat{y_n}}{\partial w_m} = f'({}^t\boldsymbol{w}\boldsymbol{x}_n)\frac{\partial({}^t\boldsymbol{w}\boldsymbol{x}_n)}{\partial \boldsymbol{w}_m} = \widehat{y_n}(1-\widehat{y_n})x_m^{(n)} \tag{4.11}$$

となります．ただし，$\boldsymbol{x}_n = {}^t[1, x_1^{(n)}, x_2^{(n)}, \ldots, x_p^{(n)}]$ $(n = 1, 2, \ldots, N)$，$x_0^{(n)} = 1$，$\boldsymbol{y} = {}^t[y_1, y_2, \ldots, y_N]$，$\widehat{\boldsymbol{y}} = {}^t[\widehat{y_1}, \widehat{y_2}, \ldots, \widehat{y_N}]$ です．これより，

$$\begin{aligned} \frac{\partial E(\boldsymbol{w})}{\partial w_m} &= -\sum_{n=1}^{N} \frac{\partial}{\partial w_m}\{y_n \log \widehat{y_n} + (1-y_n)\log(1-\widehat{y_n})\} \\ &= -\sum_{n=1}^{N}\left\{ y_n \frac{\frac{\partial \widehat{y_n}}{\partial w_m}}{\widehat{y_n}} + (1-y_n)\frac{\frac{\partial(1-\widehat{y_n})}{\partial w_m}}{1-\widehat{y_n}} \right\} = -\sum_{n=1}^{N}\left\{\frac{y_n}{\widehat{y_n}} - \frac{1-y_n}{1-\widehat{y_n}}\right\}\frac{\partial \widehat{y_n}}{\partial w_m} \\ &= -\sum_{n=1}^{N}\left\{\frac{y_n}{\widehat{y_n}} - \frac{1-y_n}{1-\widehat{y_n}}\right\}\widehat{y_n}(1-\widehat{y_n})x_m^{(n)} = -\sum_{n=1}^{N}\{y_n(1-\widehat{y_n}) - (1-y_n)\widehat{y_n}\}\,x_m^{(n)} \\ &= \sum_{n=1}^{N}(\widehat{y_n} - y_n)x_m^{(n)} \end{aligned} \tag{4.12}$$

ここで,

$$X = \begin{bmatrix} x_0^{(1)} & x_1^{(1)} & \cdots & x_p^{(1)} \\ x_0^{(2)} & x_1^{(2)} & \cdots & x_p^{(2)} \\ \vdots & \vdots & \ddots & \vdots \\ x_0^{(N)} & x_1^{(N)} & \cdots & x_p^{(N)} \end{bmatrix} = \begin{bmatrix} 1 & x_1^{(1)} & \cdots & x_p^{(1)} \\ 1 & x_1^{(2)} & \cdots & x_p^{(2)} \\ \vdots & \vdots & \ddots & \vdots \\ 1 & x_1^{(N)} & \cdots & x_p^{(N)} \end{bmatrix} \tag{4.13}$$

とすれば, 式 (4.12) より,

$$\nabla E(\boldsymbol{w}) = \begin{bmatrix} \frac{\partial E}{\partial w_0} \\ \frac{\partial E}{\partial w_1} \\ \vdots \\ \frac{\partial E}{\partial w_p} \end{bmatrix} = \begin{bmatrix} 1 & 1 & \cdots & 1 \\ x_1^{(1)} & x_1^{(2)} & \cdots & x_1^{(N)} \\ \vdots & \vdots & \ddots & \vdots \\ x_p^{(1)} & x_p^{(2)} & \cdots & x_p^{(N)} \end{bmatrix} \begin{bmatrix} \widehat{y_1} - y_1 \\ \widehat{y_2} - y_2 \\ \vdots \\ \widehat{y_N} - y_N \end{bmatrix} = {}^tX(\widehat{\boldsymbol{y}} - \boldsymbol{y}) \tag{4.14}$$

と表せます. また, 式 (4.11) と (4.12) より, E のヘッセ行列 H は,

$$\begin{aligned} H_{ij} &= \frac{\partial^2 E}{\partial w_i \partial w_j} = \frac{\partial}{\partial w_i}\left(\frac{\partial E}{\partial w_j}\right) = \frac{\partial}{\partial w_i}\left\{\sum_{n=1}^{N}(\widehat{y_n} - y_n)x_j^{(n)}\right\} = \sum_{n=1}^{N}\frac{\partial \widehat{y_n}}{\partial w_i}x_j^{(n)} \\ &= \sum_{n=1}^{N}\widehat{y_n}(1-\widehat{y_n})x_i^{(n)}x_j^{(n)} = \sum_{n=1}^{N}\sum_{m=1}^{N}\widehat{y_n}(1-\widehat{y_n})\delta_{nm}x_i^{(n)}x_j^{(m)} \\ &= \sum_{n=1}^{N}x_i^{(n)}\sum_{m=1}^{N}R_{nm}x_j^{(m)} \end{aligned} \tag{4.15}$$

なので, $H = {}^tXRX$ と表せます. ここで, δ_{nm} はクロネッカーのデルタ

$$\delta_{nm} = \begin{cases} 1 & n = m \\ 0 & n \neq m \end{cases}$$

であり,

$$\begin{aligned} R = [R_{mn}] &= [\widehat{y_n}(1-\widehat{y_n})\delta_{nm}] \\ &= \begin{bmatrix} \widehat{y_1}(1-\widehat{y_1}) & & \\ & \ddots & \\ & & \widehat{y_N}(1-\widehat{y_N}) \end{bmatrix} \end{aligned} \tag{4.16}$$

となります.

したがって, 式 (4.8) は

$$\boldsymbol{w}_{\text{new}} = \boldsymbol{w}_{\text{old}} - ({}^tXRX)^{-1}\left\{{}^tX(\widehat{\boldsymbol{y}} - \boldsymbol{y})\right\} \tag{4.17}$$

と表せます. 式 (4.17) で $\boldsymbol{w}$ を更新する方法を**反復再重み付け最小 2 乗法**（IRLS：Iterative Reweighted Least Squares method）といいます.

なお, 反復終了判定は,

$$\frac{\|\boldsymbol{w}_{\text{new}} - \boldsymbol{w}_{\text{old}}\|}{\|\boldsymbol{w}_{\text{old}}\|^2} < \varepsilon \tag{4.18}$$

とします. ここで, $\|\cdot\|$ は 2 乗ノルムです. ベクトル $\boldsymbol{x}, \boldsymbol{y}$ に対して内積を $(\boldsymbol{x}, \boldsymbol{y})$ と表せば, $\|\boldsymbol{x}\|^2 = (\boldsymbol{x}, \boldsymbol{x})$ です. ε は要求する有効桁数によりますが, たとえば, 少なくとも 2 桁を求めるなら $\varepsilon = 0.001$ とします.

なお，

$$Xw = \begin{bmatrix} {}^t\boldsymbol{x}_1 \\ {}^t\boldsymbol{x}_2 \\ \cdots \\ {}^t\boldsymbol{x}_N \end{bmatrix} \boldsymbol{w} = \begin{bmatrix} {}^t\boldsymbol{x}_1\boldsymbol{w} \\ {}^t\boldsymbol{x}_2\boldsymbol{w} \\ \cdots \\ {}^t\boldsymbol{x}_N\boldsymbol{w} \end{bmatrix} \tag{4.19}$$

および ${}^t\boldsymbol{w}\boldsymbol{x}_n = {}^t\boldsymbol{x}_n\boldsymbol{w}$ より，${}^t\boldsymbol{w}\boldsymbol{x}_n$ は $X\boldsymbol{w}$ の各成分であることがわかります．そして，分類は，

$${}^t\boldsymbol{w}\boldsymbol{x}_n \geq 0 \text{ ならば } 1, \quad {}^t\boldsymbol{w}\boldsymbol{x}_n < 0 \text{ ならば } 0 \tag{4.20}$$

で行います．

また，scikit-learn では accuracy_score 関数を使って正解率を計算できます．

ソースコード 4.12: ロジスティック回帰の実装

```
from sklearn.metrics import accuracy_score # 正解率の計算用

class MyLogisticRegression:
  def __init__(self, max_iter=1000):
    self.max_iter = max_iter

  def logistic(self, x):
    return 【自分で補おう】# ロジスティック関数の定義

  def fit(self, X_d, y):
    X = 【自分で補おう】# X_d の第 1 列に 1 を挿入したものを X に
    self.w = 【自分で補おう】(X.shape[1]) # w をゼロで初期化
    for i in range(self.max_iter):
    # IRLS 法
        x = np.dot(【自分で補おう】) # 式 (4.19)の計算
        y_hat = np.array(self.logistic(x)) # 式 (4.9)の計算
        z = np.array(【自分で補おう】) # 式 (4.16)の各成分の計算
        R = 【自分で補おう】(np.ravel(z)) # 式 (4.16)の計算
        tmp1 = np.dot(【自分で補おう】) # 式 (4.17)右辺の中かっこ
        tmp2 = 【自分で補おう】# 式 (4.17)右辺の逆行列
        w_new = self.w - np.dot(tmp1, tmp2) # 式 (4.17)の右辺
        # 終了判定 式 (4.18)の計算
        if 【自分で補おう】 < 0.001*np.dot(self.w, self.w):
          break
        self.w = 【自分で補おう】

  def predict(self, X_d):
    X = 【自分で補おう】# X_d の第 1 列に 1 を挿入したものを X に
    x = np.dot(【自分で補おう】) # 式 (4.19)の計算
    return [1 if 【自分で補おう】 for t in x] # 式 (4.20)の実装

# ロジスティック回帰クラスの初期化と学習
myModel = MyLogisticRegression()
myModel.fit(X_train, y_train)
ypred_my = myModel.predict(X_train)

# 予測
my_pred_train = myModel.predict(X_train) # 訓練データの予測
my_pred_test = myModel.predict(【自分で補おう】)   # テストデータの予測

```

```
41 # 正解率の表示, accuracy_score の利用
42 print("accuracy_score 正解率 (train){:.5f}".format(accuracy_score(my_pred_train,y_train)))
43 print("accuracy_score 正解率 (test) {:.5f}".format(accuracy_score(【自分で補おう】)))
44 
45 # 偏回帰係数の表示
46 print("偏相関係数の表示：\n", myModel.w)
```

課題 4.10　ソースコード 4.12 の実行結果を確認せよ．また，この結果に対する自分の考えや解釈を述べよ．

課題 4.11　重み $\boldsymbol{w}$ の初期値，つまり，10 行目の初期値を変えるとどのようになるか確認せよ．たとえば，初期値を 0 ~ 1 の乱数で与えた場合の実行結果を確認せよ．また，この結果に対する自分の考えや解釈を述べよ．

最後に，なぜ式 (4.2) の E を最小化するためには式 (4.5) を解けばよいのか，その理由について述べましょう．

$0 < \widehat{y}_n < 1$ に注意すれば，任意の $\boldsymbol{u} \neq \boldsymbol{0}$ に対して，

$$
\begin{aligned}
{}^t\boldsymbol{u}H\boldsymbol{u} &= \sum_{i=0}^{p}\sum_{j=0}^{p} H_{ij}u_i u_j = \sum_{i=0}^{p}\sum_{j=0}^{p}\left(\sum_{n=1}^{N}\widehat{y}_n(1-\widehat{y}_n)x_i^{(n)}x_j^{(n)}\right)u_i u_j \\
&= \sum_{n=1}^{N}\widehat{y}_n(1-\widehat{y}_n)\left(\sum_{i=0}^{p}x_i^{(n)}u_i\right)\left(\sum_{j=0}^{p}x_j^{(n)}u_j\right) = \sum_{n=1}^{N}\widehat{y}_n(1-\widehat{y}_n)\left(\sum_{i=0}^{p}x_i^{(n)}u_i\right)^2 > 0
\end{aligned}
$$

が成り立ちます．したがって，ヘッセ行列 H は正定値なので，補題 2.1 より，式 (4.5) を満たす $\boldsymbol{w}$ は $E(\boldsymbol{w})$ の極小点です．

第5章
ソフトマックス回帰による多値分類

たとえば，手書きの数字を0から9までの10のクラスに分ける，といったように入力を3つ以上の有限個のクラスあるいはカテゴリに分けることを**多値分類**（multiclass classification）といいます．基本的には2値分類手法を拡張すればいいのですが，その方法としては次のようなものがあります．

(1) One-VS-Rest（One-Versus-Rest）

(2) One-VS-One（One-Versus-One）

(3) ソフトマックス回帰

本章では，One-VS-RestとOne-VS-Oneについて簡単に触れ，主にソフトマックス回帰について説明します．

5.1 One-VS-Rest

One-VS-Rest（一対他）は，正解クラスと残りのクラスに分割して分類する方法です．そのため，クラスの数だけ2値分類器が必要になります．たとえば，3クラスの場合，以下のように3つの2値分類器を作成することになります．

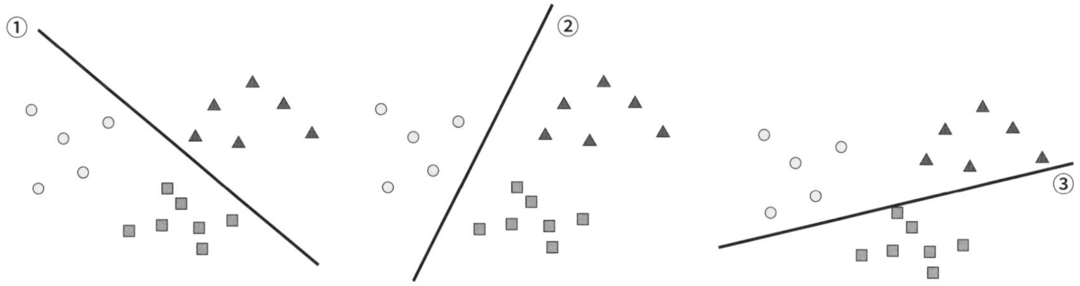

図5.1: 3つの2値分類器

そして，新たな入力データを分類する際には，3つの分類器すべてを使用して，最も高い確率（確信度）を示したクラスにそのデータを割り当てます．あるデータがクラスAに属する確率が0.7，クラスBに属する確率が0.2，クラスCに属する確率が0.1であるとすると，モデルはこのデータをクラスAに分類します．確率を用いるので，2値分類器にはロジスティック回帰のように各クラスに属する予測確率を出力できるモデルを使う必要があります．

メリット　クラスの個数だけ分類器を学習すればよい．

デメリット　あるクラスに対する分類器は，そのクラスのデータとそれ以外すべてを比較するため，各分類器の学習に用いるデータの正解クラスとそれ以外の割合が偏る可能性がある．

なお，One-VS-Restは，**One-VS-All**と呼ばれることもあります．

5.2 One-VS-One

One-VS-One（一対一）は，任意の 2 つのクラスを選んで分類する方法で，${}_n\mathrm{C}_2 = \frac{n(n-1)}{2}$ 個の分類器が必要になります．たとえば，10 クラスを分類する場合，One-VS-Rest だと 10 種類の分類器を作ればいいですが，One-VS-One の場合は，${}_{10}\mathrm{C}_2 = 45$ 個の分類器が必要となります．そして，各分類器の多数決により，最終的な分類を決めます．

メリット 各分類器は 2 つのクラスだけを考慮するため，他のクラスのデータによる影響を受けにくい．そのため，各学習に用いるデータの偏りは小さい．これは特に，一部のクラスのデータが他のクラスよりもはるかに多い場合に有用である．

デメリット 分類器の個数は One-VS-Rest よりも多い．また，すべての分類器が 2 クラス分のデータしか使わない，つまり，すべての訓練データを使うわけではないので，各分類器の性能は異なる可能性が高い．それにもかかわらず，最終結果は多数決で決めるため，その性能の差は反映されにくい．

5.3 ソフトマックス回帰

ソフトマックス回帰（softmax regression）では，モデルの出力に対して，どのクラスに属する確率が最も高いかを推定するためにソフトマックス関数を用いてモデルを学習します．なお，ソフトマックス回帰では，各クラスを One-hot 表現で表すことが前提となっています．

クラスを C_k（$k = 1, 2, \ldots, K$）とすると，入力 $\boldsymbol{x}$ がクラス C_k に属する事後確率 $P(C_k|\boldsymbol{x})$ は，ベイズの定理[1]より，

$$P(C_k|\boldsymbol{x}) = \frac{P(\boldsymbol{x}, C_k)}{\sum_{j=1}^{K} P(\boldsymbol{x}, C_j)} \tag{5.1}$$

となります．ただし，$p(\boldsymbol{x}, C_k)$ は，入力 $\boldsymbol{x}$ とクラス C_k が同時に起こる確率を表します．たとえば，入力が $\boldsymbol{x}_1, \boldsymbol{x}_2, \boldsymbol{x}_3$ の 3 種類で，クラスが C_1，C_2 の 2 つだとすれば，$P(\boldsymbol{x}_1, C_2) = \frac{1}{3} \times \frac{1}{2} = \frac{1}{6}$ で，$P(C_2|\boldsymbol{x}_1) = \frac{P(\boldsymbol{x}_1, C_2)}{P(\boldsymbol{x}_1)} = \frac{1/6}{1/3} = \frac{1}{2}$ となります．

ここで，$y_k = P(C_k|\boldsymbol{x}), u_k = \log\{P(\boldsymbol{x}, C_k)\}$ とおけば，$P(\boldsymbol{x}, C_k) = \exp(u_k)$ なので，式 (5.1) は，

$$y_k = \frac{\exp(u_k)}{\sum_{j=1}^{K} \exp(u_j)}, \quad \sum_{k=1}^{K} y_k = 1 \tag{5.2}$$

と表せ，これを**ソフトマックス関数**（softmax function）といいます．式 (5.2) の 2 つ目の式より，y_k は，与えられた入力 $\boldsymbol{x}$ がクラス C_k に属している確率と見なすことができ，入力 $\boldsymbol{x}$ をこの確率が最大になるクラスに分類します．たとえば，3 クラス分類を行う場合，$[y_1, y_2, y_3] = [0.1, 0.6, 0.3]$ となったとき，クラス C_1 である確率が 10%，C_2 である確率が 60%，C_3 である確率が 30% と解釈し，C_2 に分類します．

さて，$C_1, C_2, \ldots, C_K$ に対する尤度は，それぞれ $P(C_1|\boldsymbol{x}), P(C_2|\boldsymbol{x}), \ldots, P(C_K|\boldsymbol{x})$ なので，1 つのデータに対する尤度は

$$\prod_{k=1}^{K} P(C_k|\boldsymbol{x})^{d_k} = P(C_1|\boldsymbol{x})^{d_1} P(C_2|\boldsymbol{x})^{d_2} \cdots P(C_K|\boldsymbol{x})^{d_K}$$

と表せます．各クラスは One-hot 表現で表されているので，d_k（$k = 1, 2, \ldots, K$）は対応するクラスが正解クラスであったときのみ 1 で，それ以外は 0 となっています．

したがって，入力 $\boldsymbol{x}_n$ と One-hot 表現で与えられた正解クラス $\boldsymbol{d}_n$（$n = 1, 2, \ldots, N$）の組が与えられたと

[1] ベイズの定理は，第 7 章で紹介しています．

き，学習すべき重み $\boldsymbol{w}$ に対する尤度は，

$$L(\boldsymbol{w}) = \prod_{n=1}^{N} P(\boldsymbol{d}_n|\boldsymbol{x}_n) = \prod_{n=1}^{N}\prod_{k=1}^{K} P(C_k|\boldsymbol{x}_n)^{d_{nk}} = \prod_{n=1}^{N}\prod_{k=1}^{K} y_k(\boldsymbol{x}_n, \boldsymbol{w})^{d_{nk}}$$

です．ただし，$\boldsymbol{d}_n = {}^t[d_{n1}, d_{n2}, \ldots, d_{nK}]$ で，$\boldsymbol{d}_n$ の各成分は，対応するクラスが正解クラスであったときのみ 1 で，それ以外は 0 です．なお，出力 y_k は入力 $\boldsymbol{x}_n$ と重み $\boldsymbol{w}$ に依存するので，$y_k(\boldsymbol{x}_n, \boldsymbol{w})$ と表しました．

この尤度の対数をとり，符号を反転させた

$$E(\boldsymbol{w}) = -\sum_{n=1}^{N}\sum_{k=1}^{K} d_{nk} \log\left(y_k(\boldsymbol{x}_n, \boldsymbol{w})\right) \tag{5.3}$$

を損失関数とし，これを最小化することにより，重み $\boldsymbol{w}$ が定まります．この式 (5.3) を**交差エントロピー**（cross entropy）といいます．

5.4　ソフトマックス関数に関する注意

$K = 2$ とすれば，式 (5.2) より

$$y_1 = \frac{e^{u_1}}{e^{u_1} + e^{u_2}} = \frac{1}{1 + e^{-(u_1 - u_2)}},$$
$$y_2 = \frac{e^{u_2}}{e^{u_1} + e^{u_2}} = \frac{1}{1 + e^{-(u_2 - u_1)}}$$

となり，ロジスティック関数となっています．また，y_1 と y_2 は入力の差 $u_1 - u_2$ のみに依存していることもわかります．y_1 と y_2 の比は，$\frac{y_1}{y_2} = \exp(u_1 - u_2)$ です．同様に，

$$\frac{y_k}{y_i} = \frac{\frac{\exp(u_k)}{\sum_{j=1}^{K}\exp(u_j)}}{\frac{\exp(u_i)}{\sum_{j=1}^{K}\exp(u_j)}} = \exp(u_k - u_i)$$

なので，入力 u_i と u_k に対するソフトマックス関数の値の比は，入力の差 $u_i - u_k$ のみに依存していることがわかります．

さらに，ソフトマックス関数への入力 $u_1, u_2, \ldots, u_K$ に一律に定数 C を加算しても，その出力は変化しません．

$$\frac{\exp(u_k + C)}{\sum_{j=1}^{K}\exp(u_j + C)} = \frac{\exp(u_k)\exp(C)}{\sum_{j=1}^{K}\exp(u_j)\exp(C)} = \frac{\exp(u_k)}{\sum_{j=1}^{K}\exp(u_j)} = \frac{1}{\sum_{j=1}^{K}\exp(u_j - u_k)}$$

これより，ソフトマックス関数は入力の差のみに依存することがわかります．このように，ソフトマックス関数には定数分の冗長性があるため，重み $\boldsymbol{w}$ が一意に定まらない可能性があります．この問題の対策としては，第 2 章で説明した正則化の利用が考えられます．

なお，ソフトマックス関数と交差エントロピーの計算をそのまま行うとオーバーフローを起こす可能性があるので，$C = \max_{1 \le j \le K} u_{nj}$ として，

$$y_{nk} = \frac{\exp(u_{nk} - C)}{\sum_{j=1}^{K}\exp(u_{nj} - C)} \tag{5.4}$$

として計算します．このようにしておけば，式 (5.4) の指数関数の値は 1 を超えることはないため，オーバーフローが起こりにくくなります．

また，ソフトマックスを計算する際，分母に比べて分子が小さくなりすぎて，コンピュータ上では $y_{nk} = 0$ となる可能性があります．このとき，コンピュータ上では $\log y_{nk} =$ `-inf`（$-\infty$）となるため，これと $d_{nk} = 0$ を掛け算すると，不定形となり，計算結果は `NaN`（Not a Number）となります．これを避け

るために，十分小さい $\varepsilon > 0$ を用いて

$$d_{nk} \log(\varepsilon + (1-\varepsilon) y_{nk}) \tag{5.5}$$

として計算します．

なお，$d_{nk} = 0$ がわかっているときは，その部分は（$E(\boldsymbol{w})$ の結果に影響しないため）計算する必要はないので，対応する $\log y_{nk}$ の計算をしないようにします．

5.5 ソフトマックス回帰の行列表現

入力 $\boldsymbol{x} = {}^t[x_1, \ldots, x_p]$ に対する出力 u を重みを $\boldsymbol{w} = {}^t[w_0, w_1, \ldots, w_p]$ として，$u = w_0 + w_1 x_1 + \cdots + w_p x_p$ と表します．このとき，訓練データの入力 $\boldsymbol{x}_n = {}^t[x_{n0}, x_{n1}, \ldots, x_{np}]$（$x_{n0} = 1, n = 1, 2, \ldots, N$）に対する出力 $\boldsymbol{u}_n = {}^t[u_{n1}, u_{n2}, \ldots, u_{nK}]$ は次のように表せます．行列の添え字の順序が通常の行列とは異なることに注意しましょう．

$$\begin{bmatrix} u_{n1} \\ u_{n2} \\ \vdots \\ u_{nK} \end{bmatrix} = \begin{bmatrix} w_{01} & w_{11} & \cdots & w_{p1} \\ w_{02} & w_{12} & \cdots & w_{p2} \\ \vdots & \vdots & \ddots & \vdots \\ w_{0K} & w_{1K} & \cdots & w_{pK} \end{bmatrix} \begin{bmatrix} x_{n0} \\ x_{n1} \\ \vdots \\ x_{np} \end{bmatrix} \iff \boldsymbol{u}_n = W\boldsymbol{x}_n = [\boldsymbol{w}_0, \boldsymbol{w}_1, \ldots, \boldsymbol{w}_p]\boldsymbol{x}_n \tag{5.6}$$

よって，ソフトマックス関数による出力 $\boldsymbol{y}_n = {}^t[y_{n1}, y_{n2}, \ldots, y_{nK}]$ は，

$$\begin{bmatrix} y_{n1} \\ y_{n2} \\ \vdots \\ y_{nK} \end{bmatrix} = \frac{1}{\sum_{j=1}^{K} \exp(u_{nj})} \begin{bmatrix} \exp(u_{n1}) \\ \exp(u_{n2}) \\ \vdots \\ \exp(u_{nK}) \end{bmatrix} \iff \boldsymbol{y}_n = \boldsymbol{f}(\boldsymbol{u}_n) = \boldsymbol{f}(W\boldsymbol{x}_n) \tag{5.7}$$

と表せます．また，式 (5.3) において，$y_{nk} = y_k(\boldsymbol{x}_n, \boldsymbol{w})$ と表せば，交差エントロピーは以下のように表せます．

$$E(\boldsymbol{w}) = -\sum_{n=1}^{N} \sum_{k=1}^{K} d_{nk} \log y_{nk} \tag{5.8}$$

5.6 勾 配 降 下 法

まずは，後の説明のために，損失関数 $E(\boldsymbol{w})$ の解に関わる用語をまとめておきましょう．

大域的最適解（global optimum） $E(\boldsymbol{w})$ を最小にする点．

局所最適解（local optimum） $E(\boldsymbol{w})$ を極小にする点にはなっているが，最小にするわけではない点．

停留点（stationary point） $E(\boldsymbol{w})$ の勾配がゼロになる点．機械学習では，局所最適解でも大域的最適解でもない勾配がゼロとなる点を指すことがある．

鞍点（saddle point） 停留点のうち，ある方向から見ると極小だが，別の方向から見ると極大になる点．

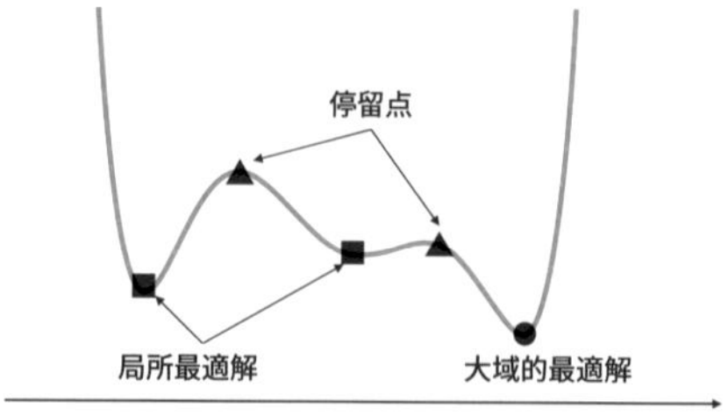

図 5.2: 最適解と停留点

損失関数 $E(\boldsymbol{w})$ の最小値を与える $\boldsymbol{w} = \arg\min_{\boldsymbol{w}} E(\boldsymbol{w})$ を求めたいのですが，一般に $E(\boldsymbol{w})$ は凸関数ではないので，通常，大域的最適解を直接的に求めることはできません．その代わりに，$E(\boldsymbol{w})$ の局所最適解を

$$\nabla E = \frac{\partial E}{\partial W} = \begin{bmatrix} \frac{\partial E}{\partial \boldsymbol{w}_0} \\ \frac{\partial E}{\partial \boldsymbol{w}_1} \\ \vdots \\ \frac{\partial E}{\partial \boldsymbol{w}_p} \end{bmatrix} = \left[\frac{\partial E}{\partial w_{ij}} \right] \quad (i = 0, 1, \ldots, p,\ j = 1, 2, \ldots, K), \tag{5.9}$$

$$\boldsymbol{w}^{(t+1)} = \boldsymbol{w}^{(t)} - \eta \nabla E \tag{5.10}$$

を反復計算して求めます．この方法を**勾配降下法**（gradient descent method）といいます．なお，一般には，極小点は複数存在するので，極小点が最小点とは限りません．ここで，$\boldsymbol{w}^{(t)}$ は現在の重みで，$\boldsymbol{w}^{(t+1)}$ が式 (5.10) で更新された重みです．また，η を**学習率**（learning rate）あるいは**学習係数**（learning coefficient）といいます．

式 (5.9) と (5.10) を計算する際には，まず，初期値 $\boldsymbol{w}^{(1)}$ を適当に決め，式 (5.10) を $t = 1, 2, \ldots$ に対して逐次計算し，$\boldsymbol{w}^{(2)}, \boldsymbol{w}^{(3)}, \ldots$ を求めます．こうして計算される $\boldsymbol{w}^{(t)}$ は η が小さければ，t が増えるにつれ，$E(\boldsymbol{w}^{(t)})$ を確実に減少させます．なぜなら，$\nabla E(\boldsymbol{w}^{(t)})$ は $\boldsymbol{w}^{(t)}$ において $E(\boldsymbol{w})$ を最も大きく増加させる方向なので，$E(\boldsymbol{w})$ の値を減少させるには $E(\boldsymbol{w}^{(t)})$ から勾配の逆方向 $-\nabla E(\boldsymbol{w}^{(t)})$ に進めばいいからです．

したがって，t が大きくなれば，いつかは極小点に到達できます．ただし，$E(\boldsymbol{w})$ の形状と η の大きさによっては，$E(\boldsymbol{w})$ が増大することもありえます．一方，η が小さすぎると，$\boldsymbol{w}$ の 1 回の更新量が小さくなってしまうので，反復回数が増大し，学習にかかる時間が多くなります．

具体的に ∇E の形を求めましょう．まず，式 (5.8) より，$0 \le i \le p,\ 1 \le j \le K$ として，

$$\begin{aligned}
\frac{\partial E}{\partial w_{ji}} &= -\sum_{n=1}^{N}\sum_{k=1}^{K} d_{nk} \frac{\partial}{\partial w_{ji}} (\log y_{nk}) = -\sum_{n=1}^{N}\sum_{k=1}^{K} d_{nk} \frac{\partial (\log y_{nk})}{\partial y_{nk}} \frac{\partial y_{nk}}{\partial w_{ji}} \\
&= -\sum_{n=1}^{N}\sum_{k=1}^{K} d_{nk} \frac{\partial (\log y_{nk})}{\partial y_{nk}} \left(\sum_{l=1}^{K} \frac{\partial y_{nk}}{\partial u_{nl}} \frac{\partial u_{nl}}{\partial w_{ji}} \right) \\
&= -\sum_{n=1}^{N}\sum_{k=1}^{K} d_{nk} \frac{\partial (\log y_{nk})}{\partial y_{nk}} \left\{ \sum_{l=1}^{K} \frac{\partial y_{nk}}{\partial u_{nl}} \left(\sum_{m=0}^{p} \frac{\partial (w_{ml} x_{nm})}{\partial w_{ji}} \right) \right\} \\
&= -\sum_{n=1}^{N}\sum_{k=1}^{K} d_{nk} \frac{\partial (\log y_{nk})}{\partial y_{nk}} \left(\frac{\partial y_{nk}}{\partial u_{ni}} x_{nj} \right) \quad m = j,\ l = i \text{ の項のみ残る} \\
&= -\sum_{n=1}^{N}\sum_{k=1}^{K} d_{nk} \frac{1}{y_{nk}} \left(\frac{\partial y_{nk}}{\partial u_{ni}} x_{nj} \right)
\end{aligned}$$

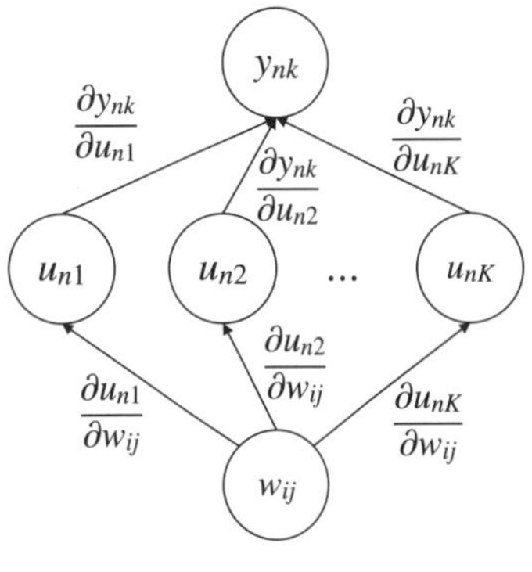

図 5.3: $\frac{\partial y_{nk}}{\partial w_{ji}} = \sum_{l=1}^{K} \frac{\partial y_{nk}}{\partial u_{nl}} \frac{\partial u_{nl}}{\partial w_{ji}}$ の各変数の対応

が成り立ちます．

ここで，

$$y_{nk} = \frac{\exp(u_{nk})}{\sum_{j=1}^{K} \exp(u_{nj})} \tag{5.11}$$

なので，$i \neq k$ のとき，

$$\frac{\partial y_{nk}}{\partial u_{ni}} = \exp(u_{nk}) \left\{ -\frac{\frac{\partial}{\partial u_{ni}} \left(\sum_{j=1}^{K} \exp(u_{nj}) \right)}{\left(\sum_{j=1}^{K} \exp(u_{nj}) \right)^2} \right\} = -\frac{\exp(u_{nk}) \exp(u_{ni})}{\left(\sum_{j=1}^{K} \exp(u_{nj}) \right)^2} = -y_{nk} y_{ni}$$

であり，$i = k$ のとき，

$$
\begin{aligned}
\frac{\partial y_{nk}}{\partial u_{ni}} &= \frac{\frac{\partial}{\partial u_{ni}}\left(\exp(u_{ni})\right)\left(\sum_{j=1}^{K}\exp(u_{nj})\right) - \exp(u_{ni})\frac{\partial}{\partial u_{ni}}\left(\sum_{j=1}^{K}\exp(u_{nj})\right)}{\left(\sum_{j=1}^{K}\exp(u_{nj})\right)^2} \\
&= \frac{\exp(u_{ni})\left(\sum_{j=1}^{K}\exp(u_{nj})\right) - \exp(u_{ni})\exp(u_{ni})}{\left(\sum_{j=1}^{K}\exp(u_{nj})\right)^2} \\
&= \frac{\exp(u_{ni})}{\sum_{j=1}^{K}\exp(u_{nj})} - \left(\frac{\exp(u_{ni})}{\sum_{j=1}^{K}\exp(u_{nj})}\right)^2 = y_{ni} - y_{ni}^2 = y_{ni}(1 - y_{ni})
\end{aligned}
$$

です．ゆえに，

$$
\frac{\partial y_{nk}}{\partial u_{ni}} = y_{nk}(\delta_{ki} - y_{ni}), \quad \delta_{ki} = \begin{cases} 1 & (i = k) \\ 0 & (i \neq k) \end{cases} \tag{5.12}
$$

が成り立つので，

$$
\begin{aligned}
\frac{\partial E}{\partial w_{ji}} &= -\sum_{n=1}^{N}\sum_{k=1}^{K} d_{nk}\frac{1}{y_{nk}}\left(y_{nk}(\delta_{ki} - y_{ni})\right)x_{nj} = -\sum_{n=1}^{N}\sum_{k=1}^{K} d_{nk}(\delta_{ki} - y_{ni})x_{nj} \\
&= -\sum_{n=1}^{N}\left(\sum_{k=1}^{K} d_{nk}\delta_{ki} - \sum_{k=1}^{K} d_{nk}y_{ni}\right)x_{nj} = -\sum_{n=1}^{N}\left(\sum_{k=1}^{K} d_{nk}\delta_{ki} - y_{ni}\sum_{k=1}^{K} d_{nk}\right)x_{nj} \\
&= -\sum_{n=1}^{N}(d_{ni} - y_{ni})x_{nj}
\end{aligned} \tag{5.13}
$$

が成り立ちます．これより，∇E は次のように表せます．

$$
\nabla E = \left[\frac{\partial E}{\partial w_{ij}}\right] = -\begin{bmatrix} 1 & \cdots & 1 \\ x_{11} & \cdots & x_{N1} \\ \vdots & \ddots & \vdots \\ x_{1p} & \cdots & x_{Np} \end{bmatrix}\begin{bmatrix} d_{11} - y_{11} & \cdots & d_{1K} - y_{1K} \\ \vdots & \ddots & \vdots \\ d_{N1} - y_{N1} & \cdots & d_{NK} - y_{NK} \end{bmatrix} = -{}^{t}X(D - Y) \tag{5.14}
$$

5.7 ウォーミングアップ

今回は，行列に列を追加する際に NumPy の hstack 関数を使います．hstack 関数を使うと 2 つの行列を列方向に連結できます．

ソースコード 5.1: ウォーミングアップ

```python
import numpy as np
import pandas as pd
from pandas import Series,DataFrame

var = np.array(['C','B','C','A', 'B', 'C', 'C', 'B', 'A', 'A', 'A','B'])
print("varの全要素数は", len(var)) # varの要素数を表示
print("varから重複部を取り除くと", set(var)) # setを使うと重複部分は除外される
print("varから重複部を取り除いた要素数は", len(set(var))) # 重複部分を除いた場合の要素数

varchange = np.array(['B','B','C','A', 'B', 'C', 'C', 'B', 'A', 'A', 'A','C']) # 先頭と最後尾を変更
print("varとvarchangeが一致した割合は", np.mean(var == varchange) )

target = pd.get_dummies(var) # varをOne-Hot表現にする
print("targetはOne-Hot表現で\n", target)
```

```
target_array = target.values # target を array に変換する
print("target を array に変換すると\n", target_array)

x = np.ones((5,1)) # 5x1 の 2 次元配列，要素はすべて 1
print("配列 x は\n", x)
A = np.zeros((5, 3)) # 5x3 の 2 次元配列，要素はすべて 0
print("配列 A は\n", A)
X = np.hstack((x, A)) # x と A を水平方向（列方向）につなげる
print("配列 x と A を列方向につなげると\n",X)

B = np.random.randn(3,4) # 3x4 配列の乱数を生成
print("配列 B は\n", B)
print("行方向に見たときの最大値の添え字は", B.argmax(axis=0)) # 行方向に見て最大値をとる添え字を表示
print("列方向に見たときの最大値の添え字は", B.argmax(axis=1)) # 列方向に見て最大値をとる添え字を表示

print("列方向に和：次元を維持
     \n", np.sum(B, axis=1, keepdims=True)) # 列方向に和をとる，次元は維持(2次元配列)
print("列方向に和：1次元配列で\n", np.sum(B, axis=1)) # 列方向に和をとる，次元は維持しない(1次元配列)
print("列方向の最大値：次元を維持
     \n", np.max(B, axis=1, keepdims=True)) # 列方向の最大値，次元は維持(2次元配列)
print("列方向の最大値：1次元配列で\n", np.max(B, axis=1)) # 列方向の最大値，次元は維持しない(1次元配列)
```

実行例

```
var の全要素数は 12
var から重複部を取り除くと 'A', 'B', 'C'
var から重複部を取り除いた要素数は 3
var と varchange が一致した割合は 0.8333333333333334
target は One-Hot 表現で
     A  B  C
0    0  0  1
1    0  1  0
【途中省略】
11   0  1  0
target を array に変換すると
 [[0 0 1]
 [0 1 0]
【途中省略】
 [0 1 0]]
配列 x は
 [[1.]
【途中省略】
 [1.]]
配列 A は
 [[0. 0. 0.]
【途中省略】
 [0. 0. 0.]]
```

実行例

```
配列 x と A を列方向につなげると
 [[1. 0. 0. 0.]
 [1. 0. 0. 0.]
 [1. 0. 0. 0.]
 [1. 0. 0. 0.]
 [1. 0. 0. 0.]]
配列 B は
 [[ 0.1716376  -1.96554491  0.06526872 -0.83666732]
 [-0.40789094 -1.3561498  -0.61574988  0.6898699 ]
 [-1.02465932  0.09678298  0.72804055  0.9822508 ]]
行方向に見たときの最大値の添え字は [0 2 2 2]
列方向に見たときの最大値の添え字は [0 3 3]
列方向に和：次元を維持
 [[-2.56530591]
 [-1.68992071]
 [ 0.78241501]]
列方向に和：1 次元配列で
 [-2.56530591 -1.68992071  0.78241501]
列方向の最大値：次元を維持
 [[0.1716376]
 [0.6898699]
 [0.9822508]]
列方向の最大値：1 次元配列で
 [0.1716376 0.6898699 0.9822508]
```

課題 5.1　ソースコード 5.1 の実行結果を確認せよ．

5.8　scikit-learn による多クラス分類

scikit-learn でソフトマックス回帰を行うには，ソースコード 5.2 の 28 行目のように `LogisticRegression` クラスにおいて，`multi_class='multinomial'` と指定します．scikit-learn のマニュアルによれば，このオプションを指定した場合，利用できるソルバーは，'`lbfgs`'，'`sag`'，'`saga`'，'`newton-cg`' ですが，ここでは，`solver='lbfgs'` としています．なお，lbfgs は Limited-Memory BFGS（Broyden-Fletcher-Goldfarb-Shanno algorithm）で，非制約非線形最適化問題に対する反復解法の 1 つです．ただし，何もオプションを指定しなければ，多クラス分類の場合，

`multi_class='multinomial'`, `solver='lbfgs'` が自動的に指定されるので，実はソースコード 5.2 の 28 行目は単に `LogisticRegression()` としてもかまいません．

ここでは，scikit-learn に付属している Iris（アヤメ）データを使って，3 クラス分類を行いましょう．このデータには，図 5.4〜5.6 に示すような 3 種類のアヤメ（Iris setosa，Iris virginica，Iris versicolor）について，それぞれ 50 サンプル，計 150 のデータが収められています．花びら（petals）とがく片（sepals）の長さと幅からなる 4 つの特徴量から構成されており，これが説明変数になります．

図 5.4: Setosa

図 5.5: Versicolor

図 5.6: Virginica

（出典：`https://en.wikipedia.org/wiki/Iris_flower_data_set`）

まずは Iris データを読み込みましょう．また，カリフォルニア住宅価格データセットのときと同様，目的変数は target，説明変数は data，データの説明は DESCR を指定します．なお，ここでは，練習のため scikit-learn の `metrics` モジュールを用いた正解率の表示も行っています．

ソースコード 5.2: ソフトマックス回帰による多クラス分類

```
1  import numpy as np
2  import pandas as pd
3  from pandas import Series,DataFrame
4  import matplotlib.pyplot as plt
5  import seaborn as sns
6  %matplotlib inline
7  from sklearn.linear_model import LogisticRegression
8  from sklearn.datasets import load_iris
9  from sklearn.model_selection import train_test_split
10 from sklearn.metrics import accuracy_score # 正解率の計算用
11 
12 # データの読み込み
13 iris = load_iris()
14 
15 # データの説明を表示
16 print(iris.DESCR)
17 
18 # 説明変数をX に代入
19 X = iris.data
20 
21 # 目的変数をY に代入
22 Y =【自分で補おう】
23 
24 # 訓練データとテストデータに分ける, test_size=0.4, random_state=0
25 X_train, X_test, Y_train, Y_test = train_test_split(【自分で補おう】)
26 
```

```
# ソフトマックス回帰クラスの初期化と学習
logistic_model = LogisticRegression(multi_class='multinomial', solver='lbfgs') # 初期化
【自分で補おう】# 学習

# 正解率の表示
print('正解率 (train):{:.4f}'.format(logistic_model.score(X_train, Y_train)))
print('正解率 (test):{:.4f}'.format(logistic_model.score(X_test, Y_test)))

# 訓練データ，テストデータの予測
Y_pred_train = logistic_model.predict(X_train)
Y_pred_test = 【自分で補おう】

# accuracy_score による正解率
print('accracy_score による正解率(train):{:.4f}'.format(accuracy_score(Y_train, Y_pred_train)))
print(【自分で補おう】)
```

実行例

```
**Data Set Characteristics:**

    :Number of Instances: 150 (50 in each of three classes)
    :Number of Attributes: 4 numeric, predictive attributes and the class
    :Attribute Information:
        - sepal length in cm
        - sepal width in cm
        - petal length in cm
        - petal width in cm
        - class:
                - Iris-Setosa
                - Iris-Versicolour
                - Iris-Virginica

正解率 (train):0.9778
正解率 (test):0.9167
accracy_score による正解率 (train):0.9778
accracy_score による正解率 (test):0.9167
```

課題 5.2　ソースコード 5.2 の実行結果を確認せよ.

5.9 Mlxtend による分類結果の可視化

Mlxtend を使うと，クラス分類結果を可視化できます．Mlxtend（http://rasbt.github.io/mlxtend/）は，機械学習やデータ分析等を行う上で便利なライブラリです．Python で書かれたパッケージをインストール・管理するためのパッケージシステム pip（Pip Installs Packages，Pip Installs Python）を使い，Anaconda のプロンプトで

pip によるインストール

```
pip install mlxtend
```

とすればインストールできます．あるいは，conda を使って，

conda によるインストール

```
conda install -c conda-forge mlxtend
```

としてもインストールできます．

クラス分類結果は，平面上に描画するので，説明変数としては x, y 軸に相当する 2 つの変数を選ばなければなりません．ここでは，0 列目（花びらの長さ）と 2 列目（がく片の長さ）を説明変数とし，すべてのデータを使って，訓練データの正解率を見てみましょう．

分類結果を描画するには，`plot_decision_regions` 関数を使います．その際，引数 `clf` にはモデルを指定します．また，引数 `legend` の値によって凡例の位置が変わります．

ソースコード 5.3: 分類結果の表示

```
from mlxtend.plotting import plot_decision_regions

# すべてのデータの 0, 2列目(花びらの長さ, がく片の長さ)を説明変数として利用
X = iris.data[:, [0, 2]]

# 目的変数をY に代入
Y = 【自分で補おう】

# ソフトマックス回帰クラスの初期化と学習, オプションを指定
logistic_model2 = 【自分で補おう】     # 初期化
【自分で補おう】 # 学習

# 正解率の表示
print('正解率 (train):{:.4f}'.format(logistic_model2.score(【自分で補おう】)))

# 分類結果を描画
plot_decision_regions(X, Y, clf = logistic_model2, legend = 2)

# グラフの情報を付加
plt.xlabel('sepal length [cm]')
plt.ylabel('petal length [cm]')
plt.title('Logistic Regression on Iris')
plt.show()
```

実行例

```
正解率 (train):0.9600
```

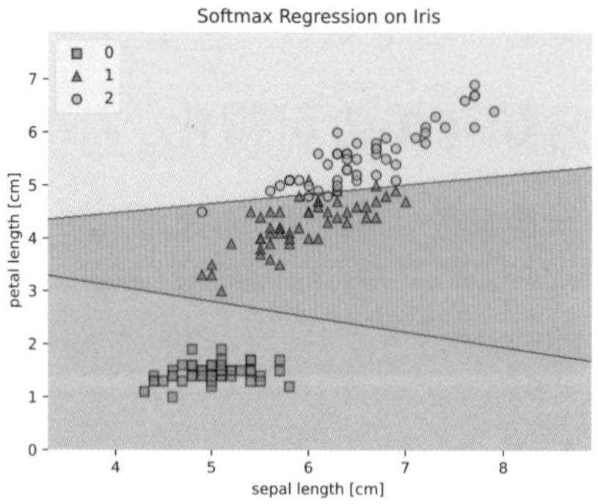

結果を見ると，正しく分類されていないデータがいくつかあり，そのために正解率が 100% となりません．

課題 5.3　ソースコード 5.3 の実行結果を確認せよ．また，この結果に対する自分の考えや解釈を述べよ．

5.10 散布図行列の作成

Iris データを DataFrame にしましょう．ただし，目的変数のクラスが 0, 1, 2 の数字になっているので，わかりやすいように，これらを Iris の種類名に変換し，`apply` メソッドを使って，変換結果を目的変数に上書きします．また，`concat` メソッドを使って，説明変数と目的変数の DataFrame を 1 つの DataFrame にまとめます．

ソースコード 5.4: DataFrame の作成と表示

```
# 説明変数のDataFrameを生成，列名をiris.feature_namesで指定
iris_data = DataFrame(iris.data, columns = iris.feature_names)

# 目的変数のDataFrameを生成，列名をSpeciesにする
iris_target = DataFrame(iris.target, columns = ['Species']) # 目的変数の追加

# 数字を対応する種類名に変換
def iris_sp(num):
    if【自分で補おう】: # numが0のとき
        return 'Setosa'
    elif【自分で補おう】: # numが1のとき
        return 'Veriscolour'
    else:
        return 'Virginica'

# applyメソッドを使って変換結果を'Species'列に上書きする
iris_target['Species'] = iris_target['Species'].apply(iris_sp)

# concatメソッドを使って説明変数と目的変数を1つのDataFrameにまとめる
iris = pd.concat([iris_data,iris_target],axis = 1)

 # 先頭から5行を表示
iris.head()
```

実行例

	sepal length (cm)	sepal width (cm)	petal length (cm)	petal width (cm)	Species
0	5.1	3.5	1.4	0.2	Setosa
1	4.9	3.0	1.4	0.2	Setosa
2	4.7	3.2	1.3	0.2	Setosa
3	4.6	3.1	1.5	0.2	Setosa
4	5.0	3.6	1.4	0.2	Setosa

第 4 章と同様に，seaborn の `countplot` 関数を使って，花びらの長さ（sepal length (cm)）のヒストグラムを描きましょう．また，`pairplot` 関数を使って，散布図行列を描画しましょう．

ソースコード 5.5: DataFrame の可視化

```
plt.figure(figsize=(12,4)) # プロットサイズの指定

# countplotによるヒストグラムの作成，data（対象とするDataFrame），hue（集計の列名）
sns.countplot(x='sepal length (cm)',data = iris,hue = 'Species')

# 散布図行列の作成，heightは自分の画面に合わせて調整
```

```
sns.pairplot(iris, hue = 'Species', height = 2)

plt.figure(figsize=(12,4)) # プロットサイズの指定
# ヒストグラムの作成，data（対象とするDataFrame），hue（集計の列名）
sns.countplot(x='sepal width (cm)',data = iris,hue = 'Species')

plt.figure(figsize=(12,4)) # プロットサイズの指定
# ヒストグラムの作成，data（対象とするDataFrame），hue（集計の列名）
sns.countplot(x='petal length (cm)',data = iris,hue = 'Species')

plt.figure(figsize=(12,4)) # プロットサイズの指定
# ヒストグラムの作成，data（対象とするDataFrame），hue（集計の列名）
sns.countplot(x='petal width (cm)',data = iris,hue = 'Species')
```

実行例

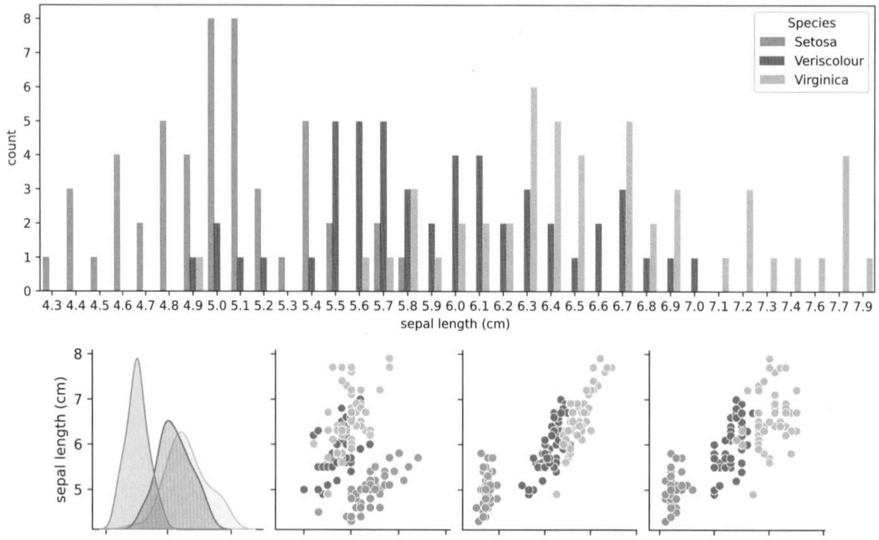

課題 5.4　ソースコード 5.4〜5.5 の実行結果を確認せよ．また，他の 3 つの説明変数についてもヒストグラムを作成し，ヒストグラムや散布図行列に対する自分の考えや解釈を述べよ．

5.11　Python によるソフトマックス回帰の実装

ここでは，ソフトマックス回帰を実装します．

訓練データの入力 $\boldsymbol{x}_n$（$n = 1, 2, \ldots, N$）に対する出力 $\boldsymbol{u}_n$ は，$x_{n0} = 1$ として，式 (5.6) のように表せ，ソフトマックス関数による出力 $\boldsymbol{y}_n$ は，式 (5.7) のように表せます．

そして，交差エントロピー (5.3) を最小化するために，勾配降下法を使います．つまり，$E(\boldsymbol{w})$ を最小化する $\boldsymbol{w}$ を求めるために，反復回数および初期値を $\boldsymbol{w}^{(0)}$ を適当に定め，式 (5.10) と (5.14) を反復計算します．

なお，ソフトマックス関数を計算する際には，式 (5.4) と (5.5) を用いることにも注意しましょう．

ソースコード 5.6: ソフトマックス回帰の実装

```
import numpy as np
import matplotlib.pyplot as plt
from sklearn.datasets import load_iris
import pandas as pd
from pandas import Series,DataFrame

class MySoftmaxRegression:
    def __init__(self, max_iter=30000, eta=0.0001):
        self.w = None # 初期化，値を設定しない
        self.max_iter = max_iter # 最大反復回数
        self.loss = np.array([]) # 損失の計算用
        self.eta = eta # 学習率の設定

    def softmax(self, z): # 式 (5.4)の実装
        z = z - np.max(【自分で補おう】) # 列方向に最大値，keepdims で次元を維持
        return np.exp(z) / 【自分で補おう】 # 列方向に和をとる，次元は維持

    # y:出力，d:ラベル，式 (5.3)，(5.5)の実装
    def cross_entropy_error(self, y, d):
        eps = 1e-7
        return - np.sum(【自分で補おう】)

    def compute_loss(self, x, d): # 式 (5.7)，(5.14)の実装
        y = self.softmax(【自分で補おう】) # 式 (5.7)の実装
        error = self.cross_entropy_error(y, d)
        grad = 【自分で補おう】 # 式 (5.14)の実装
        return error, grad

    def gradient_descent(self, x, y):
        loss_history = np.zeros(self.max_iter) #  最大反復回数分を初期化
        for i in range(【自分で補おう】): # 最大反復回数分を実行
            loss_history[i], grad = self.compute_loss(x, y)
            self.w = 【自分で補おう】 # 式 (5.10)の実装
        return loss_history

    def fit(self, x, y): # 学習
        N, p = x.shape  # N:データ数，p:説明変数の数
        K = len(set(y))   # クラスの数
        self.w = np.zeros((p + 1, K))    # 重みw を 0 で初期化，(p+1)×K
        X = np.hstack((np.ones((N, 1)), x.reshape(N, -1)))  # 行列X の作成，水平方向につなげる
        # 目的変数をone hot 表現に，values を指定すると array に変換される
        target = pd.get_dummies(y).values
        self.loss = self.gradient_descent(X, target)

    def predict(self, X): # 予測
        N, p = 【自分で補おう】  # N:データ数，p:説明変数の数(p は使わない)
        X = 【自分で補おう】  # 行列X の作成，水平方向につなげる
        tmp = 【自分で補おう】 # 式 (5.7)の実装
        pred_class = 【自分で補おう】   # 予測クラスtmp の値が列方向に見て最大となる添え字をクラスと予測
        return pred_class

    def accuracy_score(self, x, y): # 正解率
        return 【自分で補おう】 # x の予測と y が一致した割合（平均）を計算

```

```
# メインプログラム スタート
iris = load_iris()
# すべてのデータの 0, 2列目(花びらの長さ, がく片の長さ)を説明変数として利用
X = 【自分で補おう】 # すべてのデータの 0, 2列目(花びらの長さ, がく片の長さ)を抽出
Y = 【自分で補おう】# 目的変数をY に代入

# 学習
mymodel = MySoftmaxRegression() # モデルの初期化
mymodel.fit(X, Y) # 学習

# 正解率の表示
print("正解率 (train): ", mymodel.【自分で補おう】)

# 分類結果を描画
plt.figure(figsize=(12,5)) # 横 12, 縦 5
plt.subplot(【自分で補おう】) # 縦に 1分割, 横に 2分割, 左上から数えて 1番目
plot_decision_regions(X, Y, clf=mymodel, legend=2)
# グラフの情報を付加
plt.xlabel('sepal length [cm]')
plt.ylabel('petal length [cm]')
plt.title('Softmax Regression on Iris')

# loss の履歴をプロット
plt.subplot(【自分で補おう】) # 縦に 1分割, 横に 2分割, 左上から数えて 2番目
plt.plot(mymodel.loss)
plt.xlabel("iteration")
plt.ylabel("loss")
plt.show()
```

実行例

```
正解率 (train):  0.9533333333333334
```

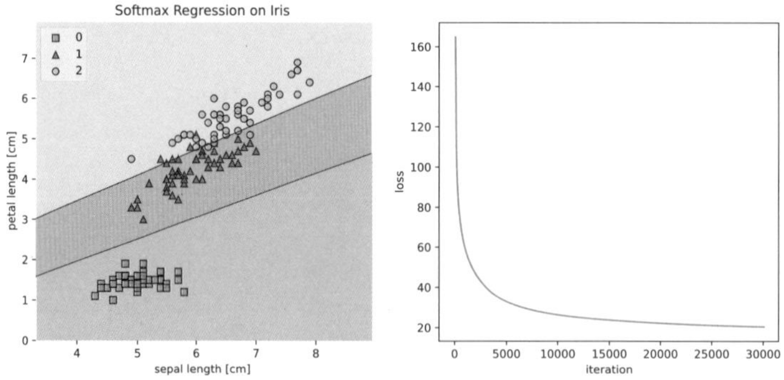

課題 5.5　ソースコード 5.6 の実行結果を確認せよ．また，結果に対する自分の考えや解釈を述べよ．その際，学習率 η や反復回数（エポック数）をいろいろと変えてみよう．

第 6 章
決　定　木

決定木（decision tree）とは，樹木のような構造を持った分類アルゴリズムです．決定木は回帰にも利用できます．これらのイメージ図を 6.1，6.2 に示しますが，回帰に使う決定木を**回帰木**（regression tree），分類に使う決定木を**分類木**（classification tree）といいます．

図の四角で囲まれた部分を**ノード**（node）といい，最上位のノードを**ルートノード**（root node），最下位のノードを**リーフノード**（leaf node），ルートノードとリーフノード以外のノードを**内部ノード**（internal node）といいます．また，ノード間を結ぶ線分を**エッジ**（edge）といい，あるノードから分岐して下に伸びるエッジの出発点になるノードのことを**親ノード**（parent node）といいます．逆に，あるノードから分岐して下に伸びるエッジの先にあるノードのことを**子ノード**（child node）といいます．

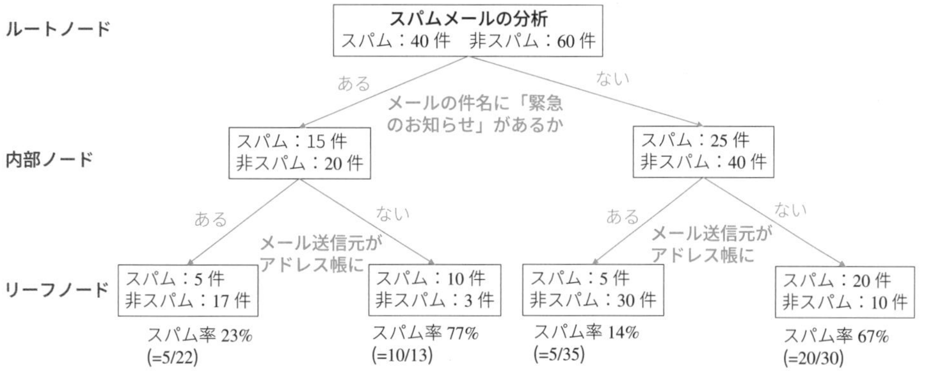

図 6.1: 分類木

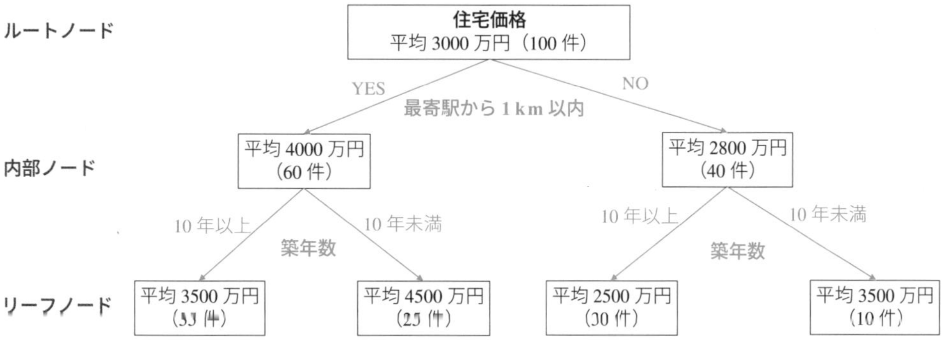

図 6.2: 回帰木

なお，これ以降では，主に分類木について説明します．

6.1 決定木の概要

決定木の作成手順は以下の通りです．

(1) 不純度が最も減少，つまり，情報利得が最も増加するような条件分岐を作り，データを振り分ける．

(2) このプロセスを事前に定めた停止条件が満たされるまで繰り返す．

この手順は極めて単純です．木の最大深度やノードのデータの最小数という制約は，事前にエンジニアが設定すべきハイパーパラメータです．

もう少し詳しく説明しましょう．決定木を作成するには，まず，決定木のルート（根）から始めて，**情報利得**（information gain：分割後の集合の要素についてのばらつきの減少）が最大となる特徴量でデータを分割します．そして，リーフが純粋になる（すなわち，分割後のデータのばらつきがなくなる）まで，この分割をノード（分岐条件）ごとに繰り返します．

リーフが純粋になるというのは，各リーフの訓練データがすべて同じクラスに所属することを意味します．ただし，リーフが純粋になるまで分割を繰り返すと非常に多くのノードを持つ深い決定木が生成され，過学習を引き起こす可能性があります．そのため，通常は決定木の最大深度に制限を設け，決定木を**剪定**（prune）します．

作成された決定木の図を参照すれば，決定木が訓練データセットから判定した分割を正確にたどることができます．決定木を用いた分類では，分類までの道筋が説明変数による条件分岐として表現されるため，解釈性が非常に高いです．また，決定木は学習結果を木構造で表現することができるため，説明変数と目的変数の因果関係を把握しやすいモデルです．このようなモデルは**意味解釈可能性**（interpretability：得られた結果の意味を解釈しやすいかどうか）が高いモデルと呼ばれています．

それ以外にも，決定木には，データのスケールを事前に整える必要はない，というメリットがあります．つまり，データの正規化や標準化は不要です．数値の分割条件を値の大小関係として与えるため，特徴量をスケーリングしても，閾値の値が変化するだけで，データ点の分割には影響を及ぼしません．

6.2 情報利得と不純度

最も情報利得の高い特徴量でノードを分割するために，情報利得を，次のように定義します．

$$\mathrm{IG}(D_p, f) = I(D_p) - \sum_{j=1}^{m} \frac{N_j}{N_p} I(D_j) \tag{6.1}$$

ここで，f は分割を行う特徴量であり，D_p は親のデータセット，D_j は j 番目の子ノードのデータセット，m はノード数です．I は**不純度**（impurity）と呼ばれる指標で，「クラスの混じり具合」を表します．また，N_p は親ノードのデータ点の総数，N_j は j 番目の子ノードのデータ点の個数です．このように，情報利得は，「親ノードの不純度 $I(D_p)$」と「子ノードの不純度の合計 $\sum_{j=1}^{m} \frac{N_j}{N_p} I(D_j)$」との差です．そのため，子ノードの不純度が低いほど，情報利得は大きくなります．

式 (6.1) では，m 個のノードを対象として，情報利得を定式化していますが，話を簡単にするため，2 分決定木を考えましょう．つまり，親ノードはそれぞれ 2 つの子ノード D_{left} と D_{right} にわかれるものとします．

$$\mathrm{IG}(D_p, f) = I(D_p) - \frac{N_{\mathrm{left}}}{N_p} I(D_{\mathrm{left}}) - \frac{N_{\mathrm{right}}}{N_p} I(D_{\mathrm{right}}) \tag{6.2}$$

2 分決定木でよく使われる不純度は，**ジニ不純度**（Gini impurity），**エントロピー**（entropy），**分類誤差**（classification error）の 3 つです．ジニ不純度は I_G，エントロピーは I_H，分類誤差は I_E で表記します．

なお，分類誤差は**誤り率**（error rate）とも呼ばれます．

6.2.1 エントロピー

クラス数を K としたとき，すべての空ではないクラス i に対して，エントロピーは次式で定義されます．

$$I_H(t) = -\sum_{i=1}^{K} p(i|t) \log_2 p(i|t) \tag{6.3}$$

ここで，空でないクラスとは，$p(i|t) \neq 0$ となるクラス i を指します．また，$p(i|t)$ は，特定のノード t においてクラス i に属しているデータ点の割合を表します．したがって，ノードのデータ点がすべて同じクラスに所属している場合，エントロピーは 0 となります．

実際，2 値分類の場合，式 (6.3) は，

$$I_H(t) = -p(i=1|t) \log_2 p(i=1|t) - p(i=0|t) \log_2 p(i=0|t) \tag{6.4}$$

となります．$p(i=1|t) = 1$ のときは $p(i=0|t) = 0$ となり，$I_H(t) = -1 \times \log_2 1 - 0 \times \log_2 0 = 0$ となります．ここで，$0 \log_2 0 = 0$ とします．同様に，$p(i=1|t) = 0$ のときは $p(i=0|t) = 1$ となり，$I_H(t) = -0 \times \log_2 0 - 1 \times \log_2 1 = 0$ となります．このように，2 値分類においてエントロピーが 0 になるのは，$p(i=1|t) = 1$ または $p(i=0|t) = 0$ の場合です．一方，エントロピーが最大になるのは，各クラスが一様に分布している場合です．2 値分類でエントロピーが 1 になるのは，クラスが $p(i=1|t) = 0.5$ および $p(i=0|t) = 0.5$ で一様に分布している場合です．

よって，エントロピーは，どちらかの確率がわかると，もう一方の確率がわかる状況を作り出すための指標となります．

課題 6.1　$0 \log_2 0 = 0$ としてよい理由を述べよ．

6.2.2 ジニ不純度

ジニ不純度は，次式で定義され，誤分類の確率を最小化する条件と解釈できます．

$$I_G(t) = \sum_{i=1}^{K} p(i|t)(1 - p(i|t)) = 1 - \sum_{i=1}^{K} p(i|t)^2 \tag{6.5}$$

エントロピーと同様に，ジニ不純度が最大になるのは，クラスが完全に混合している場合です．2 値分類問題 $K = 2$ の場合は次のようになります．

$$I_G(t) = 1 - \sum_{i=1}^{K} 0.5^2 = 0.5 \tag{6.6}$$

ジニ不純度とエントロピーは非常によく似た結果となるのが一般的です．

6.2.3 分類誤差

不純度のもう 1 つの指標は分類誤差で，次式で定義されます．

$$I_E(t) = 1 - \max_i p(i|t) \tag{6.7}$$

分類誤差 I_E は，直観的には，すべてのデータ点が最大の条件付き確率を与えるクラスに属すると予測したときに，間違えるデータ点の割合を表す指標です．

なお，分類木では分類誤差はあまり用いられません．たとえば，図 6.3 のような 2 種類の分割 A と B を考えます．このとき，分割 B の方が良さそうに見えます．しかしながら，

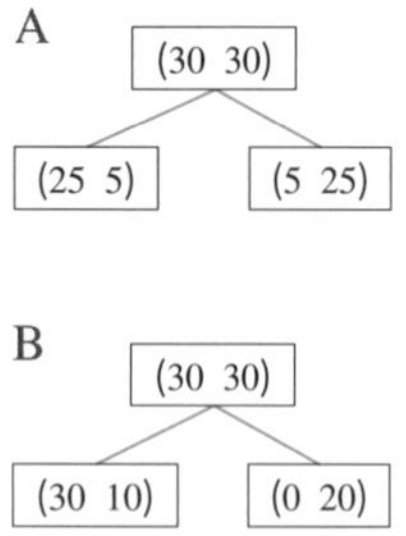

図 6.3: 2 種類の分割

親ノードの不純度 $I_E(D_p) = 1 - \frac{30}{60} = \frac{1}{2}$

分割 A：左側の子ノードの不純度 $I_E(D_{\text{left}}) = 1 - \max\left(\frac{25}{30}, \frac{5}{30}\right) = \frac{1}{6}$

分割 A：右側の子ノードの不純度 $I_E(D_{\text{right}}) = 1 - \frac{25}{30} = \frac{1}{6}$

分割 A：情報利得 $\mathrm{IG}_E = \frac{1}{2} - \frac{30}{60} \cdot \frac{1}{6} - \frac{30}{60} \cdot \frac{1}{6} = \frac{1}{3}$

であり，同様に計算すれば，分割 B の情報利得も $\frac{1}{3}$ であることがわかります．そのため，分割 A と分割 B の優劣が決まりません．

課題 6.2 分割 B において，情報利得が $\frac{1}{3}$ となることを確認せよ．

6.3 ランダムフォレスト

どの問題に対しても分類性能が優れている学習器は存在しないということが**ノーフリーランチ定理**（no-free lunch theorem）として知られています．そのため，複数の学習器を組み合わせて 1 つの学習器を構築することがよく行われます．このように複数のモデルで学習させることを**アンサンブル学習**（ensemble learning）といいます．また，決定木は不安定な学習器であるといわれています．それは，データが変化すると木構造や判別ルールが大きく変わってしまいがちだからです．実際，ルートノードで分割が変化してしまうと，各ノードにその変化が伝播してしまい，リーフノードに伝わるころには非常に大きな変化となってしまいます．そのため，決定木にアンサンブル学習を組み合わせて精度を安定させることが行われます．

バギング（Bagging：Bootstrap AGGregatING）とは，アンサンブル学習の一種で，複数のモデルを使用し，それらの多数決をとって予測結果とします．これにより，安定して良い精度が出るようになります．バギングでは，もとのデータセットからブートストラップ標本を生成し，それぞれについて学習アルゴリズム（決定木など）を適用することにより，複数のモデルを訓練します．

ここで，**ブートストラップ標本**（bootstrap sampling）とは，もとのデータセットからランダムにデータを抽出（復元抽出）して作られた新しいデータセットのことを指します．

そして，決定木にバギングを組み合わせた手法を**ランダムフォレスト**（random forest）といいます．ランダムフォレストでは，データをリサンプリングすることで，複数の単純な学習器（**弱学習器**（weak learner））を生成し，それらを組み合わせることで最終的な学習器を作成します．そして，それぞれの分類結果を用いて多数決をとることで最終的な出力を決定します．

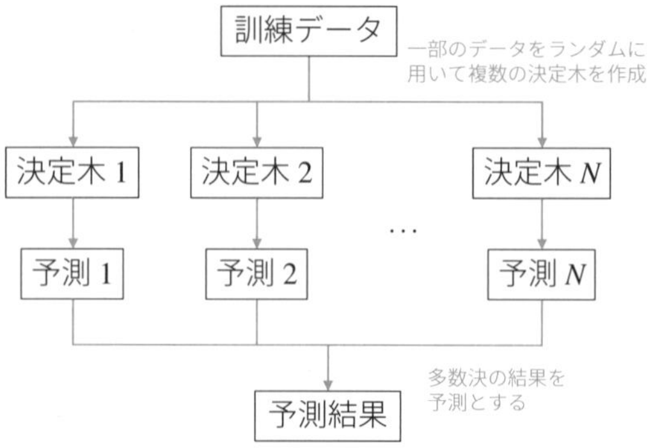

図 6.4: ランダムフォレスト

6.4　ブースティング

ブースティング（boosting）もバギングと同様，一部のデータを繰り返し抽出し，複数のモデルを学習させるアプローチをとります．バギングとの違いは，複数のモデルを一気に並列に作成するか（バギング），逐次的に作るか（ブースティング）になります．

ブースティングは，まず 1 つのモデルを作成し，学習します．次に作成するモデルでは，そこで誤認識してしまったデータを優先的に正しく分類できるように学習します．こうして順次，前のモデルで誤ったデータに重みを付けて学習を進めていき，最終的に 1 つのモデルとして出力を行います．

ブースティングも，モデル部分では決定木が用いられており，**勾配ブースティング**（gradient boosting）やアダプティブブースティング，略して**アダブースト**（AdaBoost：ADAptive BOOSTing）などが有名です．逐次的に学習を進めていく分，一般的にはランダムフォレストよりもこれらのブースティングのモデルの方がいい精度が得られます．その一方，ブースティングは並列処理ができないため，学習にかかる時間は多くなります．

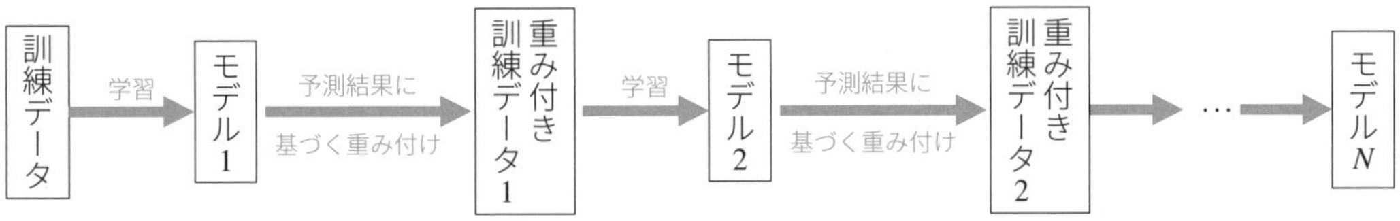

図 6.5: ブースティング

6.5　ウォーミングアップ

今回の課題でワインデータを使うので，その読み込みの練習しておきましょう．ワインデータセットは，イタリアの同じ地域で育てられた 3 つの異なる品種のワインについての化学分析結果をまとめたもので，ワインの各種化学成分を含む 13 種類の特徴量と，ワインの品種を表す目的変数（3 クラスのカテゴリ変数）から成り立っています．

ソースコード 6.1: 今回のウォーミングアップ

```
import pandas as pd
from sklearn.datasets import load_wine # ワインデータ

# ワインデータの読み込みと表の作成
wine = load_wine() # ワインデータのロード
wine_df = pd.DataFrame(wine.data) # 説明変数をデータフレームに
wine_df.columns = wine.feature_names # 先頭行に列名を追記
display(wine_df.head()) # データフレームを表示
display(wine_df.describe().iloc[1:3,:]) # 平均と標準偏差を表示

# 目的変数をDataFrameに新たな列（'Class'）として追加
wine_df['Class'] = wine.target
# 0, 20, 40, 60, 80, 100, 120, 140, 160行目の 9,12,13列を表示
display(wine_df.iloc[[0, 20, 40, 60, 80, 100, 120, 140, 160],[9, 12, 13]])
```

実行例

	alcohol	malic_acid	ash	alcalinity_of_ash	magnesium	total_phenols	flavanoids	nonflavanoid_phenols	proa
0	14.23	1.71	2.43	15.6	127.0	2.80	3.06	0.28	
1	13.20	1.78	2.14	11.2	100.0	2.65	2.76	0.26	
2	13.16	2.36	2.67	18.6	101.0	2.80	3.24	0.30	
3	14.37	1.95	2.50	16.8	113.0	3.85	3.49	0.24	
4	13.24	2.59	2.87	21.0	118.0	2.80	2.69	0.39	

	alcohol	malic_acid	ash	alcalinity_of_ash	magnesium	total_phenols	flavanoids	nonflavanoid_phe
mean	13.000618	2.336348	2.366517	19.494944	99.741573	2.295112	2.029270	0.36
std	0.811827	1.117146	0.274344	3.339564	14.282484	0.625851	0.998859	0.12

	color_intensity	proline	Class
0	5.64	1065.0	0
20	5.65	780.0	0
40	6.13	795.0	0
60	3.27	680.0	1
80	2.50	278.0	1
100	3.30	710.0	1
120	3.25	625.0	1
140	4.60	600.0	2
160	7.65	520.0	2

課題 6.3　ソースコード 6.1 の実行結果を確認せよ．

6.6　scikit-learn による決定木の実装

決定木による分類を scikit-learn で行う場合には，`DecisionTreeClassifier` クラスを使います．また，作成された決定木を描画するには `plot_tree` 関数を用います．

ここでは，ワインデータを使って，決定木による分類を行ってみましょう．ここで，`DecisionTreeClassifier` のハイパーパラメータの意味は次の通りです．

`criterion`	不純度．gini はジニ不純度，entropy はエントロピー．
`max_depth`	木の深さ．深いほど過学習する恐れあり．
`random_state`	乱数のシード．

なお，決定木やランダムフォレストの場合は，特徴量の標準化は不要です．

ソースコード 6.2: 決定木による分類

```
【Matplotlib, scikit-learn のワインデータのインポート】
from sklearn.tree import DecisionTreeClassifier # 決定木(分類)
from sklearn.tree import plot_tree # 決定木を描画するためのライブラリ

# ワインデータのダウンロード
wine = load_wine()
X = wine.data
y = wine.target

# 決定木のモデルを作成，ジニ不純度を指定，木の深さが 2
dtmodel = DecisionTreeClassifier(criterion='gini', max_depth=2, random_state=0)

# モデルの訓練
dtmodel.fit(X, y)

# 決定木の描画
plt.figure(figsize=(16,9))
plot_tree(dtmodel, feature_names=wine.feature_names, # 説明変数名を指定
          class_names=list(wine.target_names), # クラス名を表示
          filled=False, # 色付け
          rounded=True, # 各ノードの角を丸くする
          fontsize=12, # 文字サイズ
          proportion=True, # データ数を比率で出力
```

```
            precision=2 # 小数点以下第 2位まで表示(デフォルトは 3)
        )
plt.show()
```

実行例

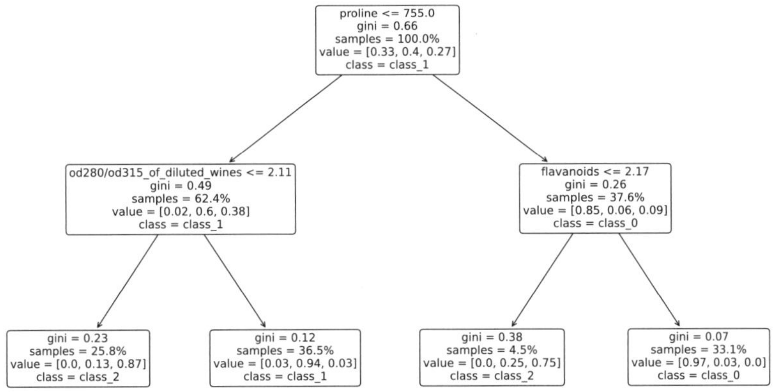

根の部分，つまり，先頭のノードに着目すると，ジニ不純度が 0.66，訓練データすべて（100%）のうち，クラス 0 が 33%，クラス 1 が 40%，クラス 2 が 27% で，最終的にクラス 1 に分類されたことがわかります．次に，根の右下の部分に着目すると，ジニ不純度が 0.26，訓練データの 37.6% のうち，クラス 0 が 85%，クラス 1 が 6%，クラス 2 が 9% であり，最終的にクラス 0 に分類されたことがわかります．

課題 6.4 ソースコード 6.2 の実行結果を確認せよ．そして，得られた結果の意味を解釈せよ．また，不純度としてエントロピーを使った場合は，どのようになるかを確認せよ．

ソースコード 6.2 だと，すべての説明変数を使っているため，分類結果を領域表示できません．そこで，これまでやったように説明変数としてワインデータの 9 列目と 12 列目の 2 つを選び，これらを使って分類してみましょう．領域表示には，これまでと同様に Mlxtend の `plot_decision_regions` 関数を用います．

ソースコード 6.3: 決定木による分類結果を表示

```
【plot_decision_regions をインポート】

# 9列目と 12列目のみを利用
Xp = wine.data[【自分で補おう】]

# 決定木のモデルを作成，ジニ不純度を指定，木の深さは 2，random_state=0
dtmodel2 = DecisionTreeClassifier(criterion='gini', max_depth=2, random_state=0)

# モデルの訓練
dtmodel2.fit(Xp, y)

# 決定木の描画
plt.figure(figsize=(16,9))
plot_tree(dtmodel2, feature_names=[wine.feature_names[9],【自分で補おう】], # 説明変数名を指定
          class_names=list(wine.target_names), # クラス名を表示
          filled=True, # 色付け
          rounded=True, # 各ノードの角を丸くする
          fontsize=12, # 文字サイズ
```

```
            proportion=True, # データ数を比率で出力
            precision=2 # 小数点以下第2位まで表示(デフォルトは3)
        )
plt.show()

# 分類結果を表示
plot_decision_regions(Xp, y, clf=【自分で補おう】)

plt.xlabel(wine.feature_names[9])
plt.ylabel(【自分で補おう】)
plt.legend(loc='upper left')
plt.show()
```

実行例

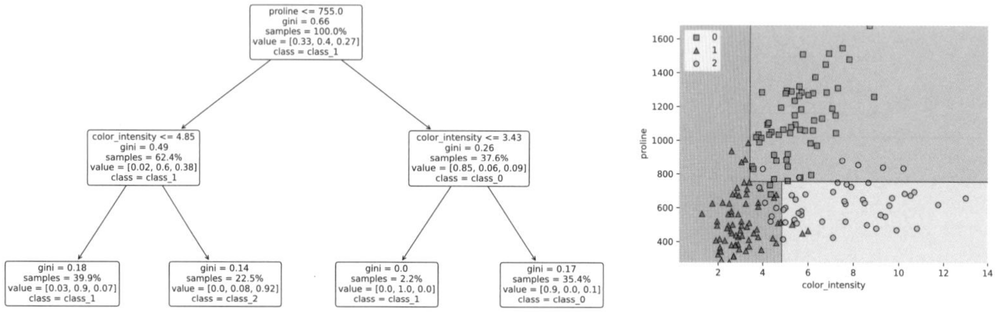

課題 6.5　ソースコード 6.3 の実行結果を確認せよ．そして，得られた結果の意味を解釈せよ．また，不純度としてエントロピーを使った場合は，どのようになるかを確認せよ．

課題 6.6　Iris データの 2 列目と 3 列目（`iris.data[:, [2, 3]]`）を使って，決定木を作成し，決定木および分類結果領域を表示せよ．また，得られた結果の意味を解釈せよ．なお，決定木の深さや不純度は各自で決めてよい．

6.7　scikit-learn によるランダムフォレストの実装

ここでは，ソースコード 6.2 の 9〜12 行目のようにワインデータが読み込まれているとします．

scikit-learn でランダムフォレストによる分類を行う場合は，`RandomForestClassifier` クラスを使います．

なお，`RandomForestClassifier` で指定するハイパーパラメータの意味は次の通りです．

bootstrap	復元抽出の有無を指定．
criterion	不純度．gini はジニ不純度，entropy はエントロピー．
max_depth	木の深さ．None の場合は不純度がゼロになるまで決定木を成長させる．
n_estimators	作成する決定木の数．
random_state	乱数のシード．
n_jobs	並列処理に使う CPU のコア数．

scikit-learn では，ある特徴量の分割が目的の分類にどのくらい寄与しているかを測る指標として重要度を求める関数が用意されています．詳細は省略しますが，この重要度はジニ不純度を用いて求められ，

scikit-learn では，`feature_importances_` メソッドを用いて重要度を求めることができます．数字が高いほど重要度が高いです．

ソースコード 6.4: ランダムフォレストによる分類

```
【必要なライブラリのインポート】
from sklearn.ensemble import RandomForestClassifier

# ワインデータのダウンロード
wine = 【自分で補おう】
X = 【自分で補おう】# 説明変数
y = 【自分で補おう】# 目的変数

# 訓練データとテストデータに分割，テストデータ 20%，random_state=0
X_train, X_test, y_train, y_test = 【自分で補おう】

# ランダムフォレストのモデルを作成
rfmodel = RandomForestClassifier(bootstrap=True, n_estimators=10, criterion='gini', max_depth=None
    , random_state=1)

# モデルの訓練
rfmodel.fit(X_train, y_train)

# accuracy_score による正解率
y_test_pred = rfmodel.predict(X_test)
print('accracy_score による正解率(test):{:.4f}'.format(accuracy_score(y_test, 【自分で補おう】)))

# ランダムフォレストのモデルを作成
rfmodel = RandomForestClassifier(bootstrap=True, n_estimators=10, criterion='gini', max_depth=None
    , random_state=1)

# モデルの訓練
rfmodel.fit(X_train, y_train)

# accuracy_score による正解率
y_test_pred = rfmodel.predict(X_test) # 予測
print('accracy_score による正解率(test):{:.4f}'.format(accuracy_score(y_test, y_test_pred)))

# 特徴量重要性を計算
importances = rfmodel.feature_importances_

# 特徴量重要性を降順にソート
indices = np.argsort(importances)[::-1]

# 特徴量の名前をソートした順に並べ替え
names = [wine.feature_names[i] for i in indices]

plt.figure(figsize=(8,4)) # プロットのサイズ指定
plt.title("Feature Importance") # プロットのタイトルを作成
plt.bar(range(X.shape[1]), importances[indices]) # 棒グラフを追加
plt.xticks(range(X.shape[1]), names, rotation=90) # X 軸に特徴量の名前を追加

plt.show() # 表示
```

ランダムフォレストにすると，分類精度は上がりますが，その結果の解釈が難しくなります．解釈性の向上に，特徴量の重要度が役立ちます．

実行例

```
accracy_score による正解率
(test):0.9444
```

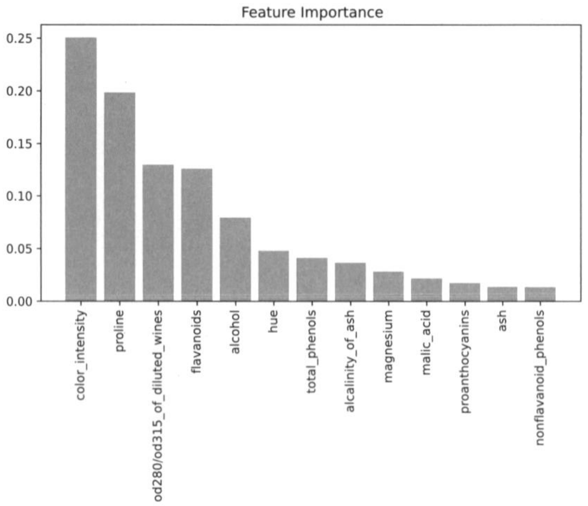

課題 6.7　ソースコード 6.4 を実行し，この結果に対する自分の考えや解釈を述べよ．

課題 6.8　Iris データの 2 列目と 3 列目（`iris.data[:, [2, 3]]`）を使って，ランダムフォレストによる分類をし，その結果を領域表示せよ．ただし，テストデータの割合は 30% とする．なお，ハイパーパラメータは各自で決めてよい．

6.8　Python による決定木の実装

分割を行う特徴量を f，親のデータセットを D_p，j 番目の子ノードのデータセットを D_j，親ノードのデータ数を N_p，j 番目の子ノードのデータ数を N_j，不純度を I とすれば，情報利得は

$$\mathrm{IG}(D_p, f) = I(D_p) - \sum_{j=1}^{m} \frac{N_j}{N_p} I(D_j)$$

と表されます．これを最大にするには，

$$\sum_{j=1}^{m} \frac{N_j}{N_p} I(D_j) \tag{6.8}$$

を最小にします．ここでは，不純度としてジニ不純度

$$I_G(j) = 1 - \sum_{k=1}^{K} P(k|j)^2 \tag{6.9}$$

を用います．ただし，K はクラス数で，$p(k|j)$ は特定のノード j においてクラス k に属しているデータの割合です．結局のところ，

$$\sum_{j=1}^{m} \frac{N_j}{N_p} \left\{ 1 - \sum_{k=1}^{K} P(k|j)^2 \right\} \tag{6.10}$$

を最小にすればかまいません．

ここでは，決定木を作成する `Node` クラスと分類を行う `MyDecisionTree` クラスを作成します．詳細はソースコード 6.5 のコメントを見てください．

ソースコード 6.5: 決定木の実装

```
【必要なライブラリのインポート】

def gini_idx(data, target, ft_idx, threshold): # ジニ不純度の計算
    gini = 0 # 0で初期化
    Np = len(target) # サンプル数Np を目的変数の長さで取得

    # 閾値以上の部分と未満の部分に分ける
    split_target = [target[data[:, ft_idx] >= threshold], target[data[:, ft_idx] < threshold]]

    for group in split_target:
        score = 0
        classes = np.unique(group) # group におけるユニークな要素の値・個数・位置を取得
        for k in classes:
            p = np.sum(【自分で補おう】)/len(group) # 式 (6.9)のp(k|j)の計算
            score +=【自分で補おう】# 式 (6.9)の右辺第 2項の計算
        gini += (1- score) * (len(group)/【自分で補おう】) # 式 (6.10)の計算
    return gini

def best_split(data, target):
    # ジニ不純度の最小gini_min, そのときの閾値 best_thrs と説明変数 best_f を求める
    features = data.shape[1] # 説明変数の次元(説明変数の種類の数)
    best_thrs = None # 閾値
    best_f = None # 説明変数
    gini = None # ジニ不純度
    gini_min = 1

    for ft_idx in range(features): # 説明数の次元の数だけ調べる
        values = data[:, ft_idx] # 値を取り出す
        for val in values: # すべての値について調べる
            gini = gini_idx(data, target, ft_idx, val)
            if gini_min > gini:
                gini_min =【自分で補おう】# ジニ不純度の最小値を求める
                best_thrs = val # その時の値を閾値とする
                best_f = ft_idx
    return gini_min, best_thrs, best_f

class Node(object): # ノードを生成するクラス
    def __init__(self, data, target, max_depth):
        self.left = None # 左ノード
        self.right = None # 右ノード
        self.max_depth = max_depth # 深さの最大値
        self.depth = None # 深さ
        self.data = data # 説明変数
        self.target = target# 目的変数
        self.threshold = None # 閾値
        self.feature = None # 特徴量の順番(何番目の特徴量かを示す)
        self.gini_min = None # ジニ不純度の最小値
        self.label = np.argmax(np.bincount(target)) # 目的変数の最頻値でラベルを初期化

    def split(self, depth):
        self.depth = depth
        self.gini_min, self.threshold, self.feature = best_split(self.data, self.target)
        # 分割する際のパラメータを取得
        print('深さ: {}, 判定に利用された特徴量: {},閾値: {:.2f}, 分類されたクラス: {}'.format(self.
```

```
    depth, self.feature, self.threshold, self.label))
        # 深さがmax_depthに達するかジニ不純度が0のとき停止
        if self.depth == self.max_depth or self.gini_min【自分で補おう】:
            return
        idx_left = self.data[:, self.feature] >= self.threshold # 左側を閾値以上
        idx_right = self.data[:, self.feature]【自分で補おう】# 右側を閾値未満
        # 再帰で左側ノードを生成
        self.left = Node(self.data[idx_left],  self.target[idx_left], self.max_depth)
        # 再帰で右側ノードを生成
        self.right = Node(self.data[idx_right],【自分で補おう】)
        self.left.split(self.depth +1) # 左側の深さを1つ増やして分割
        self.right.split(【自分で補おう】) # 右側の深さを1つ増やして分割

    def predict(self, data):
        # 深さがmax_depthに達するかジニ不純度が0のとき
        if self.gini_min【自分で補おう】or self.depth == self.max_depth:
            return self.label                               # そのときのラベルを予測とする
        else:
            if data[self.feature] >= self.threshold:  # 閾値以上であれば左側ノードとする
                return self.left.predict(data)
            else:                                     # そうでなければ右側ノードとする
                return【自分で補おう】

class MyDecisionTree(object): # 分類用のクラス
    def __init__(self, max_depth):
        self.max_depth = max_depth # 深さの最大値
        self.tree = None

    def fit(self, data, target): # 学習
        init_depth = 0 # 最初の深さは0
        self.tree = Node(data, target, self.max_depth)
        self.tree.split(init_depth)

    def predict(self, data): # 予測
        pred = []
        for s in data:
            pred.append(self.tree.predict(s))
        return np.array(pred)


iris = load_iris() # Irisデータの読み込み
data = iris.data   # 説明変数
target = iris.target # 目的変数

# 訓練データとテストデータに分ける, test_size=0.2, random_state=2
X_train, X_test, y_train, y_test =【自分で補おう】

mydtmodel = MyDecisionTree(max_depth=3) # モデルの生成
mydtmodel.fit(X_train, y_train) # 訓練データで学習
y_pred = mydtmodel.predict(X_test) # テストデータで予測
print('accracy_scoreによる正解率(test): {}'.format(accuracy_score(【自分で補おう】))) # 正解率を表示

print("予測結果 \n",【自分で補おう】)
print("正解 \n", y_test)
print("正解-予測",【自分で補おう】)
```

実行例

```
深さ: 0, 判定に利用された特徴量: 2, 閾値: 3.00, 分類されたクラス: 1
深さ: 1, 判定に利用された特徴量: 3, 閾値: 1.70, 分類されたクラス: 1
深さ: 2, 判定に利用された特徴量: 2, 閾値: 4.90, 分類されたクラス: 2
深さ: 3, 判定に利用された特徴量: 0, 閾値: 7.70, 分類されたクラス: 2
深さ: 3, 判定に利用された特徴量: 1, 閾値: 3.20, 分類されたクラス: 2
深さ: 2, 判定に利用された特徴量: 2, 閾値: 5.00, 分類されたクラス: 1
深さ: 3, 判定に利用された特徴量: 3, 閾値: 1.60, 分類されたクラス: 2
深さ: 3, 判定に利用された特徴量: 0, 閾値: 5.60, 分類されたクラス: 1
深さ: 1, 判定に利用された特徴量: 0, 閾値: 5.10, 分類されたクラス: 0
accracy_score による正解率 (test): 0.9666666666666667
予測結果
 [0 0 2 0 0 2 0 2 2 0 0 0 0 0 1 1 0 1 2 1 2 1 2 1 1 0 0 2 0 2]
正解
 [0 0 2 0 0 2 0 2 2 0 0 0 0 0 1 1 0 1 2 1 1 1 2 1 1 0 0 2 0 2]
正解-予測 [ 0  0  0  0  0  0  0  0  0  0  0  0  0  0  0  0  0  0  0  0 -1  0  0  0
  0  0  0  0  0  0]
```

課題 6.9 ソースコード 6.5 を実行せよ．また，実行結果を scikit-learn の `DecisionTreeClassifier` クラスによる結果と比較せよ．これからどのようなことがいえるかを述べよ．

第 7 章

ナイーブベイズ分類

ナイーブベイズ分類器（naive Bayes classifer）は，ベイズの定理に基づいた分類アルゴリズムで，テキスト分類などに利用されています．naive を「単純」と訳して，ナイーブベイズを**単純ベイズ**ということもあります．

また，本章では，分類問題のモデル性能評価で利用される混同行列と主な指標についても説明します．混同行列は，分類結果を視覚的にわかりやすく表示するのに役立ちます．

7.1 ナイーブベイズ分類

まずは確率統計で学ぶベイズの定理を思い出しましょう．

ベイズの定理

定理 7.1 事象 $A_1, A_2, \ldots, A_n$ が互いに排反であり，

$$\Omega = A_1 \cup A_2 \cup \cdots \cup A_n$$

ならば，任意の事象 B に対して次が成り立つ．

全確率の定理

$$\begin{aligned} P(B) &= P(A_1)P(B \mid A_1) + \cdots + P(A_n)P(B \mid A_n) \\ &= \sum_{i=1}^{n} P(A_i)P(B \mid A_i) \end{aligned}$$

ベイズの定理

$$P(A_i \mid B) = \frac{P(B \cap A_i)}{P(B)} = \frac{P(A_i)P(B \mid A_i)}{\sum_{i=1}^{n} P(A_i)P(B \mid A_i)}$$

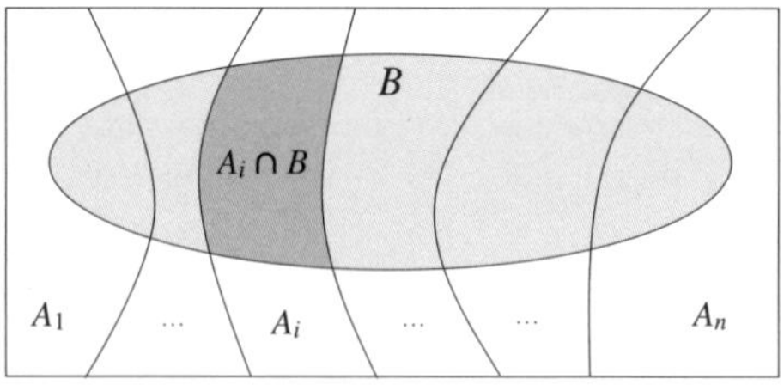

図 7.1: $B = \bigcup_{i=1}^{n}(A_i \cap B)$

y を目的変数，説明変数を $x_1, x_2, \ldots, x_p$ とし，ベイズの定理において $A_i = \{y\}$，$B = \{x_1, x_2, \ldots, x_p\}$ とすれば，与えられた説明変数をもとに，そのサンプルがクラス y に属する確率を次のような式で計算できます．

$$P(y \mid x_1, \ldots, x_p) = \frac{P(y)P(x_1, \ldots x_p \mid y)}{P(x_1, \ldots, x_p)} \tag{7.1}$$

ここで，$P(y)$ を**事前確率**（prior probability），$P(x_1, \ldots x_p \mid y)$ を**尤度**（likelihood）と呼びます．

ナイーブベイズのナイーブ（単純）は，各説明変数が互いに独立であるという仮定，つまり，

$$P(X \mid y) = P(x_1, x_2, \ldots, x_p \mid y) = P(x_1 \mid y)P(x_2 \mid y) \cdots P(x_p \mid y) = \prod_{i=1}^{p} P(x_i \mid y) \tag{7.2}$$

が成立するという仮定に由来します．ここで，$X = \{x_1, x_2, \ldots, x_p\}$ としました．結局，式 (7.1) は，この仮

定のもとで

$$P(y \mid X) = \frac{P(y)P(X \mid y)}{P(X)} = \frac{P(y)\prod_{i=1}^{p} P(x_i \mid y)}{P(X)} \tag{7.3}$$

と表せます．各 x_i について，クラスごとの確率 $P(x_i \mid y)$ を求めればよいので，計算が楽になります．そして，ナイーブベイズでは，それぞれのクラスに属する確率が計算されるので，最終的には，そのサンプルを，確率が最も大きいクラスに分類します．

さて，$P(x_1, \ldots, x_p)$ は手元のデータセットに関しては一定の値なので，無視してもかまいません．そのため，式 (7.3) の分子だけ，つまり，

$$P(y \mid x_1, \ldots, x_p) \propto P(y) \prod_{i=1}^{p} P(x_i \mid y) \tag{7.4}$$

を考えればかまいません．ここで，$\propto$ は比例を表します．

最終的には，最も大きな確率が割り当てられるクラスに，サンプルを分類します．

$$\widehat{y} = \arg\max_{y} P(y) \prod_{i=1}^{p} P(x_i \mid y) \tag{7.5}$$

ただし，式 (7.5) の右辺は小さな数の積なので，アンダーフローを起こす可能性があります．そこで，右辺の計算では log をとって積の計算を和に変換し，

$$\widehat{y} = \arg\max_{y} \left\{ \log P(y) + \sum_{i=1}^{p} \log P(x_i \mid y) \right\} \tag{7.6}$$

として $\widehat{y}$ を求めます．

7.2 文 書 分 類

文書分類とは，文書が与えられたときに，たとえばそのカテゴリやトピック，タグを割り当てることです．文書分類には，**bag-of-words** がよく使われています．

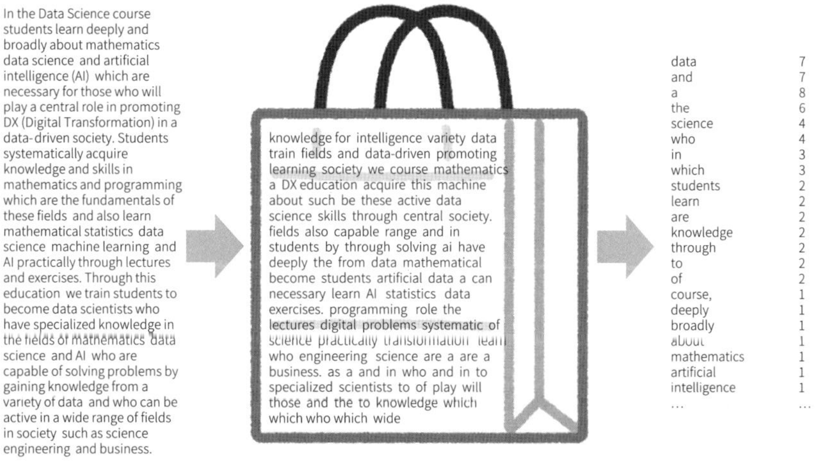

図 7.2: bag-of-words のイメージ

これは，単語の順番や出現位置は考慮せず，出現回数をだけをもとに単語（words）を袋（bag）に詰めるモデルです．このモデルは，文書を確率で表す際に，

(1) 文書は単語の並びである.

(2) 文書中，ある単語が現れる確率は他の単語に依存しない.

(3) 文書中，ある単語が i 番目に現れる確率は i に依存しない.

という仮定を課していることになります.

これら (1)〜(3) の仮定と式 (7.2) より，条件付き確率 $P(X \mid y)$ は，カテゴリ y の文書が単語の集合 $X = \{x_1, x_2, \ldots, x_p\}$（$x_i$ はある単語）で構成されているとき，

$$P(X \mid y) = \prod_{i=1}^{p} P(x_i \mid y) \tag{7.7}$$

となります．これは，

$$P(X \mid y) = \frac{x_1\text{の出現回数}}{y\text{の総単語数}} \times \frac{x_2\text{の出現回数}}{y\text{の総単語数}} \times \cdots \times \frac{x_p\text{の出現回数}}{y\text{の総単語数}}$$

と表されることを意味します．ここで，カテゴリ y の文書において x_i が 1 回出現する確率を p_i とし，出現回数を c_i とすれば，

$$P(X \mid y) = \prod_{i=1}^{p} p_i^{c_i} \tag{7.8}$$

となり，式 (7.8) の右辺は，多項分布とほぼ同じ形をしています．そのため，文書分類でナイーブベイズを用いる際には，**多項分布ナイーブベイズ**（multinomial naive Bayes）が用いられます．念のため，多項分布を示しておきましょう．

多項分布

定理 7.2 事象 $A_1, A_2, \ldots, A_k$ は互いに排反で各事象が起こる確率を $p_i = P(A_i)$（$i = 1, 2, \ldots, k$, $\sum_{i=1}^{k} p_i = 1$）とし，n 個の無作為標本を抽出したとき，A_i が出現した回数を X_i（$i = 1, 2, \ldots, k$, $\sum_{i=1}^{k} X_i = n$）とする．このとき，

$$P(X_1 = x_1, X_2 = x_2, \ldots, X_k = x_k) = \frac{n!}{x_1!x_2!\cdots x_k!} p_1^{x_1} p_2^{x_2} \cdots p_k^{x_k} \tag{7.9}$$

が成り立つ．なお，式 (7.9) の右辺を**多項分布**といい，$p(n; p_1, p_2, \ldots, p_k)$ で表す.

多項分布は，複数のカテゴリがどれだけ観測されるかの確率を表しているので，多項分布ナイーブベイズは出現数または出現レートを表す特徴量に適しています.

課題 7.1 bag-of-words は，意味も考えずにキーワードを拾っているだけです．自分は教科書や試験問題などを読むとき，そのようなことをしていないか，振り返ってみよう.

7.3 TF-IDF

どの文章にも頻繁に出てくる単語の重要度を下げ，頻出頻度の少ない単語の重要度を上げるように単語の重みを調整することも行われます．この調整方法を **TF-IDF**（Term Frequency - Inverse Document Frequency）といいます.

単語の出現回数（TF：Term Frequency）に全文書数に対するその単語が出現する文書数の割合（DF：Document Frequency）の逆数を掛けることで，単語の重みを調整します.

Inverse Document Frequency（IDF：文書頻度の逆数）は次のように定義されます.

$$\mathrm{idf}(t) = \log \frac{n}{1 + \mathrm{df}(t)}$$

ここで df(t) はその単語が出現する文書数を表し，n は全文書数です.

大まかに表現すると，IDF はその単語が出現する文書数の全体に対する割合の逆数と見ることができます.

$$\mathrm{idf}(t) \approx \frac{\text{すべての文書数}}{\text{単語 } t \text{ が出現する文書数}}$$

TF-IDF はこれらを掛け合わせたもので，その単語の出現回数を全文書におけるその単語の出現する文書数の割合で割ることで，頻出単語の重みを小さくするように調整します.

$$\begin{aligned}\text{TF-IDF} &= \text{Term Frequency} \times \text{Inverse Document Frequency} \\ &= \frac{\text{単語 } t \text{ の出現回数}}{\text{単語 } t \text{ の出現する文書数の全体に対する割合}}\end{aligned}$$

7.4　頻 度 0 問 題

訓練データに 1 つも含まれない単語（未知語）が存在すると，その単語の出現頻度は 0 となり，式 (7.8) の確率も 0 となってしまいます．この問題を回避するために，補正（スムージング）を行います．具体的には，カテゴリ y の文書における単語 x_i の出現回数を cnt(x_i, y) とした場合，

$$\begin{aligned}P(x_i \mid y) &= \frac{\mathrm{cnt}(x_i, y)}{y \text{ の総単語数}} = \frac{\mathrm{cnt}(x_i, y)}{\sum_{i=1}^{p} \mathrm{cnt}(x_i, y)} \\ &\approx \frac{\mathrm{cnt}(x_i, y) + 1}{\sum_{i=1}^{p} \{\mathrm{cnt}(x_i, y) + 1\}} = \frac{\mathrm{cnt}(x_i, y) + 1}{\sum_{i=1}^{p} \{\mathrm{cnt}(x_i, y)\} + p}\end{aligned} \tag{7.10}$$

として，補正を行います．このように，ある数字を加えてスムージングする方法を**加算スムージング**（additive smoothing）と呼びます．特に，式 (7.10) のように分母と分子に 1 を加えてスムージングする方法を**ラプラススムージング**（Laplace smoothing）あるいは **1 加算スムージング**（add-one smoothing）と呼びます.

7.5　ガウシアンナイーブベイズ分類

説明変数が連続値の場合，これを正規分布に従うものとして

$$P(y)P(X \mid y) = P(y) \prod_{i=1}^{p} P(x_i \mid y) = P(y) \prod_{i=1}^{p} \frac{1}{\sqrt{2\pi\sigma_y^2}} \exp\left(-\frac{(x_i - \mu_y)^2}{2\sigma_y^2}\right) \tag{7.11}$$

とモデル化すると，モデルの構築や計算が楽になります．式 (7.11) の最右辺を**ガウシアンナイーブベイズ**（Gaussian naive Bayes）といいます．これは，1 つのクラス y について，それぞれのデータの平均値 μ_y と標準偏差 σ_y を 1 組としてモデル化していることになります．これらの値は訓練データから計算され，新たなデータがどのクラスに属するかを予測する際に使用されます.

1 つのクラス y につき，1 組の (μ_y, σ_y) でモデル化しています.

このとき，式 (7.6) は以下のようになります.

$$\widehat{y} = \arg\max_{y} \left\{\log P(y) - \frac{1}{2}\sum_{i=1}^{p} \log(2\pi) - \frac{1}{2}\sum_{i=1}^{p} \log(\sigma_y^2) - \frac{1}{2}\sum_{i=1}^{p} \left(\frac{(x_i - \mu_y)^2}{\sigma_y^2}\right)\right\} \tag{7.12}$$

ただし，$P(y)$ と σ_y^2 がコンピュータ上ではゼロになる可能性があるので，十分小さい $\varepsilon > 0$ を用いて，以

下のように計算します．

$$\widehat{y} = \arg\max_{y} \left\{ \log(P(y) + \varepsilon) - \frac{1}{2}\sum_{i=1}^{p}\log(2\pi) - \frac{1}{2}\sum_{i=1}^{p}\log(\sigma_y^2 + \varepsilon) - \frac{1}{2}\sum_{i=1}^{p}\left(\frac{(x_i - \mu_y)^2}{\sigma_y^2 + \varepsilon}\right)\right\} \tag{7.13}$$

7.6　2 値分類の性能評価

混同行列（confusion matrix）とは，主に 2 クラス分類の教師あり学習アルゴリズムの性能を評価するための行列です．次の表に示すように，真のクラスとクラス分類器の出力を，それぞれを Positive と Negative の 2 値で表し，その正誤を示す正方行列です．

表 7.1: 混同行列

		クラス分類の予測結果	
		Positive	Negative
実際のクラス	Positive	True Positive（TP） 真陽性	False Negative（FN） 偽陰性（第 2 種の誤り）
	Negative	False Positive（FP） 偽陽性（第 1 種の誤り）	True Negative（TN） 真陰性

よく使われる指標を示します．これらすべての指標を同時に用いて評価するというより，目的に合わせて注目すべき指標を選定することが重要です．

正解率（accuracy）　全データ中で予測が的中した割合（ACC）．

$$\mathrm{ACC} = \frac{\mathrm{TP} + \mathrm{TN}}{\mathrm{TP} + \mathrm{FN} + \mathrm{FP} + \mathrm{TN}}$$

適合率（precision）　Positive と分類したうちで，正解した割合（PRE）．予測の誤判定を避けたい場合に利用する．

$$\mathrm{PRE} = \frac{\mathrm{TP}}{\mathrm{TP} + \mathrm{FP}}$$

特異率（specificity）　実際のクラスが Negative のうち，Negative だと予測できた割合（SPE）．特異度は，「陰性」の予測における見落としをなるべく避けたい，別の言い方をすれば，偽陽性（FP）を減らすことを重視する場合に使う．

$$\mathrm{SPE} = \frac{\mathrm{TN}}{\mathrm{TN} + \mathrm{FP}}$$

この式には偽陰性（FN）が含まれていないので，FN が多い場合でも，特異度が高いと評価される可能性がある．

再現率（recall）　実際のクラスが Positive のうち，Positive だと予測できた割合（REC）．再現率は，「陽性」の予測における見落としをなるべく避けたい，別の言い方をすれば，偽陰性（FN）を減らすことを重視する場合に利用する．再現率は，**感度**（sensitivity）とも呼ばれる．

$$\mathrm{REC} = \frac{\mathrm{TP}}{\mathrm{TP} + \mathrm{FN}}$$

この式には偽陽性（FP）は含まれていないので，FP が多い場合でも，再現率が高いと評価される可能性がある．

F 値（F-measure）　適合率と再現率の調和平均（F1）．F 値は **F1 スコア**（F1-score）ということもある．

$$F1 = \frac{2}{\frac{1}{\mathrm{PRE}} + \frac{1}{\mathrm{REC}}} = 2\frac{\mathrm{PRE} \times \mathrm{REC}}{\mathrm{PRE} + \mathrm{REC}}$$

PRE と REC の最適化の長所と短所のバランスをとったものが F1 スコアです．適合率を最適化しようとすると，FP を下げることになりますが，これは FN の増加を招きます．一方，再現率を最適化しようとすると，FN を下げることになりますが，これは FP の増加を招きます．結局，FP と FN は同時に小さくすることはできず，トレードオフの関係にあります．

なお，統計的仮説検定において，「帰無仮説が間違い（対立仮説が正しい)」および「帰無仮説を棄却する」を Positive,「帰無仮説が正しい」および「帰無仮説を棄却しない」を Negative とすれば，第 1 種の誤り「帰無仮説が正しいのに，帰無仮説を棄却する」は FP に，第 2 種の誤り「帰無仮説が間違いなのに，帰無仮説を棄却しない」は FN に対応します．

7.7 ROC 曲線と AUC

ROC 曲線（Receiver Operating Characteristic curve）は，2 値分類問題の性能を評価するためのグラフで，偽陽性率（False Positive Rate：FPR）を横軸に，真陽性率（True Positive Rate：TPR）を縦軸にプロットします．FPR と TPR は次の式で定義されます．ここで，TPR は再現率と同義です．

$$\mathrm{FPR} = \frac{\mathrm{FP}}{\mathrm{FP} + \mathrm{TN}}, \quad \mathrm{TPR} = \frac{\mathrm{TP}}{\mathrm{TP} + \mathrm{FN}}$$

FPR は，実際の陰性例のうち，モデルが誤って陽性と予測した例の割合を示します．一方，TPR は，実際の陽性例のうち，モデルが正しく陽性と予測した例の割合を示します．

2 値分類問題では，モデルの出力 $\widehat{y}$ は確率に相当する値で，この値は $0 \leq \widehat{y} \leq 1$ の範囲にあります．通常，0.5 を閾値（しきいち）としてモデルの出力を分類しますが，閾値を 0.2 や 0.8 などに変更すると，予測結果も変わります．このように閾値を 0 から 1 まで変化させたとき，予測の当たり外れがどのように変わるかを表すのが ROC 曲線です．閾値が 1 のときは，すべてのデータを陰性と予測するので，TP = 0，TN = 1，FP = 0，FN = 1 であり，FPR = 0，TPR = 0 です．一方，閾値が 0 のときは，すべてのデータを陽性と予測するので，TP = 1，TN = 0，FP = 1，FN = 0 であり，FPR = 1，TPR = 1 です．

ROC 曲線の形状はモデルの性能によって大きく変わります．完全にランダムな予測（すなわちモデルがまったく予測できない）を行った場合，状況としてはコイントス（FPR と TPR をコインの表裏と考える）と同じですから，ROC 曲線は，斜めの線（つまり FPR と TPR が等しい線）と一致します．一方，すべてのデータを完全に予測できるモデルの ROC 曲線は，直線 TPR = 1，FPR = 0 と一致します．

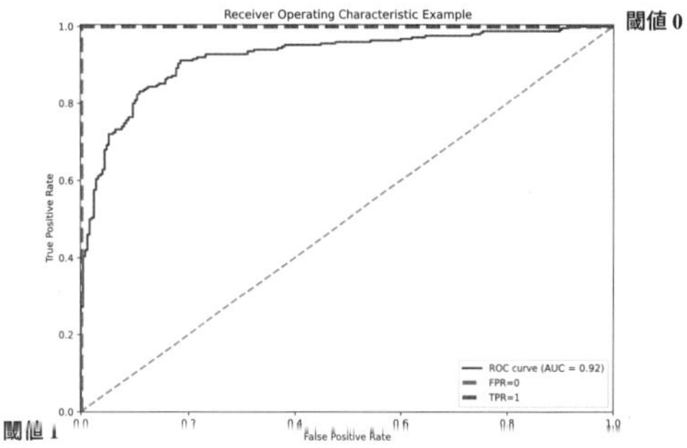

図 7.3: ROC 曲線の例

このように，ROC 曲線により視覚的にモデル性能を捉えることができます．また，ROC 曲線の下の面積を **AUC**（Area Under the Curve）と呼びます．

AUC は 0 から 1 までの値をとり，1 に近いほどモデルの性能が高いことを示します．これにより，視覚的だけでなく，数値としてもモデル性能を評価できることになります．

7.8　多クラス分類の性能評価

多クラス分類の性能評価にも混同行列を使うことができます．たとえば，3 クラス分類問題では，混同行列は次のようになります．

	予測がクラス A	予測がクラス B	予測がクラス C
実際はクラス A	50(TP_A, TN_B, TN_C)	20(FN_A, FP_B, TN_C)	10(FN_A, TN_B, FP_C)
実際はクラス B	10(FP_A, FN_B, TN_C)	20(TN_A, TP_B, TN_C)	10(TN_A, FN_B, FP_C)
実際はクラス C	0(FP_A, TN_B, FN_C)	10(TN_A, FP_B, FN_C)	20(TN_A, TN_B, TP_C)

この混同行列をクラスごとに分けます．

		予測	
		A	A 以外
実際	A	50	30
	A 以外	10	60

		予測	
		B	B 以外
実際	B	20	20
	B 以外	30	80

		予測	
		C	C 以外
実際	C	20	10
	C 以外	20	100

これらの混同行列に対して，各指標を計算します．たとえば，

$$
\begin{aligned}
\text{A の正解率} &= \frac{50+60}{50+30+10+60} = \frac{11}{15} \approx 73.3\%, \\
\text{B の適合率} &= \frac{20}{20+30} = \frac{2}{5} = 40\%, \\
\text{C の再現率} &= \frac{20}{20+10} = \frac{2}{3} \approx 66.7\%
\end{aligned}
$$

とします．

これらの各クラスの評価を用いて，モデル全体の評価もできます．たとえば，各クラスの正解率を求め，それらの平均をモデルの評価とします．これを**マクロ平均**（macro average）といいます．今の場合，A の正解率が 73.3%，B の正解率が $\frac{20+80}{150} \approx 66.7\%$，C の正解率が $\frac{20+100}{150} = 80\%$ なので，正解率のマクロ平均は $\frac{73.3+66.7+80}{3} \approx 73.3\%$ となります．

マクロ平均は，各クラスにサンプル数の偏りがあったとしても，各クラスが同等に扱われることになります．別の言い方をすれば，マクロ平均は，各クラスのデータ数を考慮していないともいえます．その結果，マクロ平均はデータ数が少ないクラスの影響を強く受けることになります．

データ数を考慮する場合は，**マイクロ平均**（micro average）を使います．これはもとの混同行列を使う方法で，たとえば，マイクロ平均再現率は，

$$
\begin{aligned}
\frac{TP}{TP+FP} &= \frac{a_{11}+a_{22}+a_{33}}{(a_{11}+a_{22}+a_{33})+(a_{12}+a_{13}+a_{21}+a_{23}+a_{31}+a_{32})} \\
&= \frac{50+20+20}{(50+20+20)+(20+10+10+10+0+10)} = \frac{3}{5} = 60\%
\end{aligned}
$$

となります．ここで，a_{ij} は表における第 i 行第 j 列における値を表します．これは，全データ中で予測が的中した割合と同じなので，正解率にもなっています．

同様に，マイクロ平均適合率は

$$
\begin{aligned}
\frac{TP}{TP+FN} &= \frac{a_{11}+a_{22}+a_{33}}{(a_{11}+a_{22}+a_{33})+(a_{12}+a_{13}+a_{21}+a_{23}+a_{31}+a_{32})} \\
&= \frac{50+20+20}{(50+20+20)+(20+10+10+10+0+10)} = \frac{3}{5} = 60\%
\end{aligned}
$$

となるので，結局，

$$\text{マイクロ平均正解率} = \text{マイクロ平均適合率} = \text{マイクロ平均再現率}$$

が成立します．マイクロ平均では，データ数に依存するため，データ数が少ないクラスにおいて精度が著しく悪くても，マイクロ平均にはあまり影響しません．そのため，マイクロ平均は高くても，あるクラスの精度が極端に悪い，といったことはありえます．

7.9　scikit-learn によるガウシアンナイーブベイズ分類器

まずは，Iris データにガウシアンナイーブベイズ分類器を適用してみましょう．

scikit-learn でガウシアンナイーブベイズ分類器を使うには，`GaussianNB` クラスをインポートします．また，混同行列を作成するには `confusion_matrix` 関数を，各評価指標を計算するには `accuracy_score` 関数（正解率），`precision_score` 関数（適合率），`recall_score` 関数（再現率），`f1_score` 関数（F 値）を，評価指標を一括して表示するには `classification_report` 関数を使います．ここでは，混同行列をヒートマップとして可視化しています．

ソースコード 7.1: scikit-learn によるナイーブベイズ分類器（Iris データ）

```
【必要なライブラリ等のインポート】
from sklearn.naive_bayes import GaussianNB
from sklearn.metrics import confusion_matrix # 混同行列用
# 正解率，適合率，再現率，F1 スコア用
from sklearn.metrics import accuracy_score, precision_score, recall_score, f1_score,
    classification_report

# iris データの読み込み
iris =【自分で補おう】

# 説明変数をX に代入
X =【自分で補おう】

# 目的変数をY に代入
Y =【自分で補おう】

# 訓練データとテストデータに分ける，test_size=0.3, random_state=0
X_train, X_test, Y_train, Y_test =【自分で補おう】

# ガウシアンナイーブベイズ分類器の初期化と学習
GNB_model = GaussianNB()
GNB_model.fit(X_train,Y_train)

# 訓練データ，テストデータの予測
Y_pred_train = GNB_model.predict(X_train)
Y_pred_test = GNB_model.predict(X_test)

# 混同行列(Confusion Matrix)
ConMat_train = confusion_matrix(Y_train, Y_pred_train)
print("Confusion Matrix for Training Data \n", ConMat_train)
sns.heatmap(ConMat_train, square=True, annot=True, fmt='d', cbar=False,
            xticklabels=iris.target_names, yticklabels=iris.target_names)
plt.xlabel('predicted label')
plt.ylabel('true label');
```

```
plt.show()

ConMat_test = confusion_matrix(Y_test, 【自分で補おう】)
print("Confusion Matrix for Test Data \n", 【自分で補おう】)
sns.heatmap(ConMat_test, square=True, annot=True, fmt='d', cbar=False,
            xticklabels=iris.target_names, yticklabels=iris.target_names)
plt.xlabel('predicted label')
plt.ylabel('true label');
plt.show()

# 訓練データの各種指標
print("Training Data Metrics:")
print("Accuracy: ", accuracy_score(Y_train, Y_pred_train))
print("Precision (macro): ", precision_score(Y_train, Y_pred_train, average='macro'))
print("Recall (macro): ", recall_score(Y_train, Y_pred_train, average='macro'))
print("F1 Score (macro): ", f1_score(Y_train, Y_pred_train, average='macro'))
print(classification_report(Y_train, Y_pred_train))

# テストデータの各種指標
print("Test Data Metrics:")
print("Accuracy: ", accuracy_score(【自分で補おう】))
print("Precision (macro): ", precision_score(【自分で補おう】))
print("Recall (macro): ", recall_score(【自分で補おう】))
print("F1 Score (macro): ", f1_score(【自分で補おう】))
print(classification_report(【自分で補おう】))
```

実行例

```
Confusion Matrix for Training Data
 [[34  0  0]
 [ 0 29  3]
 [ 0  3 36]]

Confusion Matrix for Test Data
 [[16  0  0]
 [ 0 18  0]
 [ 0  0 11]]

Training Data Metrics:
Accuracy:  0.9428571428571428
Precision (macro):  0.9431089743589745
Recall (macro):  0.9431089743589745
F1 Score (macro):  0.9431089743589745
              precision    recall  f1-score   support

           0       1.00      1.00      1.00        34
           1       0.91      0.91      0.91        32
           2       0.92      0.92      0.92        39

    accuracy                           0.94       105
   macro avg       0.94      0.94      0.94       105
weighted avg       0.94      0.94      0.94       105

Test Data Metrics:
Accuracy:  1.0
Precision (macro):  1.0
Recall (macro):  1.0
F1 Score (macro):  1.0
              precision    recall  f1-score   support

           0       1.00      1.00      1.00        16
           1       1.00      1.00      1.00        18
```

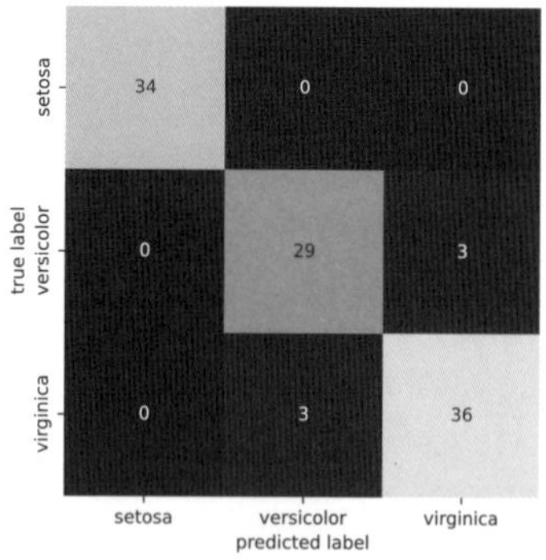

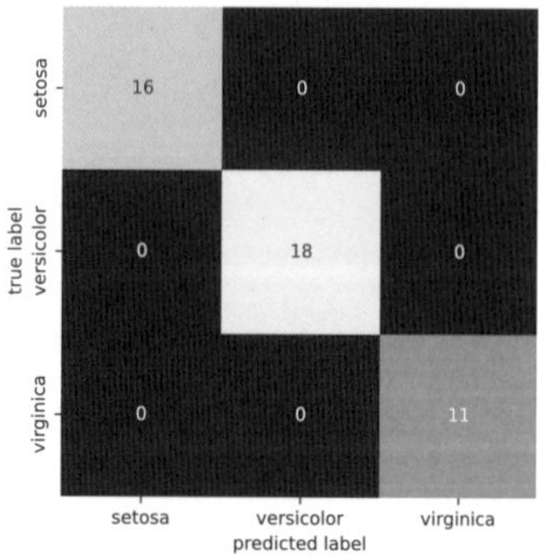

```
           2       1.00      1.00      1.00        11

    accuracy                           1.00        45
   macro avg       1.00      1.00      1.00        45
weighted avg       1.00      1.00      1.00        45
```

このコードでは，各指標を計算する際に average='macro' を指定して，マクロ平均を計算しています．

次に，spambase data set（https://archive.ics.uci.edu/ml/machine-learning-databases/spambase/spambase.data）に対して，ガウシアンナイーブベイズ分類器を適用してみましょう．spambase.data は CSV 形式なので pandas の read_csv メソッドで読み込みます．ネットワーク環境がなくてもプログラムが実行できるように，あらかじめサイトからデータをダウンロードしてもかまいません．

ここでは，各種指標を求めた後，predict_proba メソッドを使用して予測確率を取得し，それを用いて ROC 曲線と AUC を計算します．なお，specificity（特異率）は，一般的には sklearn.metrics モジュールに直接含まれていないため，混同行列から直接計算する関数を定義しています．

ソースコード 7.2: scikit-learn によるナイーブベイズ分類器（spambase data）

```
【必要なライブラリ等のインポート】
from sklearn.metrics import roc_curve, auc

# Spam データを入力 : CSV 形式のファイルを入力
emails = pd.read_csv("https://archive.ics.uci.edu/ml/machine-learning-databases/spambase/spambase.data")

# データを表示
display(emails)

# 説明変数X は先頭から最終列の手前まで，目的変数y は最終列
X,Y = emails.iloc[:, :-1], emails.iloc[:, -1]

# 特徴量と正解ラベルを訓練データとテストデータに分割, random_state=42, test_size=0.3, shuffle=True
X_train, X_test, Y_train, Y_test = 【自分で補おう】

# ナイーブベイズ分類器
modelGNB = 【自分で補おう】 # インスタンスの生成
modelGNB.fit(X_train, Y_train) # 学習
Y_pred_train = 【自分で補おう】 # 訓練データによる予測
Y_pred_test = modelGNB.predict(X_test)   # テストデータによる予測

# 混同行列(Confusion Matrix)
print("Confusion Matrix for Training Data")
print(confusion_matrix(Y_train, Y_pred_train))

print("Confusion Matrix for Test Data")
print(【自分で補おう】)

# 混同行列から特異性を求める関数
def specificity(y_true, y_pred):
    tn, fp, fn, tp = confusion_matrix(y_true, y_pred).ravel()
    return tn / 【自分で補おう】

```

```
# 訓練データの各種指標
print("Training Data Metrics:")
print("Accuracy: ", accuracy_score(Y_train, Y_pred_train))
print("Precision: ", precision_score(Y_train, Y_pred_train))
print("Specificity: ", specificity(Y_train, Y_pred_train))
print("Recall: ", recall_score(Y_train, Y_pred_train))
print("F1 Score: ", f1_score(Y_train, Y_pred_train))
print(classification_report(Y_train, Y_pred_train))

# テストデータの各種指標
print("Test Data Metrics:")
【各種指標：自分で補おう】

# predict_proba メソッドを使用して予測確率を取得
probas_train = modelGNB.predict_proba(X_train)[:, 1]  # 陽性クラスの確率
probas_test =【自分で補おう】 # 陽性クラスの確率

# ROC 曲線と AUC
fpr_train, tpr_train, thresholds_train = roc_curve(Y_train, probas_train)
fpr_test, tpr_test, thresholds_test =【自分で補おう】

# Training Data ROC Curve
plt.plot(fpr_train, tpr_train, color='darkorange', lw=2, label='ROC curve (Training Data) (area =
    %0.2f)' % auc(fpr_train, tpr_train))

# Test Data ROC Curve
【自分で補おう】

plt.plot([0, 1], [0, 1], color='navy', lw=2, linestyle='--')
plt.xlim([0.0, 1.0])
plt.ylim([0.0, 1.05])
plt.xlabel('False Positive Rate')
plt.ylabel('True Positive Rate')
plt.title('Receiver Operating Characteristic')
plt.legend(loc="lower right")
plt.show()
```

実行例

	0	0.64	0.64.1	0.1	0.32	0.2	0.3	0.4	0.5	0.6	...	0.40	0.41	0.42	0.778	0.43	0.44	3.756	61	278	1
0	0.21	0.28	0.50	0.0	0.14	0.28	0.21	0.07	0.00	0.94	...	0.000	0.132	0.0	0.372	0.180	0.048	5.114	101	1028	1
1	0.06	0.00	0.71	0.0	1.23	0.19	0.19	0.12	0.64	0.25	...	0.010	0.143	0.0	0.276	0.184	0.010	9.821	485	2259	1
2	0.00	0.00	0.00	0.0	0.63	0.00	0.31	0.63	0.31	0.63	...	0.000	0.137	0.0	0.137	0.000	0.000	3.537	40	191	1
3	0.00	0.00	0.00	0.0	0.63	0.00	0.31	0.63	0.31	0.63	...	0.000	0.135	0.0	0.135	0.000	0.000	3.537	40	191	1
4	0.00	0.00	0.00	0.0	1.85	0.00	0.00	1.85	0.00	0.00	...	0.000	0.223	0.0	0.000	0.000	0.000	3.000	15	54	1
...	...	...	...	...	...	...	...	...	...	...	...	...	...	...	...	...	...	...	...	...	...
4595	0.31	0.00	0.62	0.0	0.00	0.31	0.00	0.00	0.00	0.00	...	0.000	0.232	0.0	0.000	0.000	0.000	1.142	3	88	0
4596	0.00	0.00	0.00	0.0	0.00	0.00	0.00	0.00	0.00	0.00	...	0.000	0.000	0.0	0.353	0.000	0.000	1.555	4	14	0
4597	0.30	0.00	0.30	0.0	0.00	0.00	0.00	0.00	0.00	0.00	...	0.102	0.718	0.0	0.000	0.000	0.000	1.404	6	118	0
4598	0.96	0.00	0.00	0.0	0.32	0.00	0.00	0.00	0.00	0.00	...	0.000	0.057	0.0	0.000	0.000	0.000	1.147	5	78	0
4599	0.00	0.00	0.65	0.0	0.00	0.00	0.00	0.00	0.00	0.00	...	0.000	0.000	0.0	0.125	0.000	0.000	1.250	5	40	0

4600 rows × 58 columns

実行例

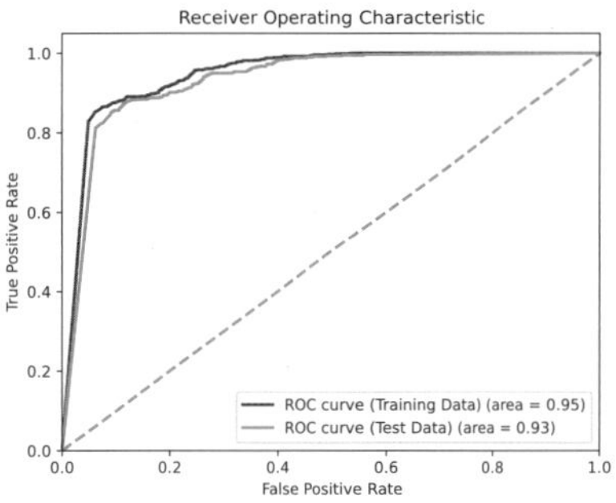


```
Confusion Matrix for Training Data
[[1475  510]
 [  52 1183]]
Confusion Matrix for Test Data
[[582 221]
 [ 30 547]]
Training Data Metrics:
Accuracy:  0.8254658385093168
Precision:  0.6987595983461311
Specificity:  0.743073047858942
Recall:  0.9578947368421052
F1 Score:  0.8080601092896175
              precision    recall  f1-score   support

           0       0.97      0.74      0.84      1985
           1       0.70      0.96      0.81      1235

    accuracy                           0.83      3220
   macro avg       0.83      0.85      0.82      3220
weighted avg       0.86      0.83      0.83      3220

Test Data Metrics:
Accuracy:  0.8181159420289855
Precision:  0.7122395833333334
Specificity:  0.7247820672478207
Recall:  0.9480069324090121
F1 Score:  0.8133828996282527
              precision    recall  f1-score   support

           0       0.95      0.72      0.82       803
           1       0.71      0.95      0.81       577

    accuracy                           0.82      1380
   macro avg       0.83      0.84      0.82      1380
weighted avg       0.85      0.82      0.82      1380
```

課題 7.2　ソースコード 7.1, 7.2 の実行結果を確認せよ.

7.10 scikit-learn による多項分布ナイーブベイズ分類器

多項分布ナイーブベイズ分類器を使うには MultinomialNB クラスを使います．ここでは，scikit-learn に用意されている 20 ニュースグループのデータを使います.

まずは，データを読み込んで，分類グループ名を表示します．データはホームディレクトリ（多くの場合は User ディレクトリ）の scikit_learn_data にダウンロードされます.

ソースコード 7.3: 20 ニュースグループの読み込み

```
from sklearn.datasets import fetch_20newsgroups

data = fetch_20newsgroups() # データは「ユーザホームディレクトリ/scikit_learn_data」に格納される
print(data.target_names) # 分類グループ名を表示
```

実行例

```
['alt.atheism', 'comp.graphics', 'comp.os.ms-windows.misc', 'comp.sys.ibm.pc.hardware',
'comp.sys.mac.hardware', 'comp.windows.x', 'misc.forsale', 'rec.autos', 'rec.motorcycles',
'rec.sport.baseball', 'rec.sport.hockey', 'sci.crypt', 'sci.electronics', 'sci.med',
'sci.space', 'soc.religion.christian', 'talk.politics.guns', 'talk.politics.mideast',
'talk.politics.misc', 'talk.religion.misc']
```

対象となるカテゴリを 5 つに絞って，訓練データとテストデータをダウンロードします．なお，訓練データとテストデータの両方を同時にダウンロードしたい場合は，subset='all' を指定します．また，データの一部も表示してみましょう．

ソースコード 7.4: 訓練データとテストデータの読み込み

```
# カテゴリ数を絞る
categories = ['comp.graphics', 'misc.forsale', 'rec.sport.baseball', 'sci.space', 'talk.politics.
    misc']
train = fetch_20newsgroups(subset='train', categories=categories) # 訓練用データを読み込む
test = fetch_20newsgroups(subset='test', categories=categories) # テスト用データを読み込む

print("Number of Train Data =", len(train.data)) # 訓練用データの件数
print("Number of Test Data=", len(test.data)) # テスト用データの件数

print(train.data[5][:400]) # 訓練データの一部を表示
```

これまでと同様，train.data と test.data が説明変数で，train.target と test.target が目的変数です．

実行例

```
Number of Train Data = 2824
Number of Test Data= 1880
From: millernw@craft.camp.clarkson.edu (Neal Miller)
Subject: Re: Trying to view POV files.....
Nntp-Posting-Host: craft.clarkson.edu
Organization: Clarkson University
Lines: 31

merkelbd@sage.cc.purdue.edu (Brian Merkel) writes:

>In article <1993Apr11.132604.13400@ornl.gov> ednobles@sacam.OREN.ORTN.EDU (Edward d Nobles) writes:
>>
>>I've been trying to view .tga files created in POVRAY.  I have
```

パイプライン処理（pipeline processing）とは，複数の処理を順番につなげて，一連の処理を実行することです．ある処理の出力が次の処理の入力となります．このようなパイプライン処理を行うには，scikit-learn の make_pipeline 関数を使います．ここでは，20 ニュースグループデータを TF-IDF ベクトル化器でベクトルに変換し，それを多項分布ナイーブベイズ分類器で分類するといったパイプライン処理をしています．

ソースコード 7.5: scikit-learn による多項分布ナイーブベイズ分類

```
from sklearn.feature_extraction.text import TfidfVectorizer # TF-IDF ベクトル化器
from sklearn.naive_bayes import MultinomialNB # 多項分布ナイーブベイズ分類器
from sklearn.pipeline import make_pipeline # パイプライン処理
```

```
from sklearn.metrics import confusion_matrix # 混同行列用

# TF-IDF と多項分布ナイーブベイズをパイプラインで実行
modelMNB = make_pipeline(TfidfVectorizer(), MultinomialNB())

modelMNB.fit(train.data, train.target) # モデルの学習
pred_labels = modelMNB.predict(test.data)  # モデルの予測

# 各スコアを表示
print(classification_report(test.target, pred_labels))

# 混同行列を表示
ConMat = confusion_matrix(【自分で補おう】)
sns.heatmap(ConMat, square=True, annot=True, fmt='d', cbar=False,
            xticklabels=train.target_names, yticklabels=train.target_names)
plt.xlabel('predicted label')
plt.ylabel('true label');
plt.show()
```

実行例

```
              precision    recall  f1-score   support

           0       0.95      0.89      0.92       389
           1       0.98      0.90      0.94       390
           2       0.91      0.98      0.94       397
           3       0.86      0.97      0.91       394
           4       0.98      0.87      0.92       310

    accuracy                           0.93      1880
   macro avg       0.93      0.93      0.93      1880
weighted avg       0.93      0.93      0.93      1880
```

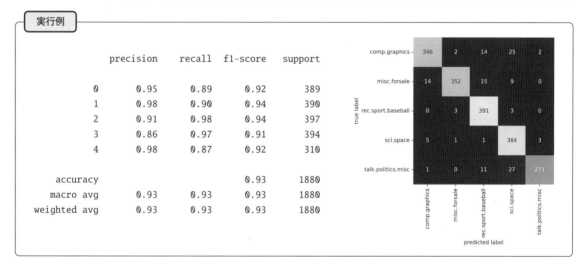

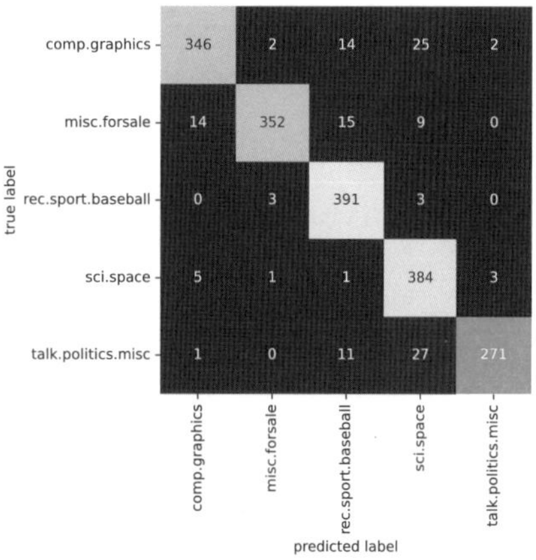

このパイプラインの predict メソッドを使えば，任意の文字列のカテゴリを決定できます．そのための予測メソッドを定義し，いくつかの文字列で結果を確認しましょう．

ソースコード 7.6: 予測

```
# 予測メソッドを定義
def predicted_category(s, train=train, model=modelMNB):
    pred = modelMNB.predict([s])
    return train.target_names[pred[0]]

str = [None]*5 # 要素数が 5の空リストを作成
str[0] = 'Shohei Ohtani hit a leadoff home run.'
str[1] = 'Kounotori 2 docked with the International Space Station (ISS).'
str[2] = 'This allows you to designate the image resolution.'
str[3] = 'The Party won a sweeping victory at the general election.'
str[4] = 'It’s on sale, so it’s only ten dollars.'

for i in range(5):
    print(【自分で補おう】, 'のカテゴリは', predicted_category(【自分で補おう】))
```

実行例

```
Shohei Ohtani hit a leadoff home run. のカテゴリは rec.sport.baseball
Kounotori 2 docked with the International Space Station (ISS). のカテゴリは sci.space
This allows you to designate the image resolution. のカテゴリは comp.graphics
The Party won a sweeping victory at the general election. のカテゴリは talk.politics.misc
It’ s on sale, so it’ s only ten dollars. のカテゴリは misc.forsale
```

課題 7.3 ソースコード 7.3〜7.6 の実行結果を確認せよ．また，ソースコード 7.4 におけるカテゴリやソースコード 7.6 における予測の文字列を変更して分類結果を確認し，この結果に対する自分の考えや解釈を述べよ．

7.11 ガウシアンナイーブベイズ分類器の実装

ガウシアンナイーブベイズ分類器を実装するには，式 (7.13) の $\hat{y}$ を求めるプログラムを作成します．

なお，ソースコード 7.7 では，説明変数が DataFrame であると仮定して，GaussianNaiveBayes クラスにおいて，to_numpy() メソッドで NumPy 配列に変換しています．to_numpy() メソッドを NumPy 配列に適用するとエラーになるので注意しましょう．

ソースコード 7.7: ガウシアンナイーブベイズ分類器の実装

```
【NumPy と pandas のインポート】

class GaussianNaiveBayes:
    def fit(self, X, y): # 学習
        self.n_samples, self.n_features = X.shape # データ数と特徴量の数を取得
        self.n_classes = len(np.unique(y)) # クラス数を取得

        self.mean = np.zeros((self.n_classes, self.n_features)) # 平均を 0で初期化
        self.var = np.zeros((self.n_classes, self.n_features)) # 分散を 0で初期化
        self.priors = np.zeros(self.n_classes) # 事前確率P(y)を 0で初期化

        for c in range(self.n_classes):
            X_c = X[y == c]
            # 各クラスX_c の平均を計算 to_numpy で配列へ
            self.mean[c, :] = np.mean(X_c, axis=0).to_numpy()
            # 各クラスX_c の分散を計算 to_numpy で配列へ
            self.var[c, :] = 【自分で補おう】
            # 事前確率"P(y)=X_c のデータ数/全データ数"の計算
            self.priors[c] = X_c.shape[0] / 【自分で補おう】

    def predict(self, X): # 予測
        y_hat = [self.class_probability(【自分で補おう】) for x in X.to_numpy()] # 確率を計算
        return np.array(y_hat)

    def class_probability(self, x):
        posteriors = [] # 事後確率用の空リストを作成
        eps = 1e-7 # smoothing 用の定数

        for c in range(self.n_classes):
            mean = self.mean[c] # クラスの平均
            var = self.var[c]   # クラスの分散
            prior = 【自分で補おう】 # 式 (7.13)右辺第 1項 log(P(y)+eps) の計算
```

```

            posterior = np.sum(self.gaussian_density(【自分で補おう】)) # 式 (7.13)右辺第 2～4項の計算
            posterior = prior + posterior # 式 (7.13)の右辺の計算
            posteriors.append(posterior)

        return【自分で補おう】# 式 (7.13)のargmax の計算

    def gaussian_density(self, x, mean, var):
        const = -0.5 *【自分で補おう】- 0.5 *【自分で補おう】
        # 式 (7.13)右辺第 2～3項の計算(シグマを除く)
        proba = -0.5 *【自分で補おう】# 式 (7.13)右辺第 4項の計算(シグマを除く)
        return const + proba # 式 (7.13)の右辺第 2～4項(シグマを除く)


# Spam データを入力 : CSV 形式のファイルを入力
emails = pd.read_csv("https://archive.ics.uci.edu/ml/machine-learning-databases/spambase/spambase.data")

# データを表示
display(emails)

# 説明変数X は先頭から最終列の手前まで, 目的変数y は最終列
X,Y =【自分で補おう】

# 特徴量と正解ラベルを訓練データとテストデータに分割, random_state=42, test_size=0.3, shuffle=True
X_train, X_test, Y_train, Y_test =【自分で補おう】

# ナイーブベイズ分類器のインスタンスを生成
myGNB = GaussianNaiveBayes()
myGNB.fit(X_train, Y_train)

# 訓練データ, テストデータの予測
Y_train_pred =【自分で補おう】
Y_test_pred = myGNB.predict(X_test)

# accuracy_score による正解率
print('accracy_score による正解率(train):{:.4f}'.【自分で補おう】)
print('accracy_score による正解率(test):{:.4f}'.format(accuracy_score(Y_test, Y_test_pred)))
```

実行例

```
【表は省略】
accracy_score による正解率 (train):0.8208
accracy_score による正解率 (test):0.8145
```

課題 7.4　ソースコード 7.7 の実行結果を確認し，これからどのようなことがいえるか述べよ.

課題 7.5　Iris データに対してもソースコード 7.7 の実行結果を確認し，この結果に対する自分の考えや解釈を述べよ．なお，Iris データの説明変数は NumPy 配列になっているので，ソースコード 7.7 中の`.to_numpy`を削除するか,

```
X = pd.DataFrame(iris.data)
```

として，説明変数をデータフレームに変換しなければ実行エラーになることに注意せよ.

第 8 章
k 近傍法と k-means 法

ここでは，k 近傍法と k-means 法について説明します．これらの名前にはともに「k」が含まれているので，同じようなものではないかと思いがちなのですが，目的やアルゴリズムは異なります．

まず，**k 近傍法**（k-nearest neighbors）ですが，この手法の主目的は分類であり，教師あり学習の 1 つです．この手法は **k 最近傍法**や **kNN** とも呼ばれます．

次に，**k-means 法**（k-means）ですが，この手法の主目的は**クラスタリング**（clustering）です．クラスタリングは教師なし学習の 1 つで，ラベルのないデータを類似性に基づいてグループにまとめる手法です．k-means 法では，データ間の距離を類似性の尺度として使用します．クラスタリングはデータの構造やパターンを理解するために使用されます．たとえば，大学では，学生を行動パターンや履修科目，成績，学科・専攻，サークル活動などの特性に基づいてグループに分け，学習支援やキャリア支援に活用することが考えられます．なお，k-means 法は **k 平均法**とも呼ばれます．

分類とクラスタリングの主な違いは，分類が既知のカテゴリにデータを分けるための手法であるのに対し，クラスタリングは未知のパターンや関係性を見つけるための手法であるという点です．また，分類は教師あり学習であるため，訓練データが必要です．それに対して，クラスタリングは教師なし学習で，訓練データは不要です．

8.1　パラメトリックモデルとノンパラメトリックモデル

機械学習のアルゴリズムは，**パラメトリックモデル**（parametric model）と**ノンパラメトリックモデル**（non-parametric model）に分類できます．パラメトリックモデルでは，訓練データから事前に個数が定められたパラメータを推定します．これにより，もとの訓練データセットがなくても新しいデータ点を分類できるようになります．パラメトリックモデルの例としては，線形回帰やロジスティック回帰（回帰係数がパラメータ），第 10 章の SVM（決定境界を定義する係数とバイアス項がパラメータ），第 12 章の深層学習（ネットワークの重みがパラメータ）などが挙げられます．一方，ノンパラメトリックモデルは，訓練データの量に応じてモデルの複雑さが動的に変化します．訓練データが増えると，モデルが扱うパラメータの数も増える可能性があります．ノンパラメトリックモデルの場合，既知の数のパラメータで特徴付けることはできません．ノンパラメトリックモデルの例としては，k 近傍法，決定木やランダムフォレスト，第 11 章のカーネル SVM[1] などが挙げられます．

8.2　k 近傍法

最近傍法（nearest neighbor）とは，単に予測したいデータと最も近い訓練データを探し，その訓練データと同じクラスに割り当てて分類する方法です．そして，**k 最近傍法**（k-Nearest Neighbors）あるいは **k 近傍法**は，新たなデータが与えられたとき，その周りの k 個のデータを調べ，その中で最も個数が多い正

---

[1] SVM がカーネルトリックを用いて高次元空間で決定境界を学習するという点では，その構造が固定されている（すなわちパラメータが有限である）と考えることもできます．しかし，カーネル SVM は，訓練データに対して動的にモデルの複雑さが変化するため，一般には，カーネル SVM はノンパラメトリックモデルとして扱われます．

解ラベルの値を目的変数（分類結果）とする方法です．その手順は以下の通りです．

(1) k の値と利用する距離を指定する．

(2) 分類したい点から k 個の最近傍の点を見つける．

(3) 多数決によりクラスラベルを割り当てる．

k が偶数のとき，多数決で同数の場合もありうるので，k を奇数に選ぶことが多いです．たとえば，図 8.1 では，新しいデータ●は，$k = 5$ のときは▲のクラスに，$k = 9$ のときは■のクラスに分類されます．

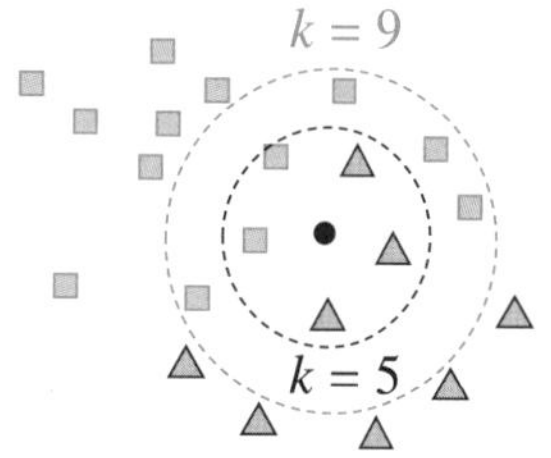

図 8.1: k 近傍法の例

ノンパラメトリック手法であるため，決定境界を式では表現できません．

分類結果の意味や重要性については明示的に表現されないため，クラス分類結果の評価や解釈に注意が必要です．これは，「データは直線で分類できる」という明確な仮定に基づいたロジスティック回帰とは対照的です．しかし，k 近傍法の仕組みは簡単で理解しやすいので，初期のデータ分析や探索には有用です．たとえば，データ間の距離の定義を変えてその影響を観察するなど，データの性質を理解する上で助けになるでしょう．

また，k 近傍法は，「各クラスのデータの数に偏りがない」，「各クラスがよく分かれている」，ときしか精度が上がりません．この k 近傍法は，ロジスティック回帰やソフトマックス回帰とは異なり，事前学習は不要です．しかし，新たなデータが与えられる都度，そのデータと訓練データ全体との距離を計算する必要があります．このため，訓練データが多い場合には計算時間が長くなってしまい，大量のデータを迅速に分類するのには適していないといえます．なお，訓練データを事前に学習するのではなく，予測時に必要な訓練データを用いて予測結果を得るアプローチは**怠惰学習**（lazy learning）と呼ばれます．k 近傍法は，この怠惰学習の一種です．

8.3 *k*-means 法

***k*-means 法**は，クラスタリング手法の 1 つであり，データを指定された k 個のクラスタ（グループ）に分割します．

8.3.1 *k*-means 法のアルゴリズム

まずは，k-means 法のアルゴリズムを示しましょう．

(1) k 個のクラスタに対応する代表ベクトル（**セントロイド**（centroid）：中心点，重心）をランダムに選択する．

(2) 次の操作を，繰り返し上限回数に達するか，またはセントロイドの移動距離が十分に小さくなったら終了とする．

　(a) 各入力データとセントロイドとの距離を求める．

　(b) 各入力データをそれぞれ最も近いセントロイドのクラスタへ割り当てる．

　(c) 更新後のクラスタに属するデータの平均ベクトルを求める．

　(d) 得られた平均ベクトルをそれぞれ新たなセントロイドとする．

n 次元ベクトル $\boldsymbol{x}_i$（$i = 1, 2, \ldots, N$）とセントロイド $\boldsymbol{\mu}_k$（$k = 1, 2, \ldots, K$）を考え，

$$w_{ik} = \begin{cases} 1 & (\boldsymbol{x}_i \text{が } k \text{ 番目のセントロイドのクラスタに属する}) \\ 0 & (\text{それ以外}) \end{cases}$$

とし，

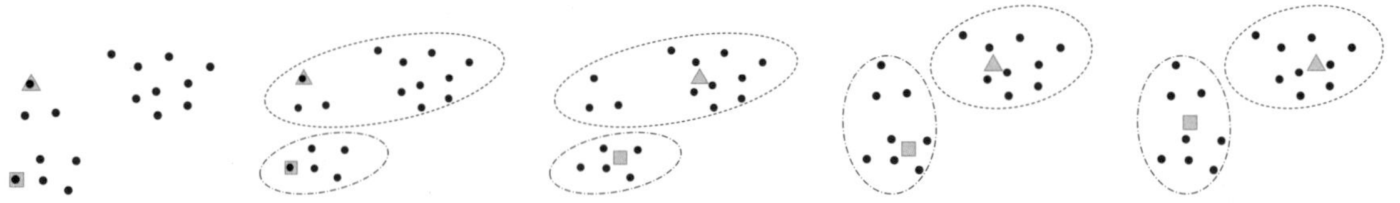

(a) 手順 (1). △ と □ が選択された点.　(b) 手順 (2-b)　(c) 手順 (2-c,d)　(d) 手順 (2-b)　(e) 手順 (2-c,d)

図 8.2: k-means 法の例（$k = 2$）

$$J = \sum_{i=1}^{N}\sum_{k=1}^{K} w_{ik}\|\boldsymbol{x}_i - \boldsymbol{\mu}_k\|^2 \tag{8.1}$$

とします．式 (8.1) は各データについての「$\boldsymbol{x}_i$ が所属するクラスタのセントロイドからの距離の 2 乗」の合計であり，**クラスタ内誤差平方和**（SSE：Sum of Squared Errors of prediction）あるいは**クラスタ内平方和**（WCSS：Within-Cluster Sum of Squares）と呼ばれます．

J を小さくするということは，それぞれのクラスタにおいて「セントロイドのなるべく近くにデータが集まるように分類する」ことに対応します．これを踏まえて，k-means のアルゴリズムが，J を小さくすることに相当していることを確認しましょう．まず，手順 (2-b) で，J の値が大きくなることはありません．なぜなら，各データ $\boldsymbol{x}_i$ について，$\|\boldsymbol{x}_i - \boldsymbol{\mu}_k\|$ が最も小さいクラスタが選択されるからです．

したがって，手順 (2-b) は

$$w_{ik} = \begin{cases} 1 & (k = \mathrm{argmin}_{k'} \|\boldsymbol{x}_i - \boldsymbol{\mu}_{k'}\|) \\ 0 & (\text{それ以外}) \end{cases}$$

と定義するのと同じです．

式 (8.1) は，$\boldsymbol{\mu}_k$ について下に凸な 2 次関数なので，$\frac{\partial J}{\partial \boldsymbol{\mu}_k} = 0$ という条件で最小化できます．ここで，$\boldsymbol{x}_i = \begin{bmatrix} x_{i1} \\ \vdots \\ x_{in} \end{bmatrix}, \boldsymbol{\mu}_k = \begin{bmatrix} \mu_{k1} \\ \vdots \\ \mu_{kn} \end{bmatrix}$ とすれば，式 (8.1) は以下のように表せます．

$$J = \sum_{i=1}^{N}\sum_{k=1}^{K}\left\{ w_{ik}\sum_{j=1}^{n}(x_{ij} - \mu_{kj})^2 \right\} \tag{8.2}$$

そして，w_{ik} を固定しつつ，$\boldsymbol{\mu}_k$ について J を最小化します．つまり，

$$\frac{\partial J}{\partial \mu_{kj}} = \sum_{i=1}^{N} w_{ik} \sum_{j=1}^{n} \frac{\partial}{\partial \mu_{kj}}(x_{ij} - \mu_{kj})^2 = -2\sum_{i=1}^{N} w_{ik}(x_{ij} - \mu_{kj}) = 0$$

より，

$$\mu_{kj} = \frac{\sum_{i=1}^{N} w_{ik}x_{ij}}{\sum_{i=1}^{N} w_{ik}} \Longrightarrow \boldsymbol{\mu}_k = \frac{\sum_{i=1}^{N} w_{ik}\boldsymbol{x}_i}{\sum_{i=1}^{N} w_{ik}}$$

とします．ここで，分母は k 番目のセントロイドのクラスタに所属する点の数であり，分子は k 番目のセントロイドのクラスタに所属する点についてのみ加えることを意味します．

これは手順 (2-c)，(2-d) に相当します．また，この式は $\boldsymbol{\mu}_k$ は k 番目のクラスタに割り当てられたすべてのデータ点 $\boldsymbol{x}_n$ の平均値とおいているものと単純に解釈することができます．k-means（k 平均）アルゴリズムという名の由来はここにあります．

なお，k-means 法によるクラスタリングの結果は，セントロイドの初期値に依存するため，初期値を変

えて複数回実行するなどの工夫が必要です．また，*k*-means 法では必ず各データが 1 つのグループに分類されます．

8.3.2　*k*-means 法の注意点

k-means 法には 2 つの注意点があります．1 つ目はデータの標準化が必要であること，2 つ目は各クラスタのサンプルサイズの不均一性に対する弱さです．

k-means 法のアルゴリズムは距離に依存しています．したがって，ある特徴量の値が他の特徴量に比べて大きい場合，クラスタリングの結果はその特徴量に引きずられてしまいます．この問題を避けるため，各特徴量を標準化（平均 0，分散 1 に変換）することが推奨されます．また，*k*-means 法は各クラスタのサンプルサイズが大体同じであることを暗黙のうちに仮定しています．そのため，一部のクラスタが非常に大きく，他のクラスタが小さい場合，結果が不適切になる可能性があります．この問題に対応するための 1 つの方法は，*k*-means 法の代わりに，クラスタサイズが異なっても適切に対応できるクラスタリング手法，たとえば，階層的クラスタリングを使うことです．

8.3.3　エルボー法

エルボー法（elbow method）は，クラスタリングにおいて最適なクラスタ数 k を決定する手法の 1 つです．クラスタ数 k を横軸に，クラスタ内誤差平方和（WCSS）を縦軸にプロットします．セントロイドと所属するデータ点との距離が小さいほど，つまり，データ点がセントロイド近くに凝集しているクラスタリングほど，WCSS は小さくなるはずですから，k の値がある値を超えると，WCSS の変化が緩やかになるはずです．エルボー法では，WCSS の変化が緩やかになり始める“エルボー”（肘）と呼ばれる曲線の折れ点における k を最適なクラスタ数として選択します．

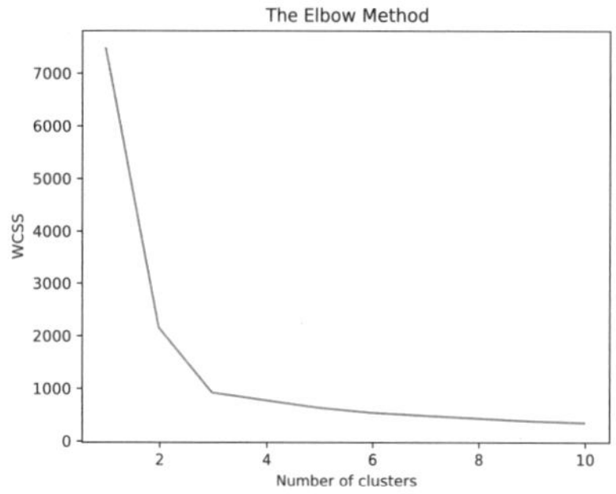

図 8.3: エルボー法の例（$k = 3$）

8.4　ウォーミングアップ

ソースコード 8.5 では，scikit-learn の `KMeans` クラスを使いますが，そこでの warning をなくすために，以下のソースコード 8.1 では，6〜8 行目で環境変数 `OMP_NUM_THREADS` の設定を行っています．

それでも warning が表示された場合は，おすすめはしませんが，

```
import warnings
warnings.filterwarnings('ignore')
```

を挿入すると warning を表示しなくなります．なお，特定の warning を表示しないようにするには，

```
import warnings
warnings.filterwarnings('ignore', message='KMeans is known to have a memory leak on Windows with MKL')
```

のようにします．

一般的に，Jupyter Notebook から実行する Python コードはそのプロセス内での環境変数を変更できます．しかし，その変更はそのプロセス，およびそのプロセスから起動される子プロセスにのみに影響を与えます．親プロセスや他のプロセスには影響を与えません．また，環境変数の変更はその後のコードの実

行にのみ影響を与えます．環境変数を設定した後にインポートされるライブラリや関数はその変更を反映しますが，それ以前にインポートされたライブラリや関数は影響を受けません．すでにライブラリがインポートされていて，そのライブラリが環境変数を読み込んでいる場合，そのライブラリは新しい環境変数の値を認識しない可能性があります．

そのため，ソースコード 8.1 の冒頭 1〜2 行目において環境設定をしています．

また，課題 8.6 で，標準化したワインデータを使うので，その練習もしてみましょう．

さらに，第 8.7 節で用いる `numpy.searchsorted` 関数についても練習しましょう．これは，ソートされた入力配列内で指定された値が位置すべきインデックス（添字）を見つけるために使用されます．入力配列は昇順にソートされている必要があります．

`np.searchsorted([0,1,2,3,4],2)` の部分を考えてみましょう．ここでは，ソート済みの配列 `[0,1,2,3,4]` と値 2 が引数として渡されています．2 がこの配列のどこに位置すべきかを求めると，その位置はインデックス 2 となります（インデックスは 0 から始まるため）．同様に，`np.searchsorted([0,1,2,3,4],2, side='right')` の部分を見てみましょう．ここでは，`side` 引数が `right` となっています．これは，指定した値と等しい要素が配列中に存在する場合，その要素の右側（つまり次の位置）に新しい値を挿入することを意味します．上記の例では，`2` は配列 `[0,1,2,3,4]` の 3 番目（インデックス 2）に位置するので，`2` を右側に挿入するときはインデックス `3` に挿入されるべきです．

ソースコード 8.1: 今回のウォーミングアップ

```
1  import os
2  os.environ['OMP_NUM_THREADS'] = '1'
3  import pandas as pd
4  import numpy as np
5  from sklearn.preprocessing import StandardScaler # 標準化用
6  from sklearn.datasets import load_wine # ワインデータ
7
8  # ワインデータの読み込み，標準化，表の作成
9  wine = load_wine() # ワインデータのロード
10 # 説明変数の標準化(特徴量スケーリング)，各特徴量が平均 0標準偏差 1になるように値を変換
11 sc = StandardScaler() # 標準化インスタンス生成
12 X_std = sc.fit_transform(wine.data) # 説明変数を標準化
13 wine_std_df = pd.DataFrame(X_std) # 標準化された説明変数をデータフレームに
14 wine_std_df.columns = wine.feature_names # 先頭行に列名を追記
15 display(wine_std_df.head()) # 標準化されたデータフレームを表示
16 display(wine_std_df.describe().iloc[1:3,:]) # 標準化された平均と標準偏差を表示
17
18 # 目的変数をDataFrame に新たな列（'Class'）として追加
19 wine_std_df['Class'] = wine.target
20 # 0, 20, 40, 60, 80, 100, 120, 140, 160行目の 9,12,13列を表示
21 display(wine_std_df.iloc[[0, 20, 40, 60, 80, 100, 120, 140, 160],[9, 12, 13]])
22
23 # 並べ替えと添え字
24 a = np.array([1, 5, 2, 3])
25 print(np.sort(a)) # 小さい順に並べる
26 np.argsort(a) # 小さい順に並べ替えたときの添え字
27
28 a = np.random.randint(10, size=10) # 0～9までの乱数を 10個生成
29 print(a, 'の要素を順に足すと', np.cumsum(a)) # 要素を足す
30 # 2を左側に挿入するとすれば，どの位置に挿入すべきか？ インデックス 1の次なのでインデックス 2
```

```
print(np.searchsorted([0,1,2,3,4],2))
# 2を右側に挿入するとすれば，どの位置に挿入すべきか？ インデックス2の次なのでインデックス3
print(np.searchsorted([0,1,2,3,4],2, side='right'))

# ユークリッド距離の練習
v1 = np.array([1,2,3])
v2 = np.array([4,5,6])
dist = np.sqrt(np.sum((v1-v2)**2)) # v1とv2のユークリッド距離を計算
print("v1とv2のユークリッド距離:", dist)

# np.random.choiceの練習
rand_choice = np.random.choice(10, 1) # 0～9の整数から1つランダムに選ぶ
print("ランダムに選んだ数:", rand_choice)

# np.minの練習
distances = np.array([[1,2,3], [4,5,6], [7,8,9]])
min_distance_sq = np.min(distances**2, axis=1) # 各行の最小値をとり，それを2乗する
print("行ごとの最小値の2乗:", min_distance_sq)

# sum()メソッドの練習
closest_dist_sq = np.array([1, 2, 3, 4, 5])
sum_closest_dist_sq = closest_dist_sq.sum() # 配列の全要素の合計を計算
print("全要素の合計:", sum_closest_dist_sq)
```

実行例

```
[1 2 3 5]
[8 0 9 6 1 0 4 1 3 1] の要素を順に足すと [ 8  8 17 23 24 24 28 29 32 33]
2
3
v1とv2のユークリッド距離: 5.196152422706632
ランダムに選んだ数: [8]
行ごとの最小値の2乗: [ 1 16 49]
全要素の合計: 15
```

	alcohol	malic_acid	ash	alcalinity_of_ash	magnesium	total_phenols	flavanoids
0	1.518613	-0.562250	0.232053	-1.169593	1.913905	0.808997	1.034819
1	0.246290	-0.499413	-0.827996	-2.490847	0.018145	0.568648	0.733629
2	0.196879	0.021231	1.109334	-0.268738	0.088358	0.808997	1.215533
3	1.691550	-0.346811	0.487926	-0.809251	0.930918	2.491446	1.466525
4	0.295700	0.227694	1.840403	0.451946	1.281985	0.808997	0.663351

	alcohol	malic_acid	ash	alcalinity_of_ash	magnesium	total_pher
mean	7.841418e-15	2.444986e-16	-4.059175e-15	-7.110417e-17	-2.494883e-17	-1.9553(
std	1.002821e+00	1.002821e+00	1.002821e+00	1.002821e+00	1.002821e+00	1.002821e

	color_intensity	proline	Class
0	0.251717	1.013009	0
20	0.256043	0.105428	0
40	0.463676	0.153196	0
60	-0.773474	-0.213021	1
80	-1.106553	-1.493188	1
100	-0.760497	-0.117486	1
120	-0.782125	-0.388168	1
140	-0.198156	-0.467781	2
160	1.121183	-0.722540	2

課題 8.1 ソースコード 8.1 の実行結果を確認せよ．

8.5 scikit-learn による *k* 近傍法

ここでも Iris データを利用します．*k* 近傍法では，訓練データをそのまま覚えておき，予測時に予測結果が計算されため，事前学習はありません．*k* 近傍法を使うには，`KNeighborsClassifier` クラスをインポートし，初期化の際に，点の数を `n_neighbors` で指定します．なお，これまでと同様，学習には `fit` メソッドを，予測には `predict` メソッドを使います．

ソースコード 8.2: scikit-learn による kNN

```
【必要なライブラリ等のインポート】

# k 近傍法
from sklearn.neighbors import KNeighborsClassifier

# Iris データの読み込み
iris = 【自分で補おう】

# 標準化した説明変数をX に
sc = StandardScaler() # 標準化インスタンス生成
X = 【自分で補おう】# 説明変数を標準化

# 目的変数をY に
Y = 【自分で補おう】

# データの分割, test_size = 0.4, random_state=2
X_train, X_test, Y_train, Y_test = 【自分で補おう】

# k 近傍法の初期化（インスタンス作成）n_neighbors=7
knn = KNeighborsClassifier(n_neighbors = 7)

# 学習
knn.fit(X_train,Y_train)

# テストデータの予測
Y_pred = knn.predict(X_test)
Y_pred_train = 【自分で補おう】

# accuracy_score による正解率
print('accracy_score による正解率(train):【自分で補おう】)
print('accracy_score による正解率(test):【自分で補おう】)
```

実行例

```
accracy_score による正解率 (train):0.9556
accracy_score による正解率 (test):0.9500
```

課題 8.2　ソースコード 8.2 の実行結果を確認せよ.

次に, k を変化させて正解率がどのように変わるかを見てみましょう.

ソースコード 8.3: k による正解率の変化

```
# k を変化させて正解率を確認
k_range = range(1, 91) # 1〜90までの数字を作成
accuracy = [] # 空のリストを作成

for k in【自分で補おう】:
    knn = KNeighborsClassifier(n_neighbors = k)
    knn.fit(X_train, Y_train)
    Y_pred = knn.predict(X_test)
    # append メソッドで, 変数accuracy に値を追加
    accuracy.append(metrics.accuracy_score(【自分で補おう】))

```

```
# 結果を表示
plt.【自分で補おう】
plt.xlabel('K for kNN')
plt.ylabel('Testing Accuracy')
```

実行例

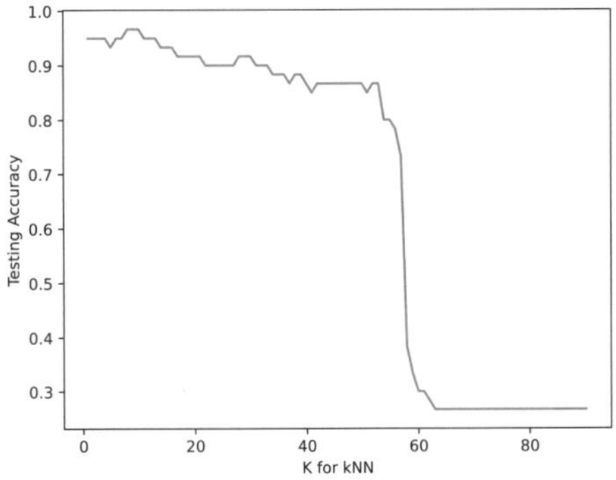

課題 8.3 ソースコード 8.3 の実行結果を確認せよ．また，この結果に対する自分の考えや解釈を述べよ．

これまでと同様に，分類状況を可視化するため，0 列目（花びらの長さ）と 2 列目（がく片の長さ）を説明変数として利用しましょう．

ソースコード 8.4: 分類結果の可視化

```
# KNN クラスの初期化と学習
knn = 【自分で補おう】  # 初期化 n_neighbors = 9
clf_knn = knn.fit(X_train[:, [0, 2]] , Y_train) # 学習結果をclf_knn へ代入
Y_pred = 【自分で補おう】 # テストデータで予測

# 訓練データ，テストデータの予測
Y_pred = 【自分で補おう】
Y_pred_train = 【自分で補おう】

# accuracy_score による正解率
print('accracy_score による正解率(train):【自分で補おう】)
print('accracy_score による正解率(test):【自分で補おう】)

# 分類結果を描画
fig,[ax1, ax2] = plt.subplots(1, 2, figsize=(12,6))
plot_decision_regions(X_test[:, [0, 2]] , Y_test, clf = clf_knn, legend = 2, ax = ax1)
plot_decision_regions(【自分で補おう】)

# グラフの情報を付加
ax1.set_xlabel('sepal length')
ax1.set_ylabel('petal length')
ax1.set_title('KNN on Iris (train)')
【自分で補おう】
```

実行例

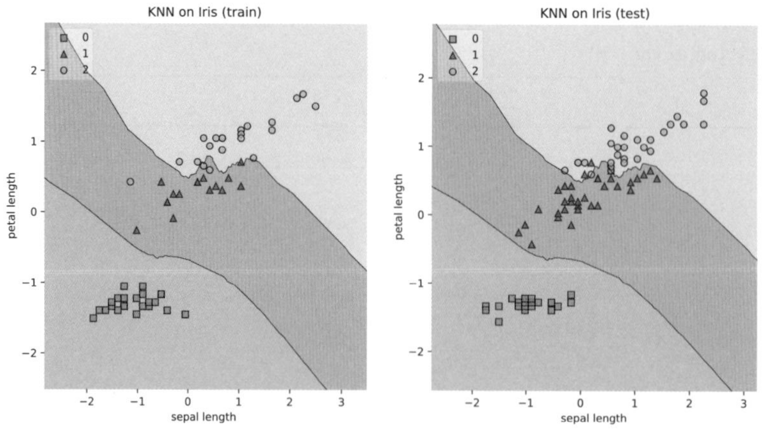

課題 8.4　ソースコード 8.4 の実行結果を確認せよ．また，k を変化させて分類結果をいくつか確認せよ．さらに，以下のように，距離を chebyshev($\max|x-y|$) にしたらどうなるかを確認せよ．

```
KNeighborsClassifier(n_neighbors = 9, metric="chebyshev")
```

これらの結果に対する自分の考えや解釈を述べよ．

8.6　scikit-learn による *k*-means 法

scikit-learn で k-means 法を行うには，KMeans クラスをインポートし，KMeans クラスの初期化パラメータ n_clusters でクラスタの数を指定します．また，init='random' を指定すると，データから n_clusters 個の初期セントロイドをランダムに選びます．ちなみに，これを省略すると，デフォルトで k-means++ となります．***k*-means++** は，初期セントロイドの間隔をなるべく広げてとるように工夫した手法で，k-means よりも安定的な結果が得られます．ここでは，init='k-means++' を明示的に指定します．なお，セントロイドの位置は，cluster_centers_属性で取得できます．

ここで，訓練データは sklearn.datasets モジュールの make_blobs 関数を使って作成することにします．make_blobs 関数は縦軸と横軸に各々指定した標準偏差（指定しないときは 1）の正規分布に従う乱数を生成する関数で，主にクラスタリング用のサンプルデータ生成に使われます．make_blobs 関数は，特に引数を与えなければ，−10 から +10 の範囲でランダムに 2 次元座標を選び，そこを中心に乱数の組を 100 個生成します．

ソースコード 8.5: scikit-learn による k-means

```
# k-means 法を使うためのインポート
import os
os.environ['OMP_NUM_THREADS'] = '1'
from sklearn.cluster import KMeans

# データ取得のためのインポート
from sklearn.datasets import make_blobs

# サンプルデータ生成，y は使わない
X, y = make_blobs(n_samples = 200,     # サンプル点の個数
                  n_features = 2,      # 次元数の指定
```

```
                    centers = 3,        # クラスタの個数
                    cluster_std = 1.5,  # クラスタ内の標準偏差
                    shuffle = True,     # サンプルをシャッフル
                    random_state=3)     # 乱数生成の状態を固定

# 生成された点をプロット
plt.figure(figsize=(12,5)) # 横 12, 縦 5
plt.subplot(121) # 縦に 1分割, 横に 2分割, 左上から数えて 1番目
plt.scatter(X[:,0],X[:,1],color='black')

# KMeans クラス, クラスタ数は 5, 実行回数は 10
kmeans = KMeans(n_clusters = 5, init = 'k-means++', random_state = 0, n_init = 10)  # 初期化
y_kmeans = kmeans.fit_predict(X) # クラスタ番号を求める(学習と予測)

# 可視化
plt.subplot(122) # 縦に 1分割, 横に 2分割, 左上から数えて 2番目
plt.scatter(X[y_kmeans == 0, 0], X[y_kmeans == 0, 1], s = 50, c = 'yellow', label = 'Cluster 1')
【自分で補おう】
plt.scatter(X[y_kmeans == 4, 0], X[y_kmeans == 4, 1], s = 50, c = 'magenta', label = 'Cluster 5')
plt.scatter(kmeans.cluster_centers_[:, 0], kmeans.cluster_centers_[:, 1], marker='*', s = 300, c =
      'red', label = 'Centroids')
plt.title('Clusters of make_blobs')
plt.xlabel('feature1')
plt.ylabel('feature2')
plt.legend()
plt.show()
```

実行例

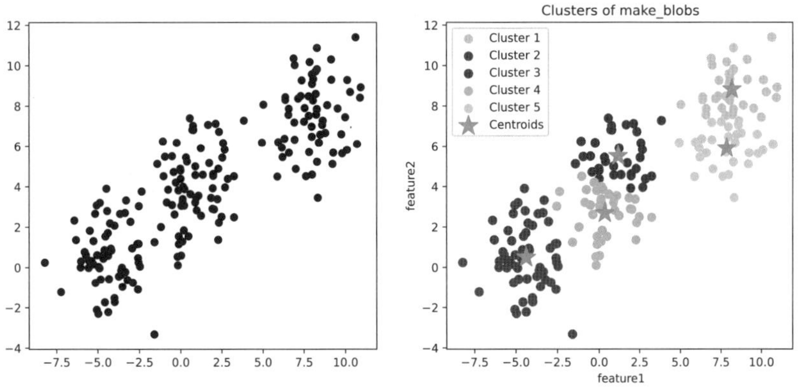

KMeans クラスのモデルを学習後は，inertia_属性を通じて WCSS の値を取得できます．これを使ってエルボー法を実行してみましょう．なお，ソースコード 8.6 の出力結果は，図 8.3 と同じになります．

ソースコード 8.6: WCSS の計算

```
from sklearn.cluster import KMeans
wcss = []
for i in range(1, 11):
    kmeans = KMeans(【自分で補おう】, random_state = 0)
    kmeans.fit(X)
    wcss.append(kmeans.inertia_)
【自分で補おう】
```

課題 8.5 ソースコード 8.5〜8.6 の実行結果を確認せよ．また，エルボー法の結果に基づいてクラスタ数を決定し，ソースコード 8.5 を実行せよ．これらの結果に対する自分の考えや解釈を述べよ．

課題 8.6 scikit-learn にあるワインデータに対して k-means 法を適用して，クラスタリングせよ．その際，エルボー法の結果に基づいてクラスタ数を決定すること．なお，今回は

```
wine.data[:,[9,12]]
```

として，9 列と 12 列のデータを利用する．また，説明変数を標準化すること．これらの結果に対する自分の考えや解釈を述べよ．

8.7 k-means 法の実装

第 8.3 節で述べたアルゴリズムを実装してみましょう．ここでは，ソースコード 8.5 と同じデータを用い，k-means++ でセントロイドの初期値を定めます．

k-means++ は，最初のセントロイドを互いになるべく離れた位置に配置するためのアルゴリズムです．

(1) 入力データからランダムに 1 つ選び，それを 1 つ目のセントロイドとする．

(2) セントロイドが k 個選ばれるまで，以下の手順を繰り返す．

 (a) 各入力データと各セントロイドとの距離を求める．

 (b) 入力データ $\boldsymbol{x}_i$ ごとに，最も近いセントロイドとの距離 $d(\boldsymbol{x}_i)$ を求める．

 (c) 距離の 2 乗に比例する確率

$$p(\boldsymbol{x}_p) = \frac{d(\boldsymbol{x}_p)^2}{\sum_i d(\boldsymbol{x}_i)^2}$$

 に従って，入力データの中からデータを 1 つ選択し，それをセントロイドとして採用する．手順 (c) のような選択方法は**ルーレット選択**（roulette selection，roulette wheel selection）と呼ばれる．

ソースコード 8.7 では，以下のように実装しています．

(1) まずは，各データ点と現時点で選ばれているセントロイドとの距離を計算し，変数 `distances` に格納する．ただし，距離はユークリッド距離 $\|\cdot\|$ を使う．つまり，n 次元ベクトル $\boldsymbol{x}, \boldsymbol{y}$ の距離を $d(\boldsymbol{x}, \boldsymbol{y}) = \|\boldsymbol{x} - \boldsymbol{y}\| = \sqrt{(x_1 - y_1)^2 + \cdots + (x_n - y_n)^2}$ とする．

(2) 次に，最も近いセントロイドとの距離の 2 乗和を求めるため，`np.min(distances ** 2, axis=1)` とする．この結果を変数 `closet_dist_sq` に格納し，次のセントロイドの抽選に使う．

(3) ルーレット選択の実装には，まずは，距離の 2 乗和 $\sum_i d(\boldsymbol{x}_i)^2$ が格納された `weights` を求める．和は，`closest_dist_sq.sum()` で求められる．`.sum()` は NumPy の `ndarray` オブジェクトのメソッドである．これは，配列の要素の合計を計算するためのメソッドで，引数に何も指定しないときには配列の全要素の合計を返す。

(4) そして，`weights` に，$[0, 1)$ の一様乱数 `np.random.random_sample()` を掛けて得た変数 `rand_vals` を使う．

(5) そして，`rand_vals` が `closet_dist_sq` の累積和 `np.cumsum(closet_dist_sq)` の結果より，

$$\sum_{i}^{k} d(\boldsymbol{x}_i)^2 \leq \texttt{rand\_vals} \leq \sum_{i}^{k+1} d(\boldsymbol{x}_i)^2$$

であったとき，次のセントロイドは $\boldsymbol{x}_{k+1}$ となるように決定する．この処理を行い，セントロイドのインデックスを返してくれるのが `np.searchsorted` 関数である．

$$\overbrace{d(x_1)^2 \leq [0,1) \text{ の乱数} \times \sum_i d(x_i)^2}^{\texttt{rand\_vals}} \leq d(x_1)^2 + d(x_2)^2$$

この場合は次のセントロイドが x_2

$d(x_1)^2$	$d(x_2)^2$	$d(x_3)^2$	$d(x_4)^2$

$$\sum_i d(x_i)^2 = \texttt{weights}$$

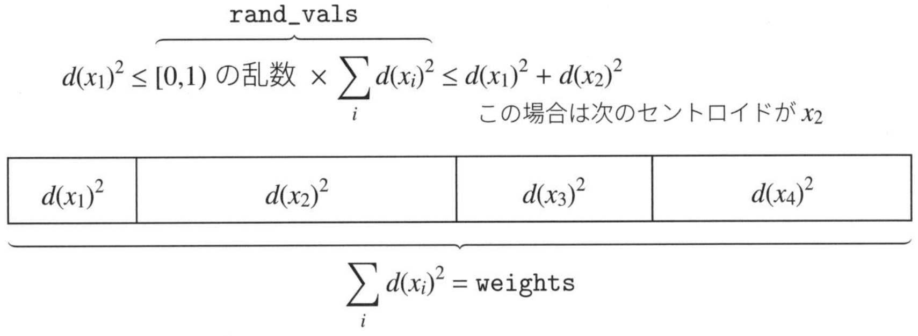

図 8.4: ルーレット選択のイメージ

なお，*k*-means 法の手順は，第 8.3 節を見てください．

ソースコード 8.7: *k*-means 法の実装

```python
import numpy as np
from sklearn.datasets import make_blobs
import matplotlib.pyplot as plt

# サンプルデータ生成，y は使わない
X, y = make_blobs(n_samples = 200,     # サンプル点の個数
                  n_features = 2,      # 次元数の指定
                  centers = 3,         # クラスタの個数
                  cluster_std = 1.5,   # クラスタ内の標準偏差
                  shuffle = True,      # サンプルをシャッフル
                  random_state=3)      # 乱数生成の状態を固定

class MyKmeans:
    def __init__(self, n_clusters=2,  max_iter=300):
        self.n_clusters = n_clusters
        self.max_iter = max_iter

    # 距離の計算，距離はユークリッド距離
    def compute_distances(self, X, k, n_data, centroids):
        distances = np.zeros((n_data, k))
        for i in range(k):
            dist = np.sqrt(np.sum((X-centroids[i])**2, axis = 1))
            distances[:, i] = dist
        return distances

# k-means 法
    def fit_predict(self, X, max_iter=300):
        X_size,n_features = X.shape

    # k-means++でセントロイドを初期化
    # 1つ目のセントロイドをランダムに選択
        idx = np.random.choice(X_size, 1)
        self.centroids = X[idx]
        for i in range(self.n_clusters - 1):
            # 各データ点とセントロイドとの距離を計算，k-means++，手順 (1)
            distances = self.compute_distances(X, len(self.centroids), X_size, self.centroids)

            # 各データ点と最も近いセントロイドとの距離の 2乗を計算
```

```
            closest_dist_sq = 【自分で補おう】 # k-means++, 手順 (2)

            # 距離の 2乗の和を計算
            weights = 【自分で補おう】 # k-means++, 手順 (3)

            # {0,1}の乱数と距離の 2乗和を掛ける
            rand_vals = 【自分で補おう】 # k-means++, 手順 (4)

            # 距離の 2乗の累積和を計算し, rand_val と最も値が近いデータ点の index を取得
            # k-means++, 手順 (5)
            candidate_ids = 【自分で補おう】(np.cumsum(closest_dist_sq), rand_vals)

            # 選ばれた点を新たなセントロイドとして追加
            self.centroids = np.vstack([self.centroids, X[candidate_ids]])

        # セントロイド初期化終了
        print("セントロイドの初期値")
        print(self.centroids)

        # 前のセントロイドと比較するために, 仮に新しいセントロイドを入れておく配列を用意
        new_centroids = np.zeros((self.n_clusters, n_features))

        # 各データ所属クラスタ情報を保存する配列を用意
        cluster = np.zeros(X_size)

        # 上限回数まで反復
        for epoch in range(self.max_iter):

            # 全データに対して繰り返し
            for i in range(X_size):

                # 各データとセントロイドの距離を計算, 平方根は省略(結果に影響なし)
                distances = np.sum(【自分で補おう】, axis=1) # k-means, 手順 (2-a)

                # 新たな所属クラスタを計算
                # データの所属クラスタを距離の一番近い重心を持つものに更新
                cluster[i] = np.argsort(【自分で補おう】)[0] # k-means, 手順 (2-b)

            # すべてのクラスタに対してセントロイドを再計算
            for j in range(self.n_clusters):
                new_centroids[j] = X[cluster==【自分で補おう】].mean(axis=0) # k-means, 手順 (2-c)

            # セントロイドが変わっていなかったら終了
            if np.sum(new_centroids == self.centroids) == self.n_clusters:
                print("break")
                break
            self.centroids = 【自分で補おう】 # k-means, 手順 (2-d)
        return cluster

# k-means 法の実行
kmeans = MyKmeans(n_clusters = 3) # インスタンスの生成
y_kmeans = kmeans.fit_predict(X) # クラスタリング

# セントロイドの表示
print("セントロイド")
print(kmeans.centroids)
```

```

# 可視化
【自分で補おう】
```

実行例

```
セントロイドの初期値
[[-6.41189233  2.32949254]
 [ 1.74164057  5.17728105]
 [ 9.26388795  5.68726613]]
セントロイド
[[-4.30531949  0.55472246]
 [ 0.7685046   4.02169786]
 [ 7.98341996  7.53493663]]
```

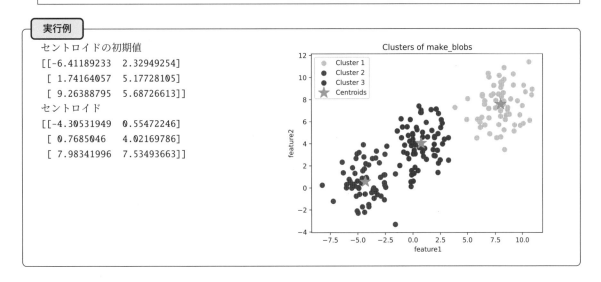

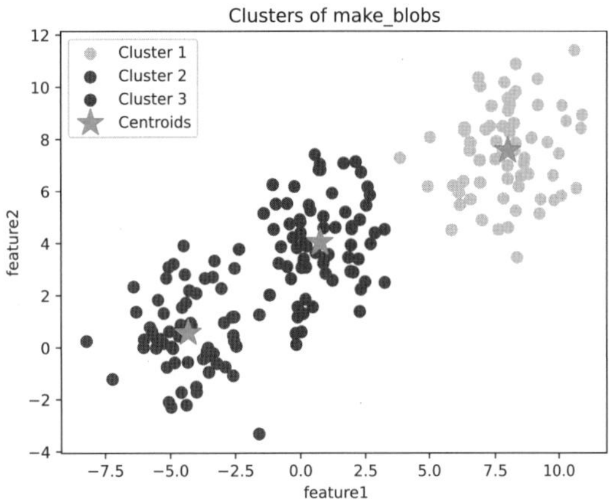

課題 8.7　ソースコード 8.7 の実行結果を確認せよ．また，この結果や課題 8.5 などの結果に対する自分の考えや解釈を述べよ．

第9章
主成分分析

一般的には，変数や特徴量を増やすことでモデルの性能は高まります．しかし，扱うデータの次元が増えると，モデルのパラメータ数や計算量が指数関数的に増え，過学習を起こしたり，モデルの学習がしづらくなったりします．これを**次元の呪い**（the curse of dimensionality）と呼びます．次元の呪いを緩和するためには，**特徴量選択**（feature selection）で必要な特徴量を選んだり，**次元圧縮**（dimensionality compression）でデータの情報をできるだけ保持しつつ低次元に圧縮するなどの手法があります．次元圧縮は**次元削減**（dimensionality reduction）とも呼ばれます．

本章では，次元圧縮の方法の1つである主成分分析（PCA）について説明します．主成分分析は，教師なし学習であり，データから分散を最大に捉える新たな特徴（主成分）を生成し，それに基づいてデータを低次元に圧縮する方法です．

9.1 共分散行列

主成分分析において，共分散行列が重要な役割を果たすので，まずは，それを定義し，その性質を見てみましょう．

共分散行列

定義 9.1　N 個の p 次元ベクトル $\boldsymbol{x}_n = {}^t[x_{n1}, \ldots, x_{np}]$（$n = 1, 2 \ldots, N$）の平均を $\overline{\boldsymbol{x}} = \frac{1}{N}\sum_{n=1}^{N} \boldsymbol{x}_n = {}^t[\overline{x}_1, \ldots, \overline{x}_p]$ とし，各ベクトルから平均を引いた**平均偏差ベクトル**（mean-deviation vector）を $\boldsymbol{y}_n = \boldsymbol{x}_n - \overline{\boldsymbol{x}} = {}^t[y_{n1}, \ldots, y_{np}]$ とする．このとき，**共分散行列**（covariance matrix）V を次式で定義する．

$$V = \frac{1}{N}\sum_{n=1}^{N} \boldsymbol{y}_n {}^t\boldsymbol{y}_n = \frac{1}{N}\sum_{n=1}^{N} \begin{bmatrix} y_{n1}y_{n1} & y_{n1}y_{n2} & \cdots & y_{n1}y_{np} \\ y_{n2}y_{n1} & y_{n2}y_{n2} & \cdots & y_{n2}y_{np} \\ \vdots & \vdots & \cdots & \vdots \\ y_{np}y_{n1} & y_{np}y_{n2} & \cdots & y_{np}y_{np} \end{bmatrix} \tag{9.1}$$

式 (9.1) より共分散行列 V は対称行列であることがわかります．また，

$$\frac{1}{N}\sum_{n=1}^{N} \boldsymbol{y}_n = \frac{1}{N}\sum_{n=1}^{N}(\boldsymbol{x}_n - \boldsymbol{x}) = \frac{1}{N}\left(\sum_{n=1}^{N} \boldsymbol{x}_n - \sum_{n=1}^{N} \overline{\boldsymbol{x}}\right) = \frac{1}{N}(N\overline{\boldsymbol{x}} - N\overline{\boldsymbol{x}}) = \boldsymbol{0}$$

なので，$\boldsymbol{y}_n$（$n = 1, 2, \ldots, N$）の平均は原点 O です．さらに，定理 9.1 が示す通り，共分散行列 V は半正定値です．

共分散行列の半正定値対称性

定理 9.1　共分散行列 V は半正定値対称行列である．ここで，p 次正方行列 V が半正定値行列であるとは，$\boldsymbol{x} \neq \boldsymbol{0}$ となる任意のベクトル $\boldsymbol{x} \in \mathbb{R}^p$ に対して，$(\boldsymbol{x}, V\boldsymbol{x}) = {}^t\boldsymbol{x}V\boldsymbol{x} \geq 0$ を満たすものをいう．

（証明）
対称性は明らかなので，半正定値性のみ示す．$\mathbf{0}$ でない任意の $\boldsymbol{x} \in \mathbb{R}^p$ に対して，

$$(\boldsymbol{x}, V\boldsymbol{x}) = \left(\boldsymbol{x}, \left(\frac{1}{N}\sum_{n=1}^{N} \boldsymbol{y}_n{}^t\boldsymbol{y}_n\right)\boldsymbol{x}\right) = \frac{1}{N}\sum_{n=1}^{N}(\boldsymbol{x}, \boldsymbol{y}_n{}^t\boldsymbol{y}_n\boldsymbol{x}) = \frac{1}{N}\sum_{n=1}^{N}{}^t\boldsymbol{x}\boldsymbol{y}_n{}^t\boldsymbol{y}_n\boldsymbol{x} = \frac{1}{N}\sum_{n=1}^{N}(\boldsymbol{x}, \boldsymbol{y}_n)(\boldsymbol{y}_n, \boldsymbol{x}) = \frac{1}{N}\sum_{n=1}^{N}(\boldsymbol{x}, \boldsymbol{y}_n)^2 \geq 0$$

なので，V は半正定値である． ■

定理 9.1 と次の定理 9.2 より，共分散行列の固有値は非負であることがわかります．

半正定値行列と固有値

定理 9.2　p 次正方行列 V が半正定値ならば，V の固有値は非負である．

（証明）
V の固有値を λ_i，対応する固有ベクトルを $\boldsymbol{x}_i$ とすると，

$$V\boldsymbol{x}_i = \lambda_i\boldsymbol{x}_i \quad (i = 1, 2, \ldots, p)$$

なので，

$$(\boldsymbol{x}_i, V\boldsymbol{x}_i) = \lambda_i(\boldsymbol{x}_i, \boldsymbol{x}_i) = \lambda_i\|\boldsymbol{x}_i\|^2$$

である．ここで，V は半正定値なので，$(\boldsymbol{x}_i, V\boldsymbol{x}_i) \geq 0$ が成り立つ．よって，$\lambda_i \geq 0$ である． ■

9.2 主成分分析と分散

たとえば，観測された各データを区別したい場合，データの散らばりを最大になるように次元を削減すれば，低次元化された領域においてもデータが区別できるはずです．そのためには，データの広がり具合を定量化した分散を最大化するような座標軸を新たに見つければよいでしょう．つまり，次元を削減するには，観測データの集合に対して分散の大きな軸を見つけ，これら少数の軸が張る低次元の部分空間を構成し，観測データをこの部分空間に射影すればいいのです．

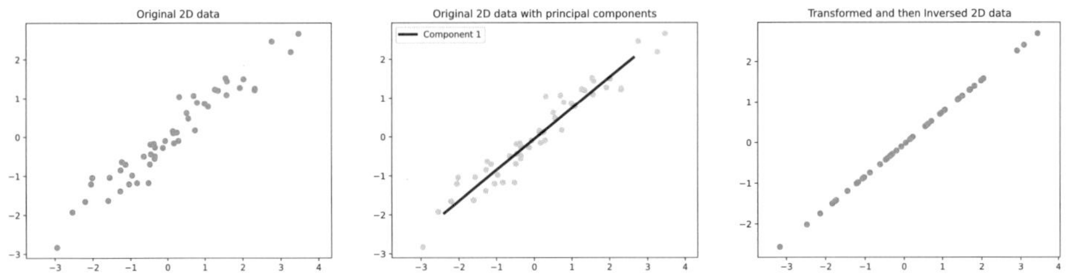

(a) もとのデータ　(b) 分散が最大になる軸（主軸）を探す　(c) 主軸に射影する

図 9.1: 主成分分析のイメージ

そこで，p 次元の平均偏差ベクトル $\boldsymbol{y}_n \in \mathbb{R}^p$ を次の形で r 次元ベクトルに射影して次元削減することを考えます．

$$\boldsymbol{f}_n = {}^tW\boldsymbol{y}_n \subset \mathbb{R}^r \quad (r \leq p, n = 1, 2, \ldots, N) \tag{9.2}$$

ここで，W は**射影行列**（projection matrix）と呼ばれるもので，以下のように定義されます．

$$W := [\boldsymbol{w}_1, \boldsymbol{w}_2, \ldots, \boldsymbol{w}_r] \in \mathbb{R}^{p\times r} \tag{9.3}$$

また，W の列ベクトルは互いに正規直交すると仮定します．つまり，$i \neq j$ のとき $(\boldsymbol{w}_i, \boldsymbol{w}_j) = {}^t\boldsymbol{w}_i\boldsymbol{w}_j = 0$ で，$\|\boldsymbol{w}_i\|^2 = (\boldsymbol{w}_i, \boldsymbol{w}_i) = {}^t\boldsymbol{w}_i\boldsymbol{w}_i = 1$ と仮定します．

分散の最大化という考えに基づき，$\boldsymbol{y} \in \mathbb{R}^p$ の射影 $\boldsymbol{f} = {}^tW\boldsymbol{y} \in \mathbb{R}^r$ の第 1 成分 f_1 の分散

$$\sigma_{f_1}^2 = \frac{1}{N}\sum_{n=1}^{N} f_{n1}^2 \tag{9.4}$$

を最大にするような $\boldsymbol{w}_1 \in \mathbb{R}^p$ を求めることを考えます．ただし，$\boldsymbol{f} = {}^t[f_1, \ldots, f_r]$，$\boldsymbol{f}_n = {}^t[f_{n1}, \ldots, f_{nr}]$ です．

$\boldsymbol{y}_n$ を $\boldsymbol{w}_1$ へ射影した座標が f_{n1} なので，$(\boldsymbol{y}_n - f_{n1}\boldsymbol{w}_1, \boldsymbol{w}_1) = (\boldsymbol{y}_n, \boldsymbol{w}_1) - f_{n1}(\boldsymbol{w}_1, \boldsymbol{w}_1) = 0$ であり，これより，

$$f_{n1} = {}^t\boldsymbol{w}_1\boldsymbol{y}_n = {}^t\boldsymbol{y}_n\boldsymbol{w}_1 \quad (\boldsymbol{y}_n \in \mathbb{R}^p) \tag{9.5}$$

が成り立ちます．式 (9.5) を (9.4) に代入すると，次のようになります．

$$\sigma_{f_1}^2 = \frac{1}{N}\sum_{n=1}^{N}({}^t\boldsymbol{w}_1\boldsymbol{y}_n)^2 = \frac{1}{N}\sum_{n=1}^{N}{}^t\boldsymbol{w}_1\boldsymbol{y}_n{}^t\boldsymbol{y}_n\boldsymbol{w}_1 = {}^t\boldsymbol{w}_1\left(\frac{1}{N}\sum_{n=1}^{N}\boldsymbol{y}_n{}^t\boldsymbol{y}_n\right)\boldsymbol{w}_1 = {}^t\boldsymbol{w}_1 V\boldsymbol{w}_1 \tag{9.6}$$

V は式 (9.1) で定義された共分散行列です．

ここで，ベクトル $\boldsymbol{w}_1$ を変えると，$\sigma_{f_1}^2$ も変わることに注意してください．$\boldsymbol{w}_1$ に何らかの制約を課しておかないと，f_1 もそれに応じて変わってしまい，分散の最大化そのものに意味がなくなってしまいます．そのため，$\boldsymbol{w}_i$ は互いに正規直交するという制約条件を課しています．

結局，分散を最大とするベクトル $\boldsymbol{w}_1$ を見つけるためには，次の制約付き最適化問題を解けばいいことになります．

$$\underset{\boldsymbol{w}_1\in\mathbb{R}^p}{\text{maximize}}\ {}^t\boldsymbol{w}_1 V\boldsymbol{w}_1, \quad \text{subject to } \|\boldsymbol{w}_1\|^2 = 1 \tag{9.7}$$

式 (9.7) は，「$\|\boldsymbol{w}_1\|^2 = 1$ という条件下で，${}^t\boldsymbol{w}_1 V\boldsymbol{w}_1$ を最大化する $\boldsymbol{w}_1 \in \mathbb{R}^p$ を求める」，という意味です．

この問題を解くには，ラグランジュの未定乗数法を使います．詳細は微分積分学の教科書に譲ることとし，ここでは結果のみを示します．

ラグランジュの未定乗数法（method of Lagrange multipliers）

定理 9.3 $g : \mathbb{R}^n \to \mathbb{R}$ と $f : \mathbb{R}^n \to \mathbb{R}$ が連続微分可能で，f が制約条件 $g(\boldsymbol{x}) = c$ のもとで極値を持つとする．また，$\nabla g(\boldsymbol{x}_0) \neq \boldsymbol{0}$ が成り立つとする．このとき，λ_0 という値が存在して，

$$\nabla f(\boldsymbol{x}_0) = \lambda_0 \nabla g(\boldsymbol{x}_0) \tag{9.8}$$

と表せる．ここで，λ_0 は**ラグランジュ乗数**（Lagrange multiplier）と呼ばれる．

ラグランジュ関数（Lagrange function）

$$L(\boldsymbol{x}, \lambda) = f(\boldsymbol{x}) + \lambda(c - g(\boldsymbol{x})) \tag{9.9}$$

を用いると，式 (9.8) と $g(\boldsymbol{x}_0) = c$ は以下のように書き直すことができます．

$$\frac{\partial L}{\partial \boldsymbol{x}}(\boldsymbol{x}_0, \lambda_0) = \boldsymbol{0}, \quad \frac{\partial L}{\partial \lambda}(\boldsymbol{x}_0, \lambda_0) = 0 \tag{9.10}$$

制約条件が複数の場合，たとえば，制約条件が $g_1(\boldsymbol{x}) = c_1$ と $g_2(\boldsymbol{x}) = c_2$ の 2 つの場合は，ラグランジュ関数を

$$L(\boldsymbol{x}, \lambda, \mu) = f(\boldsymbol{x}) + \lambda(c_1 - g_1(\boldsymbol{x})) + \mu(c_2 - g_2(\boldsymbol{x}))$$

とし，偏導関数

$$\frac{\partial L}{\partial \boldsymbol{x}}(\boldsymbol{x}_0, \lambda_0, \mu_0) = \boldsymbol{0}, \quad \frac{\partial L}{\partial \lambda}(\boldsymbol{x}_0, \lambda_0, \mu_0) = 0, \quad \frac{\partial L}{\partial \mu}(\boldsymbol{x}_0, \lambda_0, \mu_0) = 0$$

を考えます．

9.3 主成分分析の方法

式 (9.7) を踏まえて，ここでは制約条件付き最適化問題

$$\underset{w}{\text{maximize}}\ {}^t\boldsymbol{w}V\boldsymbol{w}, \quad \text{subject to } \|\boldsymbol{w}\|^2 = {}^t\boldsymbol{w}\boldsymbol{w} = 1 \tag{9.11}$$

を考えます．まず，λ をラグランジュ乗数とすれば，ラグランジュの未定乗数法より，ラグランジュ関数

$$L(\boldsymbol{w}, \lambda) = {}^t\boldsymbol{w}V\boldsymbol{w} + \lambda(1 - {}^t\boldsymbol{w}\boldsymbol{w}) \tag{9.12}$$

によって，式 (9.11) の解は

$$\frac{\partial L(\boldsymbol{w}, \lambda)}{\partial \boldsymbol{w}} = 2{}^t\boldsymbol{w}V - 2\lambda{}^t\boldsymbol{w} = \boldsymbol{0} \tag{9.13}$$

を満たすことがわかります[1]．V は対称行列なので，式 (9.13) の転置を考えると，

$$V\boldsymbol{w} = \lambda\boldsymbol{w} \tag{9.14}$$

であり，これを満たす $\boldsymbol{w}$ が，$\|\boldsymbol{w}\|^2 = 1$ という条件下で，${}^t\boldsymbol{w}V\boldsymbol{w}$ を最大化する軸方向のベクトルの候補となります．

V は半正定値なので，その固有値を

$$\lambda_1 \geq \lambda_2 \geq \cdots \geq \lambda_p \geq 0$$

とし，対応する固有ベクトルを $\boldsymbol{w}_i$（$i = 1, 2, \ldots, p$）とすれば，式 (9.5) と (9.6) と同様に考えて，

$$\sigma_{f_i}^2 = {}^t\boldsymbol{w}_i V \boldsymbol{w}_i = {}^t\boldsymbol{w}_i \lambda_i \boldsymbol{w}_i = \lambda_i \tag{9.15}$$

が得られます．したがって，式 (9.11) の解は，最大固有値 λ_1 に対応する固有ベクトル $\boldsymbol{w}_1$ となります．この $\boldsymbol{w}_1$ を第 1 **主成分**（principal component）といい，この軸に射影して得られる $f_1 = {}^t\boldsymbol{w}_1\boldsymbol{y}$ を $\boldsymbol{y}$ の第 1 **主成分得点**（principal component score）いいます．

次に，第 1 主成分の軸と直交するという条件を加えて，分散が 2 番目に大きくなる軸を見つけましょう．そのためには，

$$\underset{w}{\text{maximize}}\ {}^t\boldsymbol{w}V\boldsymbol{w}, \quad \text{subject to } {}^t\boldsymbol{w}\boldsymbol{w} = 1, \quad {}^t\boldsymbol{w}_1\boldsymbol{w} = 0 \tag{9.16}$$

を解けばいいでしょう．λ, μ をラグランジュ乗数として，ラグランジュ関数

$$L(\boldsymbol{w}, \lambda, \mu) = {}^t\boldsymbol{w}V\boldsymbol{w} + \lambda(1 - {}^t\boldsymbol{w}\boldsymbol{w}) - \mu{}^t\boldsymbol{w}_1\boldsymbol{w} \tag{9.17}$$

を用いると，式 (9.16) の解は

$$\frac{\partial L(\boldsymbol{w}, \lambda, \mu)}{\partial \boldsymbol{w}} = 2{}^t\boldsymbol{w}V - 2\lambda{}^t\boldsymbol{w} - \mu{}^t\boldsymbol{w}_1 = \boldsymbol{0} \tag{9.18}$$

を満たします．式 (9.18) の右側から $\boldsymbol{w}_1$ を掛けると，

$$2{}^t\boldsymbol{w}V\boldsymbol{w}_1 - 2\lambda{}^t\boldsymbol{w}\boldsymbol{w}_1 - \mu{}^t\boldsymbol{w}_1\boldsymbol{w}_1 = 0 \tag{9.19}$$

なので，式 (9.19) および $V\boldsymbol{w}_1 = \lambda_1\boldsymbol{w}_1$，${}^t\boldsymbol{w}_1\boldsymbol{w} = {}^t\boldsymbol{w}\boldsymbol{w}_1 = 0$，${}^t\boldsymbol{w}_1\boldsymbol{w}_1 = 1$ より，

$$2\lambda_1{}^t\boldsymbol{w}\boldsymbol{w}_1 - \mu = 0 \Longrightarrow \mu = 0 \tag{9.20}$$

---

[1] 式 (9.13) は，式 (9.11) の解であるための必要条件であり，十分条件ではないので，厳密にいえば，式 (9.13) の解が式 (9.11) の解になることを確認しなければなりません．ただし，ここでは，V は半正定値であるため，${}^t\boldsymbol{w}V\boldsymbol{w} \geq 0$ であり，$\|\boldsymbol{w}\|^2 = 1$ という制約により ${}^t\boldsymbol{w}V\boldsymbol{w}$ が無限大に発散することはないため，最大値が存在すると考えて差し支えありません．

を得ます．したがって，式 (9.18) の転置を考えると

$$Vw = \lambda w \tag{9.21}$$

が得られます．よって，$\boldsymbol{w}_1$ と直交するという条件下で分散を最大にする $\boldsymbol{w}$ は，V の 2 番目に大きい固有値 λ_2 に対応する固有ベクトル $\boldsymbol{w}_2$ になります．この $\boldsymbol{w}_2$ を第 2 主成分といい，この軸に射影して得られる $f_2 = {}^t\boldsymbol{w}_2\boldsymbol{y}$ を $\boldsymbol{y}$ の第 2 主成分得点といいます．

同様にして，第 i 主成分は，共分散行列 V の i 番目に大きい固有値 λ_i に対応する固有ベクトル $\boldsymbol{w}_i$ であることがわかります．

このようにして，p 次元ベクトル $\boldsymbol{y}$ を

$$\boldsymbol{f} = {}^tW\boldsymbol{y} \quad (W = [\boldsymbol{w}_1, \boldsymbol{w}_2, \ldots, \boldsymbol{w}_r]) \tag{9.22}$$

という操作で，低次元の r 次元ベクトル $\boldsymbol{f}$ に変換することを**主成分分析**（PCA：Principal Component Analysis）といいます．式 (9.22) は線形計算なので，主成分分析は線形計算による次元削減です．そのため，データが非線形の構造を持つ場合にはうまく機能しない可能性があります．

なお，式 (9.22) の転置を考えると，

$$[f_1, f_2, \ldots, f_r] = [y_1, \ldots, y_r, \ldots, y_p]\begin{bmatrix} w_{11} & \cdots & w_{r1} \\ w_{12} & \cdots & w_{r2} \\ \vdots & & \vdots \\ w_{1p} & \cdots & w_{rp} \end{bmatrix}$$

となります．これは，

$$[f_1, \ldots, f_r, f_{r+1}, \ldots, f_p] = [y_1, \ldots, y_r, \ldots, y_p]\left[\begin{array}{ccc|ccc} w_{11} & \cdots & w_{r1} & w_{r+1,1} & \cdots & w_{p1} \\ w_{12} & \cdots & w_{r2} & w_{r+1,2} & \cdots & w_{p2} \\ \vdots & & \vdots & \vdots & & \vdots \\ w_{1p} & \cdots & w_{rp} & w_{r+1,p} & \cdots & w_{pp} \end{array}\right]$$

の青字部分を削除したものです．

9.4 寄与率

主成分分析を行う際，その主成分の数は少なければ少ないほどいいですが，何個ぐらいあればいいかを考えてみましょう．

V は p 次正方行列なので，その固有値の数は重複も含めて p 個あり，式 (9.15) より，第 i 主成分に射影されたデータの分散は $\sigma_{f_i}^2 = {}^t\boldsymbol{w}_iV\boldsymbol{w}_i = \lambda_i$ です．

そこで，各主成分がデータの全体的な分散をどれだけ説明しているかを示す指標として，

$$Q_i = \frac{\lambda_i}{\lambda_1 + \lambda_2 + \cdots + \lambda_p} = \frac{\lambda_i}{\sum_{j=1}^{p} \lambda_j} \tag{9.23}$$

を考え，これを**寄与率**（contribution ratio）あるいは，**分散説明率**（explained variance ratio）といいます．これは，全体の分散に対するその主成分の分散の割合を示します．寄与率が高いほど，その主成分が持つ情報が多いといえます．

そして，第 k 主成分までの寄与率の総和を

$$R_k = Q_1 + Q_2 + \cdots + Q_k = \sum_{j=1}^{k} Q_j \tag{9.24}$$

と表し，これを，**累積寄与率**（cumulative contribution ratio）あるいは**累積分散説明率**（cumulative explained variance ratio）といいます．特定の数の主成分がデータの全体的な分散をどれだけ説明しているかを示す指標です．累積寄与率を調べることで，データの全体的な特性を十分に捉えるのに必要な主成分の数を決めることができます．だいたい，累積寄与率が 0.6〜0.8，つまり，60〜80% くらいを目安として主成分の個数を決めるといいでしょう．

9.5 scikit-learn による主成分分析

本節では，乳がんデータを使って主成分分析を行います．乳がんデータを取得するために `sklearn.datasets` モジュールの `load_breast_cancer` 関数を用います．

データの読み込みを行った後，目的変数である `cancer.target` の値が「malignant（悪性）」か「benign（良性）」に応じて，各説明変数の分布を可視化すると，ソースコード 9.1 の後に示す図が得られます．これまでヒストグラムの作成には `sns.countplot` 関数を用いてきましたが，今回は新たな練習として，`np.histogram` 関数を利用することとします．

ソースコード 9.1: 乳がんデータの可視化

```
【必要なライブラリ等のインポート】

# 乳がんデータを読み込むためのインポート
from sklearn.datasets import load_breast_cancer

# 乳がんデータの取得
cancer = load_breast_cancer()

# データをmalignant（悪性）か benign（良性）に分けるためのフィルタ処理
# malignant（悪性）は cancer.target が 0
malignant = cancer.data[cancer.target==0]

# benign（良性）は cancer.target が 1
benign = cancer.data[cancer.target==1]

# malignant（悪性）がブルー，benign（良性）がオレンジのヒストグラム
# 各図は各々の説明変数と目的変数との関係を示したヒストグラム
fig, axes = plt.subplots(6,5,figsize=(20,20))
ax = axes.ravel() # axes を 1 次元の array にする
for i in range(30):
    _,bins = np.histogram(cancer.data[:,i], bins=50)
    ax[i].hist(malignant[:,i], bins, alpha=0.5, color="blue")
    ax[i].hist(benign[:,i], bins, alpha=0.5, color="darkorange")
    ax[i].set_title(cancer.feature_names[i])
    ax[i].set_yticks(()) # y 軸の目盛りを表示しない

# ラベルの設定
ax[0].set_ylabel('Count')
ax[0].legend(['malignant','benign'],loc='best')
fig.tight_layout()
```

作成したヒストグラムからは，多くの場合で malignant と benign のデータが重なり合っていることがわかります．この状態では，悪性と良性のデータを明確に区別するための境界線を設定するのは困難です．そこで，説明変数を標準化し，主成分分析を行って説明変数の次元（本データセットでは説明変数の数が 30 なので，次元は 30）を削減します．そして，主成分の数（`n_components`）を 2 とし，scikit-learn の `StandardScaler` クラスを用いてデータの標準化を行います．

実行例

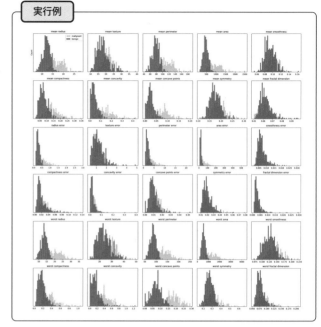

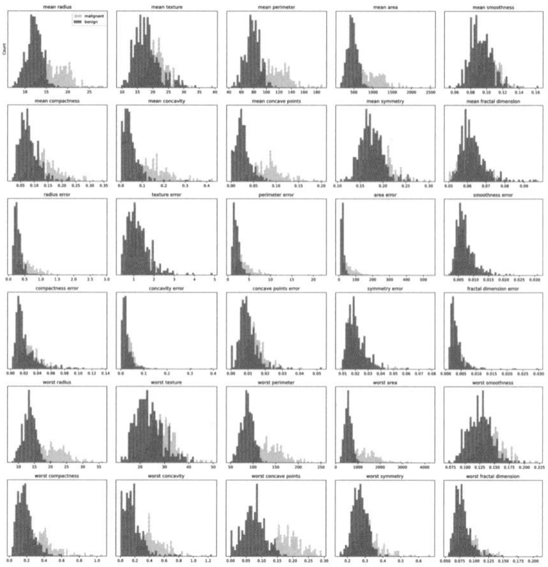

主成分分析は `sklearn.decomposition` モジュールの PCA クラスを用いて実行できます．PCA クラスのオブジェクトを初期化する際には，抽出したい主成分の数を `n_components` で指定します．通常はもとの変数の数よりも少ない値を設定します．そして，`fit` メソッドを用いて主成分の抽出に必要な情報を学習します．ここでいう「学習」とは，固有値と固有ベクトルの計算を指します．

以下のプログラムを実行して `explained_variance_ratio_` 属性の値を確認すると，変数の数が 2 つに削減されても，もとの情報の約 63%（= 0.443 + 0.19）が，第 1 主成分と第 2 主成分に凝縮されていることがわかります．

課題 9.1　ソースコード 9.1 の実行結果を確認せよ．

ソースコード 9.2: scikit-learn による PCA

```
【必要なライブラリ等のインポート】
from sklearn.decomposition import PCA # PCA クラスのインポート


# データの標準化
sc = StandardScaler() # インスタンスの生成
X_std = 【自分で補おう】(cancer.data) # 説明変数の標準化

# 主成分分析
pca = PCA(n_components=2) # PCA クラスのインスタンス作成，主成分数は 2
pca.fit(X_std) # PCA は主成分の方向の学習
X_pca = pca.transform(X_std) # 次元削減，2次元の主成分空間に射影

# 主成分分析結果を表示，第 2主成分まで
print('主成分の形状:{}'.format(X_pca.shape))
print('寄与率:{}'.format(pca.explained_variance_ratio_))
print('固有値:{}'.format(pca.explained_variance_))
print('固有ベクトルの形状:{}'.format(pca.components_.shape)) #（主成分の次元，もとの次元）
print('固有ベクトル:{}'.format(pca.components_))
```

実行例

```
主成分の形状:(569, 2)
寄与率:[0.44272026 0.18971182]
固有値:[13.30499079  5.7013746 ]
固有ベクトルの形状:(2, 30)
固有ベクトル:[[ 0.21890244  0.10372458  0.22753729  0.22099499  0.14258969  0.23928535
【途中省略】
   0.17230435  0.14359317  0.09796411 -0.00825724  0.14188335  0.27533947]]
```

課題 9.2　ソースコード 9.2 の実行結果を確認せよ.

出力結果から「主成分の形状:(569, 2)」という情報が得られます. これは, 主成分分析を行った結果, データが 569 行 2 列（つまり 2 つの変数）になっていることを示しています. 2 つの変数となっているのは, 主成分の数を 2 と設定したためです.

次に, この次元を減らしたデータを視覚化するために, 第 1 主成分と第 2 主成分のデータに目的変数を対応付け, 良性と悪性のデータに分けます.

ソースコード 9.3: PCA 結果の可視化

```
# 列にラベルを付ける, 1つ目が第1主成分, 2つ目が第2主成分
X_pca = pd.DataFrame(X_pca, columns=['pc1','pc2'])

# 上のデータに目的変数(cancer.target) を concat を使って横に結合する
X_pca = 【自分で補おう】([X_pca, pd.DataFrame(cancer.target, columns=['target'])], axis=1)

# 悪性と良性を分ける
pca_malignant = X_pca[X_pca['target']==0]
pca_benign = X_pca[X_pca['target']==1]

# 悪性をプロット
ax = pca_malignant.plot.scatter(x='pc1', y='pc2', color='red', label='malignant');

# 良性をプロット
pca_benign.plot.scatter(x='pc1', y='pc2', color='blue', label='benign', ax=ax);
```

右図がその結果となります.「malignant（悪性)」は赤色（本書は黒色),「benign（良性)」は青色でプロットされています. この図から, 良性と悪性を区別できそうだと判断できるのではないでしょうか.

実行例

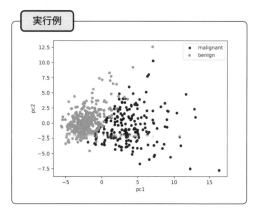

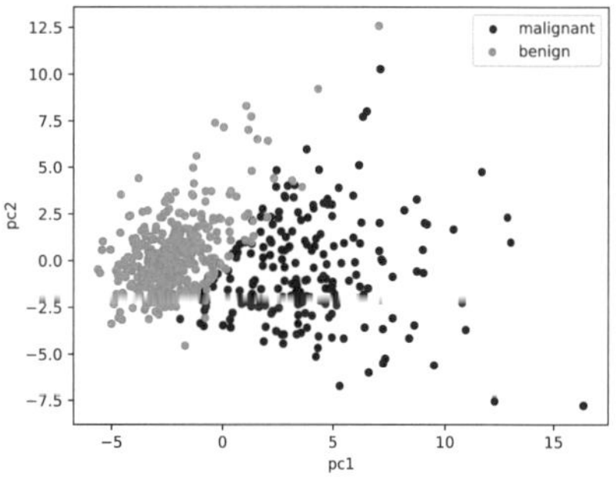

今回のケースでは, 2 つの主成分だけで目的変数のクラスをほぼ分離できていることがわかります. このように次元削減を行うことで, 高次元データの解析や可視化が容易になることがあります. 変数が多く, どの変数を分析に使うべきかが不明な場合などは, まず主成分分析を行い, 各主成分と目的変数の関係を明らかにします. その上で, 各主成分ともとの変数との関係から, もとの変数と目的変数との関係を解釈することで, データへの理解が深まると期待できます.

課題 9.3　ソースコード 9.3 の実行結果を確認せよ. また, この結果に対する自分の考えや解釈を述べよ.

続いて，得られた主成分を訓練データとテストデータに分け，ロジスティック回帰を使って分類しましょう．

ソースコード 9.4: 主成分をロジスティック回帰で分類

```
from sklearn.linear_model import LogisticRegression

X = np.array(X_pca.drop('target', axis=1)) # target の列を削除
y = np.array(X_pca['target'])

# 訓練データとテストデータに分ける，test_size=0.5, random_state=0
X_train, X_test, y_train, y_test = 【自分で補おう】

# ロジスティック回帰クラスの初期化と学習
model = LogisticRegression()  # 初期化
clf = 【自分で補おう】# 学習

print('正解率 (train):{:.3f}'.format(model.score(X_train, y_train)))
【自分で補おう】

# 訓練データとテストデータの分類結果を描画
fig,[ax1, ax2] = plt.subplots(1, 2, figsize=(12,6))
plot_decision_regions(X_train , y_train, clf = clf, legend = 2, ax = ax1)
【自分で補おう】

# グラフの情報を付加
ax1.set_xlabel('Feature 1')
ax1.set_ylabel('Feature 2')
ax1.set_title('PCA and Logistic Regression on Cancer(train)')
ax2.set_xlabel('Feature 1')
ax2.set_ylabel('Feature 2')
ax2.set_title('PCA and Logistic Regression on Cancer(test)')

plt.show()
```

実行例

```
正解率 (train): 0.951
正解率 (test): 0.954
```

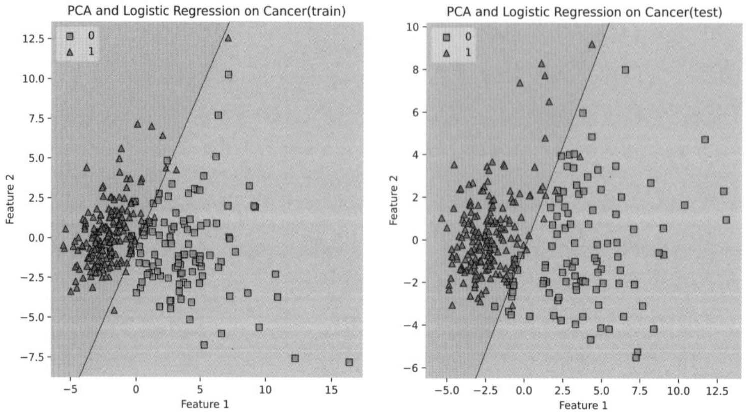

課題 9.4　ソースコード 9.4 の実行結果を確認せよ．また，この結果に対する自分の考えや解釈を述べよ．

ここでは主成分の数を 2 と設定しましたが，最適な主成分の数を決定するには累積寄与率をプロットするとより明確に把握できます．結果をもとに自分で主成分の数を決めてみましょう．

ソースコード 9.5: 累積寄与率のプロット

```
# 標準化
sc = 【自分で補おう】# インスタンス生成
X_std = sc.fit_transform(cancer.data) # 標準化

# 主成分数を指定しないで，主成分分析を実行
pca2 = PCA(n_components=None) # インスタンス生成
pca2.fit_transform(X_std) # 学習
X_pca2 = 【自分で補おう】# 射影

# 寄与率と累積寄与率
ratio = pca2.explained_variance_ratio_   # 寄与率
ratio = np.hstack([0, np.cumsum(ratio)]) # 累積寄与率

plt.figure(figsize=(8,4)) # プロットサイズ指定
plt.plot(ratio)
plt.ylabel('Cumulative contribution rate')
plt.xlabel('Principal component index k')
plt.title('Cancer dataset')

plt.show()
```

実行例

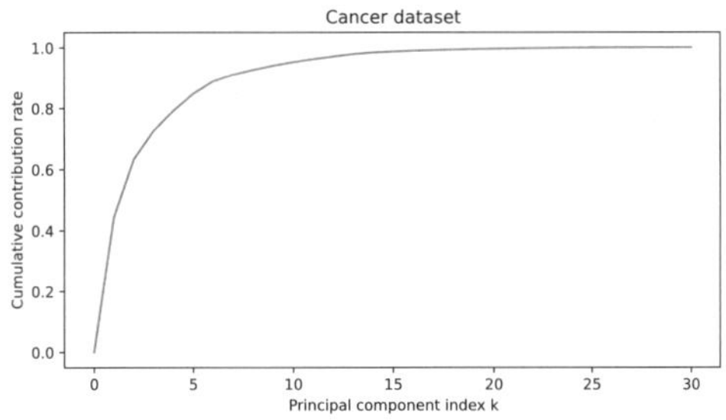

課題 9.5　ソースコード 9.5 の実行結果を確認せよ．また，この結果に対する自分の考えや解釈を述べよ．

課題 9.6　`sklearn.datasets` モジュールの `load_iris` 関数を使って Iris データを読み込み，`iris.data` を対象に主成分分析を行え．ただし，抽出する主成分の数は 2 とする．さらに，第 2 主成分までのデータと目的変数（`iris.target`）との関係性をグラフ化などして考察し，どのようなことがいえるか述べよ．

9.6 主成分分析の実装

主成分分析を実装するには，データから共分散行列を作成し，その固有値を求め，固有値を降順に並べて，それに対応する固有ベクトルを求めなければなりません．

共分散行列の計算には `np.cov` 関数，固有値と固有ベクトルの計算には `np.linalg.eig` 関数，並べ替えの添え字を求めるのには `np.argsort` 関数を使用します．また，`np.argsort` 関数を使って並べ替えを降順にするためには `[::-1]` と指定します．

以下に，これらを使った具体的な使用例を示します．

ソースコード 9.6: 共分散行列と固有値・固有ベクトル

```
np.random.seed(seed=32)
x = np.array(np.random.rand(4,5))

V = np.cov(x, rowvar=False) # 各々の列が1つのデータの組として扱うようにrowvar=Falseを指定

print("共分散行列")
print(V)

# 固有値と固有ベクトルを求める
Evalue, Evector = np.linalg.eig(V)
print("固有値")
print(Evalue)
print("固有ベクトル")
print(Evector)

# 固有値を大きい順に並べ固有ベクトルをその順に並べる
# np.argsortはソート結果の配列のインデックスを返す
# 降順にしたい場合はスライス[::-1]を使う，すべての範囲を逆順に並べる [start:stop:step]
column_index = np.argsort(Evalue)[::-1]
Evector_ = Evector[:,column_index]

print("並べ替えた順序", column_index)

# 射影行列
print("射影行列")
print(Evector_)

# 射影行列で3列目(要素番号が2)以降を削除
W = Evector_[:,:2]
print("3列以降を削除した射影行列")
print(W)
```

実行例

```
共分散行列
[[ 0.1271874  -0.00693645 -0.00864724  0.05585219  0.02403815]
【途中省略】
 [ 0.02403815  0.01449848 -0.02967724  0.01311223  0.0109867 ]]
固有値
[ 1.58338149e-01  1.82927331e-01  2.08616044e-02  6.63559712e-18
 -4.27975826e-18]
固有ベクトル
[[ 0.8173509   0.30739096  0.44456034  0.05990323 -0.16033676]
【途中省略】
 [ 0.09128225  0.22871682 -0.06859828  0.57029778  0.92408137]]
並べ替えた順序 [1 0 2 3 4]
射影行列
[[ 0.30739096  0.8173509   0.44456034  0.05990323 -0.16033676]
【途中省略】
 [ 0.22871682  0.09128225 -0.06859828  0.57029778  0.92408137]]
3 列以降を削除した射影行列
[[ 0.30739096  0.8173509 ]
【途中省略】
 [ 0.22871682  0.09128225]]
```

課題 9.7 ソースコード 9.6 の実行結果を確認せよ.

それでは，主成分分析を実装し，その結果を scikit-learn のものと比較してみましょう．第 9.3 節から，主成分分析の計算手順は次のようにまとめられます.

(1) p 次元の特徴量ベクトル $\boldsymbol{x}$ を平均偏差ベクトルにする.

(2) 特徴量ベクトルに基づき，$p \times p$ の共分散行列を作成する.

(3) 共分散行列の固有値と単位固有ベクトルを求める.

(4) 固有値を大きい順に並べ替えて，単位固有ベクトルで $p \times p$ の射影行列を作成する.

(5) $p \times p$ の射影行列の r 列より後の列を削除し，$p \times r$ の射影行列に変換する.

(6) p 次元の特徴量ベクトル $\boldsymbol{x}$ に射影行列 W を掛けて，r 次元の主成分 $\boldsymbol{f}$ を作成する.

ソースコード 9.7: PCA の実装

```
class MyPca:

    def __init__(self, n_components):  # n_components：主成分の数
        self.n_components = n_components

    def fit(self, x):
        # データから平均を引く，手順 (1)
        x = x - x.mean(axis=0)

        # 共分散行列の作成，各々の列が 1つのデータの組として扱うようにrowvar=False を指定
        cov = 【自分で補おう】(x, rowvar=False) # 手順 (2)

        # 固有値や主成分方向を計算，手順 (3)
        eig_val, eig_vec = 【自分で補おう】

        # 固有値を大きい順に並べ固有ベクトルをその順に並べ替え射影行列を作成
        column_index = 【自分で補おう】 # [::-1]は逆順を意味する，手順 (4)の前半
        eig_vec_ = eig_vec[:,【自分で補おう】] # 手順 (4)の後半

        # n_components 分，主成分方向を取得，手順 (5)
        self.W = eig_vec_[:,:self.n_components]

        # 寄与率の計算，n_components 分を出力
        eig_val_sort = eig_val[【自分で補おう】] # 固有値を大きい順に
        self.explained_variance_ratio = [i/np.sum(eig_val) for i in eig_val_sort[【自分で補おう】] ]
        # 累積寄与率の計算，配列を順に足す
        self.cum_explained_variance = np.cumsum(【自分で補おう】)

        return self

    def transform(self, x):
        x = x - x.mean(axis=0)
        # データを低次元空間へ射影，手順 (6)
        X_proj = 【自分で補おう】

        return X_proj

# 乳がんデータの取得
cancer = load_breast_cancer()

# 標準化
```

```
sc =【自分で補おう】# インスタンス生成
X_std = sc.fit_transform(cancer.data) # 標準化

# 自作の主成分分析
mypca = MyPca(n_components=2)
mypca.fit(X_std)
My_pca = mypca.transform(X_std)

# scikit-learn の PCA
pca =【自分で補おう】 # n_components=2でPCA インスタンスを生成
pca.fit(X_std) # 学習
X_pca =【自分で補おう】# 射影(次元削減)

# 結果の出力
print("自作 PCA の結果")
print(My_pca)
print("scikit-learn PCA の結果")
print(X_pca)

# 列にラベルを付ける，1つ目が第1主成分，2つ目が第2主成分
X_pca = pd.DataFrame(X_pca, columns=['pc1','pc2'])
【自分で補おう】

# 上のデータに目的変数(cancer.target) を紐付ける，横に結合
X_pca = pd.concat([X_pca, pd.DataFrame(cancer.target, columns=['target'])], axis=1)
【自分で補おう】

# 悪性と良性を分ける
pca_malignant = X_pca[X_pca['target']==0]
pca_benign = X_pca[X_pca['target']==1]
【自分で補おう】

# プロット領域の確保
fig,[ax1, ax2] = plt.subplots(1, 2, figsize=(12,6))

# 悪性をプロット
pca_malignant.plot.scatter(x='pc1', y='pc2', color='red', label='malignant', ax=ax1);
Mypca_malignant.plot.scatter(x='pc1', y='pc2', color='red', label='malignant', ax=ax2);

# 良性をプロット
【自分で補おう】

# 主成分分析結果を表示，第2主成分まで
print('寄与率 (scikit-learn):{}'.format(【自分で補おう】))
print('累積寄与率 (scikit-learn):{}'.format(【自分で補おう】)) )
print('寄与率 (自作):{}'【自分で補おう】)
print('累積寄与率 (自作):{}'【自分で補おう】)
```

実行例

```
自作 PCA の結果
[[ 9.19283683  1.94858307]
 [ 2.3878018  -3.76817174]
 [ 5.73389628 -1.0751738 ]
 ...
 [ 1.25617928 -1.90229671]
 [10.37479406  1.67201011]
 [-5.4752433  -0.67063679]]
scikit-learn PCA の結果
[[ 9.19283683  1.94858307]
 [ 2.3878018  -3.76817174]
 [ 5.73389628 -1.0751738 ]
 ...
 [ 1.25617928 -1.90229671]
 [10.37479406  1.67201011]
 [-5.4752433  -0.67063679]]
寄与率 (scikit-learn):[0.44272026 0.18971182]
累積寄与率 (scikit-learn):[0.44272026 0.63243208]
寄与率 (自作):[0.44272025607526344, 0.18971182044033064]
累積寄与率 (自作):[0.44272026 0.63243208]
```

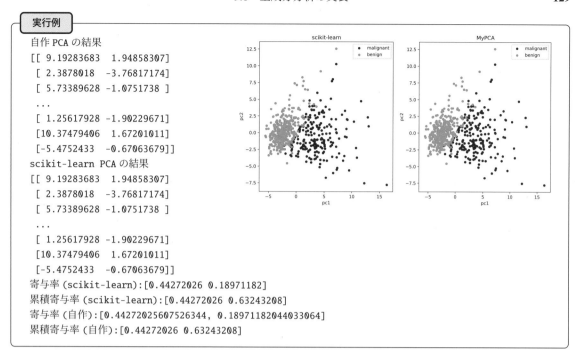

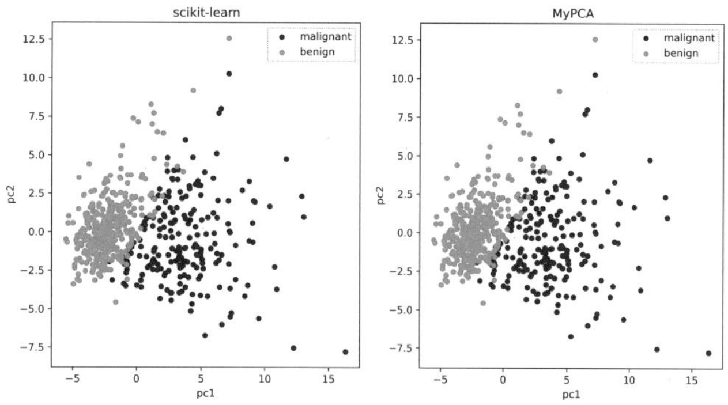

課題 9.8　ソースコード 9.7 を実行せよ．また，この結果に対する自分の考えや解釈を述べよ．

第 10 章
サポートベクトルマシン（SVM）

サポートベクトルマシン（SVM：Support Vector Machine）は，教師あり学習法の 1 つで，主に 2 クラス分類問題に活用されます．この手法の主な特徴は，「マージン」の最大化によるデータの分類という考え方にあります．**マージン**（margin）とは，分類を行う超平面（決定境界）とこの超平面に最も近い訓練データとの間の距離です．この超平面から最も近い位置にある点を**サポートベクトル**（support vector）といいます．SVM は，このマージンを最大化する超平面を見つけることにより，データを 2 つのクラスに分類します．

また，SVM には「ハードマージン」と「ソフトマージン」の 2 つの考え方があります．**ハードマージン**（hard margin）は，データが線形（直線で）分離可能な場合に使用されます．一方，**ソフトマージン**（soft margin）は，線形分離が困難なデータに対して，一部の誤分類を許容する形で適用されます．

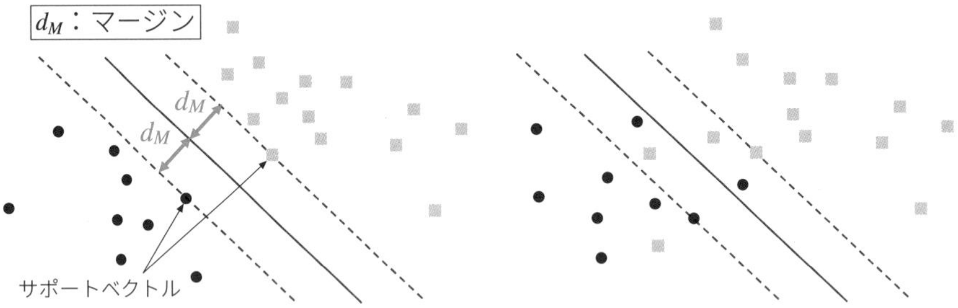

(a) ハードマージン　　(b) ソフトマージン

図 10.1: SVM のイメージ

10.1　ハードマージン SVM の定式化

p 次元ベクトル $\boldsymbol{x} = {}^t[x_1, \ldots, x_p]$ と，同様に p 次元のパラメータベクトル $\boldsymbol{w} = {}^t[w_1, \ldots, w_p]$，そしてスカラー b に対して，超平面は以下のように表現することができます．

$$ {}^t\boldsymbol{w}\boldsymbol{x} + b = 0 \tag{10.1} $$

ここでの目的は，マージン d_M を最大化する超平面を見つけ出すことです．

マージン d_M は，サポートベクトルと決定境界（つまり超平面）との間の距離であるため，次の等式が成り立ちます．

$$ d_M = \frac{|{}^t\boldsymbol{w}\boldsymbol{x}_+ + b|}{\|\boldsymbol{w}\|} = \frac{|{}^t\boldsymbol{w}\boldsymbol{x}_- + b|}{\|\boldsymbol{w}\|} \tag{10.2} $$

ここで，最適な分離超平面（つまり決定境界）${}^t\widehat{\boldsymbol{w}}\boldsymbol{x} + \widehat{b} = 0$ を求める際には，超平面 H_+ と H_- の間にデータが存在しないという仮定をおきます．そうすると，ハードマージンのサポートベクトルマシンの問題は，「すべてのデータは超平面からの距離が少なくとも d_M 以上であるという条件下で，マージン d_M を最大化する $\boldsymbol{w}, b$ を求める」という問題

$$\{\widehat{\boldsymbol{w}}, \widehat{b}\} = \underset{\boldsymbol{w},b}{\text{argmax}}\, d_M(\boldsymbol{w}, b), \quad \text{subject to } \frac{|{}^t\boldsymbol{w}\boldsymbol{x}_n + b|}{\|\boldsymbol{w}\|} \geq d_M \quad (n = 1, 2, \ldots, N) \tag{10.3}$$

に帰着できます．ここで，d_M は $\boldsymbol{w}$ と b に依存しているため，$d_M = d_M(\boldsymbol{w}, b)$ と表記しました．また，データを $\boldsymbol{x}_n$ と表しました．

超平面の上側のクラスを K_1，下側のクラスを K_2 とすれば，

$$\begin{aligned} {}^t\boldsymbol{w}\boldsymbol{x}_n + b > 0 \quad (\boldsymbol{x}_n \in K_1) \\ {}^t\boldsymbol{w}\boldsymbol{x}_n + b < 0 \quad (\boldsymbol{x}_n \in K_2) \end{aligned} \tag{10.4}$$

が成立します．

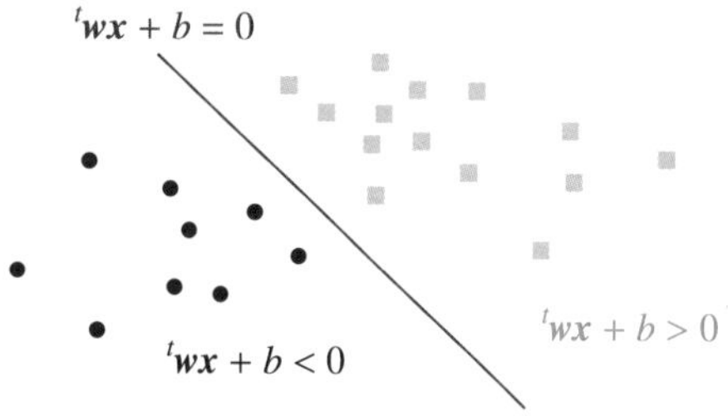

図 10.2: 超平面によるクラス分類

また，n 番目のデータ $\boldsymbol{x}_n$ が K_1 に属するとき $y_n = 1$，K_2 に属するとき $y_n = -1$ とすれば，

$$y_n = \begin{cases} 1 & (\boldsymbol{x}_n \in K_1) \\ -1 & (\boldsymbol{x}_n \in K_2) \end{cases} \tag{10.5}$$

と表現できます．したがって，条件式 (10.3) の分子は，

$$|{}^t\boldsymbol{w}\boldsymbol{x}_n + b| = y_n({}^t\boldsymbol{w}\boldsymbol{x}_n + b) > 0 \quad (n = 1, 2, \ldots, N)$$

と書き換えられます．なお，式 (10.5) のような y_n を**ラベル変数**（label variable）といいます．

結局，問題 (10.3) は次のように表せます．

$$\{\widehat{\boldsymbol{w}}, \widehat{b}\} = \underset{\boldsymbol{w},b}{\text{argmax}}\, d_M(\boldsymbol{w}, b), \quad \text{subject to } \frac{y_n({}^t\boldsymbol{w}\boldsymbol{x}_n + b)}{\|\boldsymbol{w}\|} \geq d_M \tag{10.6}$$

式 (10.6) の条件部分は，$\boldsymbol{w} \to c\boldsymbol{w}$，$b \to cb$ と $c > 0$ 倍しても

$$\frac{y_n(c\,{}^t\boldsymbol{w}\boldsymbol{x}_n + cb)}{c\|\boldsymbol{w}\|} = \frac{cy_n({}^t\boldsymbol{w}\boldsymbol{x}_n + b)}{c\|\boldsymbol{w}\|} = \frac{y_n({}^t\boldsymbol{w}\boldsymbol{x}_n + b)}{\|\boldsymbol{w}\|} \geq d_M \tag{10.7}$$

となり，結果が変わらないことがわかります．したがって，マージン d_M の値を 1 に固定すれば，$\boldsymbol{w} \leftarrow \frac{\boldsymbol{w}}{d_M\|\boldsymbol{w}\|}$，$b \leftarrow \frac{b}{d_M\|\boldsymbol{w}\|}$ として，問題 (10.6) は次のように簡略化できます．

$$\{\widehat{\boldsymbol{w}}, \widehat{b}\} = \underset{\boldsymbol{w},b}{\text{argmax}}\, \frac{1}{\|\boldsymbol{w}\|}, \quad \text{subject to } y_n({}^t\boldsymbol{w}\boldsymbol{x}_n + b) \geq 1 \quad (n = 1, 2, \ldots, N) \tag{10.8}$$

ただし，ここでの目標は $\frac{1}{\|\boldsymbol{w}\|}$ の最大化であることに注意が必要です．$\|\boldsymbol{w}\|$ が小さいほど $\frac{1}{\|\boldsymbol{w}\|}$ は大きくなり，逆に $\|\boldsymbol{w}\|$ が大きいほど $\frac{1}{\|\boldsymbol{w}\|}$ は小さくなります．

よって，この問題は $\|\boldsymbol{w}\|$ を最小化する問題と等価です．これは以下のように表現できます．

$$\widehat{\boldsymbol{w}}, \widehat{b} = \underset{\boldsymbol{w},b}{\text{argmin}}\, \frac{1}{2}\|\boldsymbol{w}\|^2, \quad \text{subject to } y_n({}^t\boldsymbol{w}\boldsymbol{x}_n + b) \geq 1 \quad (n = 1, 2, \ldots, N) \tag{10.9}$$

ここで，$\frac{1}{2}\|\boldsymbol{w}\|^2$ となっているのは，後の数学的な扱いを容易にするためです．これがハードマージンのサポートベクトルマシンの定式化になります．なお，$y_n({}^t\boldsymbol{w}\boldsymbol{x}_n + b) \geq 1$ の等号，つまり，$y_n({}^t\boldsymbol{w}\boldsymbol{x}_n + b) = 1$ が成立するデータ $\boldsymbol{x}_n$ は，決定境界（分離超平面）と距離が最も近いデータ，すなわち，サポートベクトルです．

10.2 KKT　条　件

式 (10.9) は，条件付き最適化問題です．このような条件付き最適化問題を解く一般的な方法はラグランジュの未定乗数法を使うことです．しかし，制約条件が等式ではなく不等式で与えられているため，ここでは KKT（Karush-Kuhn-Tucker：カルーシュ–キューン–タッカー）条件を使用し，**主問題**（primal problem）である式 (10.9) の**双対問題**（dual problem）を解きます．

p 次元ベクトルを $\boldsymbol{x}$，目的関数を $f(\boldsymbol{x})$ とします．そして，m 個の不等式制約 $g_i(\boldsymbol{x}) \leq 0$（$i = 1, 2, \ldots, m$）と l 個の等式制約 $h_j(\boldsymbol{x}) = 0$（$j = 1, 2, \ldots, l$）を考えます．これらの条件下で，目的関数 $f(\boldsymbol{x})$ を最小化する問題を問題 A とします．

ラグランジュ関数は以下のように定義されます．

$$L(\boldsymbol{x}, \boldsymbol{\alpha}, \boldsymbol{\beta}) = f(\boldsymbol{x}) + \sum_{i=1}^{m} \alpha_i g_i(\boldsymbol{x}) + \sum_{j=1}^{l} \beta_j h_j(\boldsymbol{x}) \tag{10.10}$$

ここで，$\alpha_1, \alpha_2, \ldots, \alpha_m$，$\beta_1, \beta_2, \ldots, \beta_l$ はラグランジュ乗数と呼ばれます．

このとき，次の定理が成り立ちます．

カルーシュ–キューン–タッカーの定理

定理 10.1　問題 A の解が存在するための必要十分条件は，その解 $\boldsymbol{x}$ において，次の条件が成り立つような α_i, β_j（$i = 1, 2, \ldots, m$，$j = 1, 2, \ldots, l$）が存在することである．

$$\frac{\partial L}{\partial x_k} = 0 \quad (k = 1, 2, \ldots, p), \quad \text{つまり，} \quad \nabla L = \boldsymbol{0}, \tag{10.11}$$

$$\alpha_i g_i(\boldsymbol{x}) = 0 \quad (i = 1, 2, \ldots, m), \quad \alpha_i \geq 0, \quad \beta_j \text{は任意}, \tag{10.12}$$

$$g_i(\boldsymbol{x}) \leq 0, \quad h_j(\boldsymbol{x}) = 0 \quad (j = 1, 2, \ldots, l) \tag{10.13}$$

式 (10.11)，(10.12) を **KKT 条件**（KKT condition，Karush-Kuhn-Tucker condition）と呼びます．

次に，問題 (10.9) に対して，カルーシュ–キューン–タッカーの定理を適用します．

以下のようにラグランジュ関数を定義します．

$$L(\boldsymbol{w}, b, \alpha_1, \ldots, \alpha_N) = \frac{1}{2}\|\boldsymbol{w}\|^2 + \sum_{n=1}^{N} \alpha_n \left\{1 - y_n({}^t\boldsymbol{w}\boldsymbol{x}_n + b)\right\} \tag{10.14}$$

定理 10.1 に従うと，以下の式が成り立ちます．

$$\frac{\partial L}{\partial w_j}(\boldsymbol{w}, b, \alpha_1, \ldots, \alpha_N) = 0 \quad (j = 1, 2, \ldots, p), \tag{10.15}$$

$$\frac{\partial L}{\partial b}(\boldsymbol{w}, b, \alpha_1, \ldots, \alpha_N) = 0, \tag{10.16}$$

$$\alpha_i \geq 0 \quad (i = 1, 2, \ldots, N), \tag{10.17}$$

$$\alpha_i = 0 \quad \text{または} \quad y_n({}^t\boldsymbol{w}\boldsymbol{x}_n + b) - 1 = 0 \tag{10.18}$$

式 (10.15) より，次式が導出されます．

$$\frac{\partial L}{\partial w_j} = \frac{\partial}{\partial w_j}\left(\frac{1}{2}{}^t\boldsymbol{w}\boldsymbol{w}\right) - \sum_{n=1}^{N} \alpha_n y_n \frac{\partial}{\partial w_j}({}^t\boldsymbol{w}\boldsymbol{x}_n + b) = w_j - \sum_{n=1}^{N} \alpha_n y_n x_{nj} = 0 \quad (j = 1, 2, \ldots, p)$$

これにより次式が成り立ちます．

$$\boldsymbol{w} = \sum_{n=1}^{N} \alpha_n y_n \boldsymbol{x}_n \tag{10.19}$$

同様に，式 (10.16) より，

$$\frac{\partial L}{\partial b} = -\sum_{n=1}^{N} \alpha_n y_n = 0 \Longrightarrow \sum_{n=1}^{N} \alpha_n y_n = 0 \tag{10.20}$$

が成り立ちます．ここで，式 (10.19) および (10.20) を式 (10.14) に代入して，$\boldsymbol{w}$ と b を消去すると，

$$\begin{aligned}
L(\boldsymbol{w}, b, \alpha_1, \ldots, \alpha_N) &= \frac{1}{2}\|\boldsymbol{w}\|^2 + \sum_{n=1}^{N} \alpha_n \left\{1 - y_n({}^t\boldsymbol{w}\boldsymbol{x}_n + b)\right\} \\
&= \frac{1}{2}\|\boldsymbol{w}\|^2 + \sum_{n=1}^{N} \alpha_n - {}^t\boldsymbol{w} \sum_{n=1}^{N} \alpha_n y_n \boldsymbol{x}_n - \sum_{n=1}^{N} \alpha_n y_n b \\
&= \frac{1}{2}\|\boldsymbol{w}\|^2 + \sum_{n=1}^{N} \alpha_n - {}^t\boldsymbol{w}\boldsymbol{w} \\
&= \sum_{n=1}^{N} \alpha_n - \frac{1}{2}{}^t\boldsymbol{w}\boldsymbol{w} \\
&= \sum_{n=1}^{N} \alpha_n - \frac{1}{2}\left(\sum_{i=1}^{N} \alpha_i y_i \boldsymbol{x}_i\right)\left(\sum_{j=1}^{N} \alpha_j y_j \boldsymbol{x}_j\right) \\
&= \sum_{n=1}^{N} \alpha_n - \frac{1}{2}\sum_{i=1}^{N}\sum_{j=1}^{N} \alpha_i \alpha_j y_i y_j {}^t\boldsymbol{x}_i \boldsymbol{x}_j \\
&=: \widetilde{L}(\alpha_1, \ldots, \alpha_N)
\end{aligned} \tag{10.21}$$

となり，L は $\boldsymbol{\alpha}$ のみの関数 $\widetilde{L}(\alpha_1, \ldots, \alpha_N)$ に変形できます．結局，以上の議論から，$\frac{1}{2}\|\boldsymbol{w}\|^2$ の最小化問題の代わりに，$\widetilde{L}(\boldsymbol{\alpha})$ の最大化問題により最適解 $\widehat{\boldsymbol{\alpha}}$ を求めれば，もとの解 $\widehat{\boldsymbol{w}}$ が得られることがわかります．

以上の議論をまとめると，以下のようになります．

マージン d_M を最大とする分離超平面を求める問題

↓　**ラベル変数 y_n を用いた変形**

$y_n({}^t\boldsymbol{w}\boldsymbol{x}_n + b) \geq 1$ の条件下で $\frac{1}{2}\|\boldsymbol{w}\|^2$ の最小化問題

↓　**ラグランジュの未定乗数法，KKT 条件**

$\alpha_n \geq 0, \sum_{n=1}^{N} \alpha_n y_n = 0$ の条件下で，$\widetilde{L}(\boldsymbol{\alpha})$ の最大化問題

なお，以上の定式化において式 (10.18) が考慮されていませんが，これは後の式 (10.25) で考慮します．

10.3　勾配降下法を用いた $\widehat{\alpha}$ の推定

前節で導いた $\widetilde{L}(\boldsymbol{\alpha})$ の最大化問題は，第 5 章と同様に，勾配降下法を用いて解くことができます．ここでの問題は最大化問題なので，勾配ベクトルの向きにパラメータを更新します．初期値 $\boldsymbol{\alpha}^{(0)}$ はランダムに設定します．

$$\boldsymbol{\alpha}^{(t+1)} = \boldsymbol{\alpha}^{(t)} + \eta \frac{\partial \widetilde{L}(\boldsymbol{\alpha})}{\partial \boldsymbol{\alpha}} \tag{10.22}$$

勾配ベクトル $\frac{\partial \widetilde{L}(\alpha)}{\partial \alpha}$ を計算するために，まず，観測された N 個の p 次元データを行列を用いて次のように表します．

$$X = \begin{bmatrix} x_{11} & \cdots & x_{1p} \\ \vdots & \ddots & \vdots \\ x_{N1} & \cdots & x_{Np} \end{bmatrix} = \begin{bmatrix} {}^t\boldsymbol{x}_1 \\ \vdots \\ {}^t\boldsymbol{x}_N \end{bmatrix}, \quad \boldsymbol{x}_n = \begin{bmatrix} x_{n1} \\ \vdots \\ x_{np} \end{bmatrix}$$

また，N 個のラベル変数 y_n，未定乗数 α_n をベクトルを用いて，$\boldsymbol{y} = {}^t[y_1, \ldots, y_N]$，$\boldsymbol{\alpha} = {}^t[\alpha_1, \ldots, \alpha_N]$ と表します．そして，新たな行列 H を

$$H := \boldsymbol{y}{}^t\boldsymbol{y} \odot X{}^tX \tag{10.23}$$

と定義します．ここで，$\odot$ はアダマール積を表します．この行列の成分は，$[H]_{ij} = y_i y_j {}^t\boldsymbol{x}_i \boldsymbol{x}_j$ であり，H は対称行列です．

これらの記号を使うと，式 (10.21) は

$$\begin{aligned} \widetilde{L}(\alpha_1, \ldots, \alpha_N) &= \sum_{n=1}^{N} \alpha_n - \frac{1}{2} \sum_{i=1}^{N} \sum_{j=1}^{N} \alpha_i \alpha_j y_i y_j {}^t\boldsymbol{x}_i \boldsymbol{x}_j \\ &= \sum_{n=1}^{N} \alpha_n - \frac{1}{2} \sum_{i=1}^{N} \sum_{j=1}^{N} \alpha_i \alpha_j (H)_{ij} \\ &= \sum_{n=1}^{N} \alpha_n - \frac{1}{2} {}^t\boldsymbol{\alpha} H \boldsymbol{\alpha} \end{aligned}$$

となり，ベクトルと行列を用いて表せます．

したがって，勾配ベクトルは次のように計算できます．

$$\begin{aligned} &\frac{\partial \widetilde{L}(\alpha)}{\partial \alpha_j} = 1 - \frac{1}{2} \left\{ \frac{\partial ({}^t\boldsymbol{\alpha})}{\partial \alpha_j} (H\boldsymbol{\alpha}) + {}^t\boldsymbol{\alpha} H \frac{\partial \boldsymbol{\alpha}}{\partial \alpha_j} \right\} = 1 - H\boldsymbol{\alpha}_j \\ \Longrightarrow\ &\frac{\partial \widetilde{L}(\alpha)}{\partial \boldsymbol{\alpha}} = \mathbf{1} - H\boldsymbol{\alpha} \end{aligned}$$

ただし，$\mathbf{1}$ はすべての成分が 1 である N 次元ベクトル $\mathbf{1} = {}^t[1, 1, \ldots, 1]$ です．

以上より，未定乗数 $\boldsymbol{\alpha}$ の更新規則 (10.22) は

$$\boldsymbol{\alpha}^{(t+1)} = \boldsymbol{\alpha}^{(t)} + \eta(\mathbf{1} - H\boldsymbol{\alpha}^{(t)}) \tag{10.24}$$

となります．

10.4 分離超平面のパラメータ $\widehat{\boldsymbol{w}}, \widehat{b}$ の計算

ここでは，分離超平面のパラメータである $\widehat{\boldsymbol{w}}$ と $\widehat{b}$ の計算方法について説明します．

10.4.1 $\widehat{\boldsymbol{w}}$ の 計 算

$\widehat{\boldsymbol{\alpha}}$ が求まれば，式 (10.19) より，次のように $\widehat{\boldsymbol{w}}$ を求めることができます．

$$\widehat{\boldsymbol{w}} = \sum_{n=1}^{N} \widehat{\alpha}_n y_n \boldsymbol{x}_n \tag{10.25}$$

ここで，KKT 条件の式 (10.18) によれば，$\widehat{\alpha}_n$ と $\boldsymbol{x}_n$ の間には，次の関係性が成り立ちます．

$$\widehat{\alpha}_n = 0 \quad \text{または} \quad y_n({}^t\boldsymbol{w}\boldsymbol{x}_n + b) - 1 = 0$$

一方，データ $\boldsymbol{x}_n$ については以下のようになります．

$$\begin{cases} y_n({}^t\boldsymbol{w}\boldsymbol{x}_n + b) - 1 = 0 & (\boldsymbol{x}_n \text{ がサポートベクトルの場合}) \\ y_n({}^t\boldsymbol{w}\boldsymbol{x}_n + b) - 1 > 0 & (\text{それ以外}) \end{cases}$$

したがって，以下が成り立ちます．

$$\begin{cases} \widehat{\alpha}_n \neq 0 & \Longleftrightarrow \quad \boldsymbol{x}_n \text{ はサポートベクトルである} \\ \widehat{\alpha}_n = 0 & \Longleftrightarrow \quad \boldsymbol{x}_n \text{ はサポートベクトルでない} \end{cases}$$

よって，式 (10.25) の和においては，サポートベクトルでないデータの添え字 n については，$\widehat{\alpha}_n = 0$ となるため，和をとるのはサポートベクトルのみで問題ありません．これにより計算量も抑えることができます．

$$\widehat{\boldsymbol{w}} = \sum_{\boldsymbol{x}_n \in S} \widehat{\alpha}_n y_n \boldsymbol{x}_n$$

ただし，S はサポートベクトルの集合です．

10.4.2　$\widehat{b}$ の 計 算

$\widehat{\boldsymbol{w}}$ が求まれば，$\boldsymbol{x}_n$ がサポートベクトルの場合の関係式 $y_n({}^t\widehat{\boldsymbol{w}}\boldsymbol{x}_n + \widehat{b}) - 1 = 0$ より，$\widehat{b}$ が求められます．

$$\widehat{b} = \frac{1}{y_n} - {}^t\widehat{\boldsymbol{w}}\boldsymbol{x}_n = y_n - {}^t\widehat{\boldsymbol{w}}\boldsymbol{x}_n$$

ここで，$y_n = 1, -1$ であるため，$y_n = \frac{1}{y_n}$ であることに注意してください．

このようにサポートベクトルが 1 つだけでも $\widehat{b}$ を求められますが，実際には誤差を最小化するために，すべてのサポートベクトルについて平均をとり，次のように計算します．

$$\widehat{b} = \frac{1}{|S|} \sum_{\boldsymbol{x}_n \in S} (y_n - {}^t\widehat{\boldsymbol{w}}\boldsymbol{x}_n)$$

ここで，$|S|$ はサポートベクトルの個数です．

10.5　ソフトマージン SVM

制約条件 $y_n({}^t\boldsymbol{w}\boldsymbol{x}_n + b) \geq 1$ を，たとえば，$y_n({}^t\boldsymbol{w}\boldsymbol{x}_n + b) \geq 0.5$ のように緩和することにより，線形分離不可能な問題にも対応できるようになります．具体的には，**スラック変数**（slack：緩い）ξ を導入することで，制約条件を以下のように緩めます．

$$y_n({}^t\boldsymbol{w}\boldsymbol{x}_n + b) \geq 1 - \xi_n,$$

$$\xi_n = \max\left\{0, d_M - \frac{y_n({}^t\boldsymbol{w}\boldsymbol{x}_n + b)}{\|\boldsymbol{w}\|}\right\}$$

この式から，データがマージンの内側に存在する場合のみ，制約を緩和するということがわかります．スラック変数を導入した結果，マージン最適化問題は以下のように表されます．

$$\mathop{\arg\min}_{\boldsymbol{w},\xi,b} \left\{\frac{1}{2}\|\boldsymbol{w}\|^2 + C\sum_{n=1}^{N} \xi_n\right\}, \quad \text{subject to } y_n({}^t\boldsymbol{w}\boldsymbol{x}_n + b) \geq 1 - \xi_n \quad (\xi_n \geq 0) \tag{10.26}$$

マージンを最大化しようとすると，つまり，$\frac{1}{2}\|\boldsymbol{w}\|^2$ を最小化しようとすると，マージンの中にあるデータが増え，その結果，$\sum_{n=1}^{N} \xi_n$ が増加します．ここで，C はハイパーパラメータで，エンジニアがモデルを構築する際に調整します．

C が大きいとき，つまり誤分類のペナルティが大きいときは，ξ_n を抑制する力が強く，$\sum_{n=1}^{N} \xi_n$ が小さくなります．その結果，マージンが小さくなり，データがマージンを超えて誤分類側に入ることはなくなります．したがって，C が大きいときは，ハードマージンとほぼ同じといえます．一方，C の値が小さいときは，$\sum_{n=1}^{N} \xi_n$ が大きくなり，マージンが広くなり，誤分類を許容する状況となります．

ここで，

$$\xi_n = \max\{0, 1 - y_n({}^t\boldsymbol{w}\boldsymbol{x}_n + b)\}$$

と定義すると，問題 (10.26) は制約条件がない最適化問題

$$\arg\min_{\boldsymbol{w},\xi,b} \left\{ \frac{1}{2}\|\boldsymbol{w}\|^2 + C \sum_{n=1}^{N} \max\{0, 1 - y_n({}^t\boldsymbol{w}\boldsymbol{x}_n + b)\} \right\} \tag{10.27}$$

と書き換えることができます．この式 (10.27) は勾配降下法で直接解くことができます．もしくは，問題 (10.26) の双対問題を解いてもいいでしょう．なお，関数 $l(t) = \max\{0, 1 - t\}$ を**ヒンジ損失**（hinge loss）と呼びます．

もし，データ $\boldsymbol{x}_n$ が正しく分類されていて，${}^t\boldsymbol{w}\boldsymbol{x} + b$ が超平面から十分に離れているときは，$t = y_n({}^t\boldsymbol{w}\boldsymbol{x} + b) \geq 1$ と考えてよく，このときは，$l(t) = 0$ となります．データ $\boldsymbol{x}_n$ が正しく分類されているが，超平面からはあまり離れていない，つまり，$0 < t < 1$ のときは $\boldsymbol{x}_n$ はマージン内にあり，$l(t)$ は $0 < l(t) = 1 - t < 1$ となります．もしデータ $\boldsymbol{x}_n$ が誤分類されているときは，超平面の反対側に位置しているため，$t < 0$ となり $l(t) = 1 - t > 1$ となります．

これを踏まえると，ソフトマージン SVM のヒンジ損失は

$$l(t) = \begin{cases} 0 & (t \geq 1) \\ 1 - t & (t < 1) \end{cases} \tag{10.28}$$

と表せます．ソフトマージン SVM は，ヒンジ損失の最小化問題に帰着されます．一方，ハードマージン SVM の損失は

$$l(t) = \begin{cases} 0 & (t \geq 1) \\ \infty & (t < 1) \end{cases} \tag{10.29}$$

と定義できます．これは，マージン内にデータが入ることを許容しないことに対応します．

10.6　ウォーミングアップ

アダマール積の計算には `np.multiply` 関数または`*`演算子を使います．同様に，行列の積の計算には `np.dot` 関数あるいは`@`演算子を使います．また，特定の条件を満たす要素のインデックスを取得するには `np.where` を使います．たとえば，`np.array` 型の変数 `a` が与えられたときに，偶数ならば even，奇数ならば odd と表示したい場合は，`np.where(a%2==0, 'even', 'odd')` とします．

ソースコード 10.1: 行列とベクトルの操作

```
import numpy as np

# アダマール積の計算
a = np.array([[1,2],[3,4]])
b = np.array([[4,3],[2,1]])
print("a と b のアダマール積= \n", a * b, "\n", np.multiply(a,b))
print("a と b の積=\n", a @ b, "\n", np.dot(a,b))

# 要素が 1のみのベクトルと行列を表示
print(np.ones(3), "\n", np.ones((2,3)))

# np.where の練習
c = np.arange(10) # 0～9の数字を生成
print(c)
# 偶数ならばeven, 奇数ならばodd を返す
print(np.where(c%2==0,"even", "odd"))

# -1～1の間を 10分割, 1次元配列
x1 = np.linspace(-1, 1, 10)
print(x1)
# -1～1の間を 10分割して 2次元配列(縦ベクトル)に
x2 = np.linspace(-1,1,10)[:, np.newaxis]
print(x2)
# -1～1の間を 10分割して 2次元配列(横ベクトル)に
x3 = np.linspace(-1,1,10)[np.newaxis, :]
print(x3)
```

実行例

```
a と b のアダマール積=
 [[4 6]
 [6 4]]
 [[4 6]
 [6 4]]
a と b の積=
 [[ 8  5]
 [20 13]]
 [[ 8  5]
 [20 13]]
[1. 1. 1.]
 [[1. 1. 1.]
 [1. 1. 1.]]
[0 1 2 3 4 5 6 7 8 9]
['even' 'odd'【以後省略】
[-1.        -0.77777778【以後省略】
[[-1.        ]
 [-0.77777778]
 [-0.55555556]
 [-0.33333333]
 [-0.11111111]
 [ 0.11111111]
 [ 0.33333333]
 [ 0.55555556]
 [ 0.77777778]
 [ 1.        ]]
[[-1.        -0.77777778【以後省略】
```

課題 10.1　ソースコード 10.1 の実行結果を確認せよ．

10.7　標準化を行う際の注意点

これまで見たように，数値データを標準化する際には，scikit-learn の `StandardScaler` クラスが利用できます．この `StandardScaler` クラスには，`fit`，`transform`，`fit_transform` の 3 つのメソッドが用意されており，それぞれの意味は次の通りです．

`fit`　データを標準化するために必要な統計量を計算する．

`transform`　`fit` で計算した統計量を用いて，データを標準化する．

`fit_transform`　`fit` と `transform` を一緒に行う．

学習を行う際には，訓練データ自体を用いて標準化をしても特に問題はないので，`fit_transform` を使います．一方，学習済みモデルを用いてテストデータの予測を行う際には，訓練データに適用した標準化を使うべきです．特に，テストデータ数が訓練データ数より少ないときはそのようにするべきです．つまり，訓練データに `fit` を適用して求めた統計量を用いて，テストデータに対して `transform` を行います．

10.8 scikit-learn を用いた線形 SVM の実装

scikit-learn を用いて，線形サポートベクトルマシンを実装するためには，`LinearSVC` ライブラリもしくは SVC ライブラリを利用します．SVC は Support Vector Classifier の略称です．

`LinearSVC` は `liblinear` という機械学習ライブラリに基づいて作成されています．`LinearSVC` ではカーネルの変更は行うことはできませんが，計算量は $O(N \times p)$ であり，`SVC` に比べて少ないです．ここで，N は訓練データ数であり，p はデータの次元を表します．一方で，`SVC` は `libsvm` という機械学習ライブラリに基づいて作成されており，カーネルの変更が可能ですが，計算量は $O(N^2 \times p) \sim O(N^3 \times p)$ となります[1]．そのため，`SVC` では訓練データの数 N が増えると，急速に計算量が増えるという特徴があります．

今回は，`LinearSVC` を使用し，ワインデータに対して適用します．なお，今回の場合，決定境界は直線となるため，$\boldsymbol{w} = {}^t[w_0, w_1], b$ が求まれば，次のように表されます．

$$w_0 x + w_1 y + b = 0 \Longrightarrow y = -\frac{w_0}{w_1}x - \frac{b}{w_1} \tag{10.30}$$

そして，サポートベクトル上の直線（マージンを表す直線）は，次のように表されます．

$$w_0 x + w_1 y + b = \pm 1 \Longrightarrow y = -\frac{w_0}{w_1}x - \frac{b}{w_1} \pm \frac{1}{w_1} \tag{10.31}$$

また，ソースコード 10.2 に示されている `LinearSVC` のハイパーパラメータの指定の意味は次の通りです．

`loss='hinge'`	損失関数としてヒンジ損失を指定する．
`C=10000.0`	ヒンジ損失の強さを指定します．値が大きいほどハードマージンになる．
`multi_class='ovr'`	多クラス分類の手法として ovr（one vs rest）を指定する．
`penalty='l2'`	L2 正則化を指定する．過学習を抑える効果が期待できる．
`dual='auto'`	特徴量の数とサンプル数を比較し，より小さい方に基づいて `dual=True` または `dual=False` を自動的に選択する．`dual=True` は特徴量の数がサンプル数よりも多い場合に，`dual=False` は特徴量の数がサンプル数よりも少ない場合に適した最適化アルゴリズムを選択する．

ソースコード 10.2: scikit-learn によるハードマージン線形 SVM

```
【必要なライブラリ等のインポート】
from sklearn.svm import LinearSVC # LinearSVC のインポート

# ワインデータの読み込み
wine = 【自分で補おう】
# 特徴量に色(9列)とプロリンの量(12列)を選択，ただし 44〜71行のみを利用
X = wine.data[44:71,[9,12]]
# 正解ラベルの設定
y = wine.target[【自分で補おう】]

# 特徴量の標準化
```

[1]`liblinear` と `libsvm` はともに国立台湾大学で開発されたオープンソースの機械学習ライブラリです．scikit-learn では，`liblinear` や `libsvm` の機能を利用して SVM やロジスティック回帰などのモデルを提供しています．

```
sc = StandardScaler()
X_std = 【自分で補おう】

# ハードマージンのモデルを作成
# model = LinearSVC(loss='hinge', C=10000.0, multi_class='ovr', penalty='l2', random_state=0)
model = LinearSVC(loss='hinge', C=10000.0, multi_class='ovr', penalty='l2', dual='auto',
    random_state=0)

# モデルの訓練
model.fit(【自分で補おう】)

# パラメータw の値を出力
print("w=", model.coef_[0])
# パラメータb の値を出力
print("b=", model.intercept_[0])

# 決定境界用の変数X_plt を作成
X_plt = np.linspace(-3, 3, 200)[:, np.newaxis]

# 決定境界の作成，式 (10.30)の実装
w = model.coef_[0]
b = model.intercept_[0]
decision_boundary = -w[0]/w[1] * 【自分で補おう】

# 決定境界の上下にマージン作成，式 (10.31)の実装
margin = 【自分で補おう】
margin_up = decision_boundary + margin
margin_down = decision_boundary - margin

# 決定境界，マージンのプロット
plt.plot(X_plt, decision_boundary, linestyle = "-",  color='black', label='LinearSVC')
plt.plot(X_plt, margin_up, linestyle = ":", color='red', label='margin')
plt.plot(X_plt, margin_down, linestyle = ":",color='blue', label='margin')

# 訓練データの散布図
plt.scatter(X_std[:, 0][y==1], X_std[:, 1][y==1], c='r', marker='x', label='1')
plt.scatter(X_std[:, 0][y==0], X_std[:, 1][y==0], c='b', marker='s', label='0')
plt.legend(loc='best')

plt.show()
```

ハードマージンによる分類においては，外れ値が存在する場合，モデルが過学習してしまうことがあります．この出力結果を見ると，外れ値がサポートベクトルとなっていることが確認できます．このような場合，誤分類を許容することにより，より良いモデルが得られる可能性があります．

課題 10.2　ソースコード 10.2 の実行結果を確認せよ．また，この結果に対する自分の考えや解釈を述べよ．

実行例

```
w= [-1.49888846 -2.32820066]
b= -1.1834786609392824
```

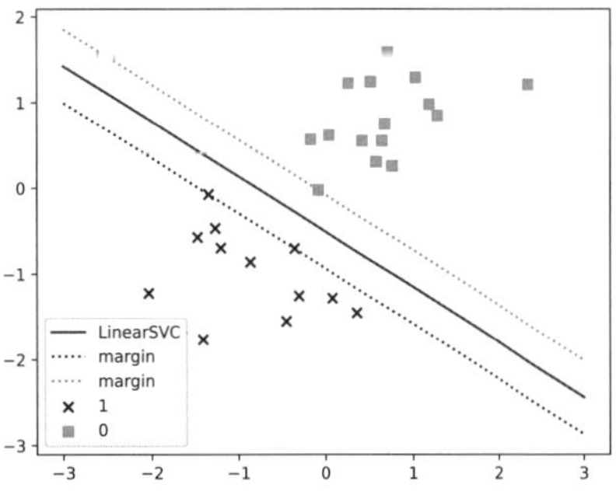

次に，ソフトマージンを用いて分類を行ってみましょう．ソフトマージンによる分類を行うためには，C の値を小さく設定します．

ソースコード 10.3: ソフトマージン線形 SVM

```
【自分で補おう】

# ソフトマージンのモデルを作成
model = LinearSVC(loss='hinge', C=1.0,
                  multi_class='ovr', penalty='l2',
                  dual='auto', random_state=0)

【自分で補おう】
```

実行例

```
w= [-0.95032884 -1.29286643]
b= -0.37070202001341324
```

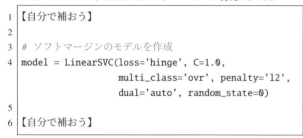

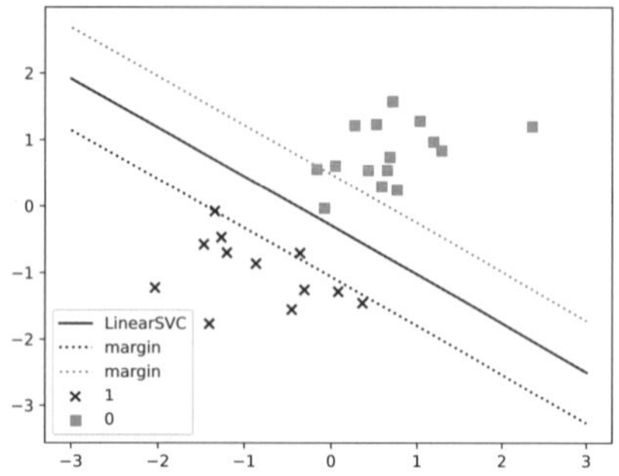

課題 10.3　ソースコード 10.3 の実行結果を確認せよ．また，この結果に対する自分の考えや解釈を述べよ．

それでは，線形 SVM の正解率を求めましょう．LinearSVC のハイパーパラメータ C は，大きくなるほど正則化が弱まり，モデルが過学習する可能性が高まります．最適な C を見つけ出すには，何度か試行錯誤を重ねる必要があります．

ソースコード 10.4: 正解率の計算

```
【必要なライブラリ等のインポート】

# ワインデータの用意
wine = 【自分で補おう】
# 特徴量に色(9列)とプロリンの量(12列)を選択
X = wine.data[【自分で補おう】]
# 正解ラベルの設定
y = 【自分で補おう】

# 特徴量と正解ラベルを訓練データとテストデータに分割, test_size=0.2, random_state=0
X_train, X_test, y_train, y_test = 【自分で補おう】

# 訓練データの標準化
sc = StandardScaler()
X_train_std = 【自分で補おう】
# テストデータの標準化
X_test_std = 【自分で補おう】 # テストデータは訓練データでfit した統計量を使うので tranform のみ

# LinearSVC のモデルを作成
model = LinearSVC(loss='hinge', C=100.0, multi_class='ovr', penalty='l2', random_state=0, dual='
    auto', max_iter=10000)

# モデルの訓練
model.fit(【自分で補おう】)

# 訓練データ, テストデータの予測
y_pred_train = model.predict(X_train_std) # 訓練データの予測
y_test_pred = 【自分で補おう】 # テストデータの予測

# accuracy_score による正解率
```

```
print('accracy_score による正解率(train):{:.4f}'.format(accuracy_score(y_train, y_pred_train)))
【自分で補おう】

# 分類結果を描画
fig,[ax1, ax2] = plt.subplots(1, 2, figsize=(12,6))
plot_decision_regions(X_train_std, y_train, clf=model, ax=ax1) # 訓練データのプロット
【自分で補おう】

# グラフの情報を付加
ax1.set_title('Linear SVM on Wine (train)')
【自分で補おう】
```

実行例

```
accracy_score による正解率 (train):0.8944
accracy_score による正解率 (test):0.9167
```

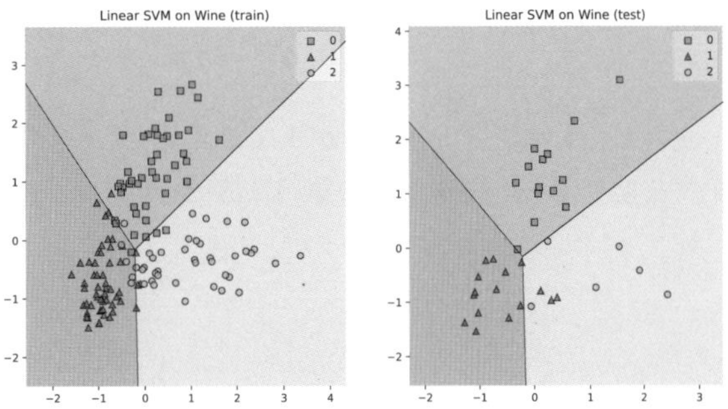

なお,

```
ConvergenceWarning: Liblinear failed to converge, increase the number of iterations.
  warnings.warn(
```

のような警告が出た場合は，`max_iter` を大きくする，`C` を小さくするなどの工夫が必要になります.

課題 10.4　ソースコード 10.4 の実行結果を確認せよ．また，C を変化させて分類結果をいくつか確認せよ．これらの結果に対する自分の考えや解釈を述べよ.

課題 10.5　乳がんデータに対して，ハードマージン線形 SVM，ソフトマージン線形 SVM を適用せよ．これらの結果に対する自分の考えや解釈を述べよ.

10.9　ハードマージン線形 SVM の実装

第 10.1〜10.4 節において，ハードマージン SVM のアルゴリズムを説明しました．ここではその実装方法について具体的に述べます．なお，2 つのクラス K_1 と K_2 に分類する場合を考えます.

(1)　まず，観測された N 個の p 次元データを次のように行列を用いて表現する.

$$X = \begin{bmatrix} x_{11} & \cdots & x_{1p} \\ \vdots & \ddots & \vdots \\ x_{N1} & \cdots & x_{Np} \end{bmatrix} = \begin{bmatrix} {}^t\boldsymbol{x}_1 \\ \vdots \\ {}^t\boldsymbol{x}_N \end{bmatrix}, \quad \boldsymbol{x}_n = \begin{bmatrix} x_{n1} \\ \vdots \\ x_{np} \end{bmatrix}$$

次に，N 個のラベル変数 y_n，未定乗数 α_n を以下のようにベクトルで表現する.

$$\boldsymbol{y} = \begin{bmatrix} y_1 \\ \vdots \\ y_N \end{bmatrix}, \quad \boldsymbol{\alpha} = \begin{bmatrix} \alpha_1 \\ \vdots \\ \alpha_N \end{bmatrix}, \quad y_n = \begin{cases} 1 & (\boldsymbol{x}_n \in K_1) \\ -1 & (\boldsymbol{x}_n \in K_2) \end{cases}$$

(2) 新たな行列 H を次のように定義する.

$$H := \boldsymbol{y}^t\boldsymbol{y} \odot X^tX \tag{10.32}$$

ここで，$\odot$ はアダマール積を表す．この行列の成分は，$[H]_{ij} = y_i y_j {}^t\boldsymbol{x}_i \boldsymbol{x}_j$ であり，H は対称行列となる.

(3) 勾配降下法を用いて，未定乗数 $\boldsymbol{\alpha}$ を次の式で更新し，最適解 $\widehat{\boldsymbol{\alpha}}$ を求める.

$$\boldsymbol{\alpha}^{(t+1)} = \boldsymbol{\alpha}^{(t)} + \frac{\partial \widetilde{L}(\boldsymbol{\alpha})}{\partial \boldsymbol{\alpha}} = \boldsymbol{\alpha}^{(t)} + \eta(\boldsymbol{1} - H\boldsymbol{\alpha}^{(t)}) \tag{10.33}$$

ただし，$\boldsymbol{1}$ はすべての成分が 1 である N 次元ベクトルで，$\boldsymbol{1} = {}^t[1, 1, \ldots, 1]$ と表される.

(4) S をサポートベクトルの集合，$|S|$ をサポートベクトルの個数とする．次に,

$$\widehat{\boldsymbol{w}} = \sum_{\boldsymbol{x}_n \in S} \widehat{\alpha}_n y_n \boldsymbol{x}_n, \tag{10.34}$$

$$\widehat{b} = \frac{1}{|S|} \sum_{\boldsymbol{x}_n \in S} (y_n - {}^t\widehat{\boldsymbol{w}}\boldsymbol{x}_n) \tag{10.35}$$

を計算し，$\widehat{\boldsymbol{w}}, \widehat{b}$ を求める.

(5) 最終的に次の式に従ってデータを分類する.

$$y_n = \begin{cases} 1 & ({}^t\boldsymbol{w}\boldsymbol{x}_n > 0) \\ -1 & ({}^t\boldsymbol{w}\boldsymbol{x}_n < 0) \end{cases} \tag{10.36}$$

ここでは, 2 値分類問題を扱うため, Iris データのうち目的変数（クラス）が, 0（setosa）と 1（versicolor）のものを使用し，0 を −1 に変更します．また，説明変数では，2 列目と 3 列目を利用します.

ソースコード 10.5: ハードマージン線形 SVM の実装

```
【必要なライブラリ等のインポート】

# ハードマージン線形SVM クラス
class HardMarginSVM:

    # __init__ メソッドはインスタンスを確実かつ適切に初期化するための特別なメソッド
    def __init__(self, eta=0.001, epoch=1000, random_state=42):
        # self は自身のインスタンスを参照する変数，名前は任意だがself とするのが慣例
        # self を除いた第 2 引数以降が実質的な引数
        self.eta = eta # 学習率
        self.epoch = epoch # エポック数
        self.random_state = random_state # random_state の設定
        self.is_trained = False # 最初は学習が終わっていないとする

    # パラメータの学習
    def fit(self, X, y):
        # X は学習データ: (データの数，データの次元)の行列
        self.num_samples = X.shape[0]
```

```
        self.num_features = X.shape[1]
        # パラメータベクトルを 0で初期化
        self.w = 【自分で補おう】(self.num_features)
        self.b = 0
        # 乱数生成 RondomState を使って乱数を固定
        rgen = np.random.RandomState(self.random_state)
        # 正規乱数を用いてalpha（未定乗数）を初期化
        self.alpha = rgen.normal(loc=0.0, scale=0.01, size=self.num_samples)

        # 勾配降下法を用いて双対問題を解く
        for i in range(【自分で補おう】): # エポック数の数だけ実行
            self.grad_decent(X, y)

        # サポートベクトルのindex を取得
        indexes_sv = [i for i in range(self.num_samples) if self.alpha[i] != 0]
        # w を計算，式(10.34)の実装
        for n in indexes_sv:
            self.w += self.alpha[n] * 【自分で補おう】
        # b を計算，式(10.35)の実装
        for n in indexes_sv:
            self.b += 【自分で補おう】
        self.b /= len(indexes_sv)
        # 学習完了のフラグを立てる
        self.is_trained = True

    # 予測
    def predict(self, X):
        if not self.is_trained:
            raise Exception('このモデルは学習していません')

        # 式(10.36)の実装
        hyperplane = 【自分で補おう】
        result = np.where(hyperplane > 0, 1, -1)
        return result

    def grad_decent(self, X, y):
        y = y.reshape([-1, 1])  # (num_samples, 1)の行列にreshape
        H = 【自分で補おう】  # 式(10.32)の実装
        # 勾配ベクトルを計算
        grad = np.ones(self.num_samples) - 【自分で補おう】  # 式(10.33)の勾配を実装
        # 未定乗数alpha の更新
        self.alpha += 【自分で補おう】 # 式(10.33)を実装
        # 未定乗数alpha の各成分はゼロ以上である必要があるため負の成分をゼロにする
        self.alpha = np.where(self.alpha < 0, 0, self.alpha)

# データの読み込み
iris = 【自分で補おう】

# 説明変数をX に，2列目と 3列目を利用
X = iris.data[【自分で補おう】]

# 目的変数をY に
Y = iris.target
X = X[Y!=2] # class = 0,1のデータのみを取得
Y = 【自分で補おう】# class = 0,1のデータのみを取得
Y = np.where(【自分で補おう】)  # class = 0のラベルを-1に変更する
```

```
75
76  # 標準化
77  sc = 【自分で補おう】
78  X_std = sc.【自分で補おう】
79
80  # データの分割, test_size=0.2, random_state=3
81  X_train, X_test, y_train, y_test = 【自分で補おう】
82
83  # svm のパラメータを学習
84  model = HardMarginSVM()
85  model.fit(【自分で補おう】)
86
87  # 訓練データ, テストデータの予測
88  y_pred_train = model.predict(X_train)  # 訓練データの予測
89  y_test_pred = 【自分で補おう】  # テストデータの予測
90
91
92  # 訓練データとテストデータのスコア model.score は使えない
93  print('accracy_score による正解率(train):{:.4f}'.format(metrics.accuracy_score(y_train, y_pred_train
        )))
94  【自分で補おう】
95
96  # 分類結果を描画
97  fig,[ax1, ax2] = plt.subplots(1, 2, figsize=(12,6))
98  plot_decision_regions(【自分で補おう】) # 訓練データのプロット
99  plot_decision_regions(【自分で補おう】) # テストデータのプロット
100
101 【自分で補おう】
```

 実行例

```
accracy_score による正解率 (train):1.0000
accracy_score による正解率 (test):1.0000
```


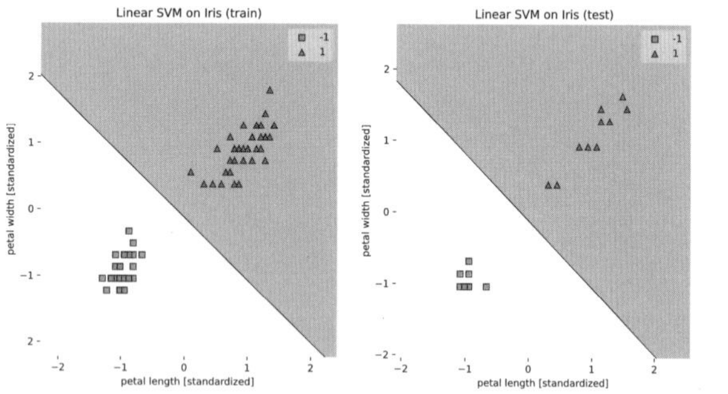

課題 10.6　ソースコード 10.5 の実行結果を確認せよ. また, scikit-learn のハードマージン線形 SVM でも実行せよ. その際, 2 列目と 3 列目だけでなく, 0 列目と 2 列目のデータで試したり, 0 列目と 1 列目のデータで試したりして, 結果を確認せよ. そして, これらの結果に対する自分の考えや解釈を述べよ.

第 11 章
カーネル SVM

線形 SVM は，マージンの最大化という考えのもと，データを超平面で分離する，別の言い方をすれば，線形分離するというアルゴリズムでした．しかし，実際のデータは常に線形分離できるとは限りません．そこで，この問題を解決するために生まれたのが**カーネル SVM**（kernel SVM）です．

カーネル SVM のアイデアは，もとの低次元空間のデータを高次元空間に写像する，というものです．線形分離が困難だったデータが，高次元空間では線形分離可能になることがあります．その場合は，その高次元空間内で超平面（線形の決定境界）を設定できます．そして，超平面が設定されたら，それをもとの空間に戻します．これを「逆写像」と呼びます．逆写像によって高次元空間の超平面がもとの空間に戻されるとき，その結果として得られる領域と境界を**決定境界**（decision boundary）と呼びます．

カーネル SVM を使うと，もとの空間では線形分離できないデータに対しても適切な分類が可能になる場合があります．

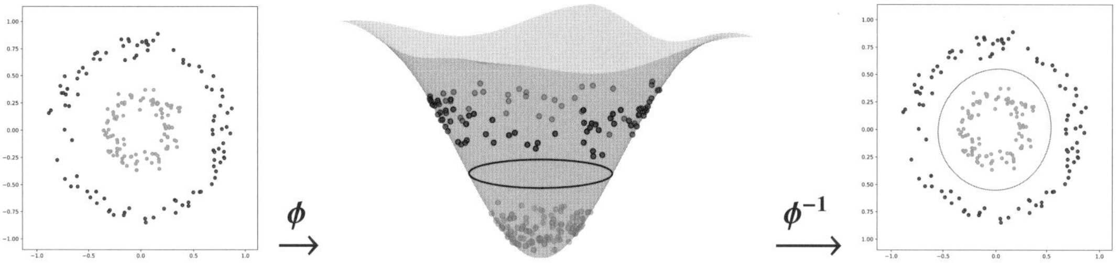

(a) 平面において線形分離不可能　(b) 空間に写像すると線形分離可能　(c) もとの平面に戻す

図 11.1: カーネル SVM のイメージ

11.1　カーネル SVM の原理

たとえば，2 次元のデータ $\boldsymbol{x} = (x_1, x_2)$ を 5 次元に拡張する場合には，以下のような関数を通じて写像します．

$$\boldsymbol{\phi}(\boldsymbol{x}) = (x_1^2, x_2^2, x_1 x_2, x_1, x_2)$$

このように，データの次元をより高次元に拡張したものを**高次元特徴空間**（high-dimensional feature space）と呼び，それに対して最初の入力データの空間を**入力空間**（input space）といいます．

この式をより一般化します．p 次元の入力空間データを，より高次元の r 次元特徴空間に写像する関数を以下のように定義します．

$$\boldsymbol{\phi}(\boldsymbol{x}) = (\phi_1(\boldsymbol{x}), \phi_2(\boldsymbol{x}), \ldots, \phi_r(\boldsymbol{x}))$$

この $\boldsymbol{\phi}(\boldsymbol{x})$ を**標準特徴写像**（canonical feature map）といいます．

このような関数を用いて高次元特徴空間にデータを拡張していくと，ある段階で分離超平面により分離可能なデータになることがあります．究極的には一つ一つのデータをすべて別の次元，データが N 個あれば N 次元まで拡張すれば，必ず $N-1$ 次元の分離超平面で分離することができます．

次に，この分離超平面を逆写像してもとのデータの分離超平面に変換することで，入力空間においてデータを分離する曲線を得ることができます．

それでは，高次元特徴空間における最適化問題の式を考えていきましょう．

ハードマージン SVM は，最適化問題

$$\max\left\{\widetilde{L}(\alpha_1,\ldots,\alpha_N)=\sum_{n=1}^{N}\alpha_n-\frac{1}{2}\sum_{i=1}^{N}\sum_{j=1}^{N}\alpha_i\alpha_j y_i y_j {}^t\boldsymbol{x}_i\boldsymbol{x}_j\right\},$$

$$\text{subject to}\ \ \alpha_n\geq 0,\quad \sum_{n=1}^{N}\alpha_n y_n=0\quad (n=1,2,\ldots,N)$$

に帰着されます．

高次元特徴空間のデータは入力空間のデータ $\boldsymbol{x}_i$ を関数 $\boldsymbol{\phi}(\boldsymbol{x})$ で写像したものなので，高次元特徴空間における最適化問題は以下のようになります．

$$\max\left\{\widetilde{L}(\alpha_1,\ldots,\alpha_N)=\sum_{n=1}^{N}\alpha_n-\frac{1}{2}\sum_{i=1}^{N}\sum_{j=1}^{N}\alpha_i\alpha_j y_i y_j {}^t\boldsymbol{\phi}(\boldsymbol{x}_i)\boldsymbol{\phi}(\boldsymbol{x}_j)\right\},$$

$$\text{subject to}\ \ \alpha_n\geq 0,\quad \sum_{n=1}^{N}\alpha_n y_n=0\quad (n=1,2,\ldots,N)$$

ここで，${}^t\boldsymbol{\phi}(\boldsymbol{x}_i)\boldsymbol{\phi}(\boldsymbol{x}_j)$ は高次元特徴空間における内積を表しています．

しかし，高次元になると内積を直接計算するのが困難になります．そこで登場するのがカーネル関数です．**カーネル関数**（kernel function）とは，入力空間における 2 つのベクトル $\boldsymbol{x}_i, \boldsymbol{x}_j$ のカーネル値 $K(\boldsymbol{x}_i,\boldsymbol{x}_j)$ と高次元特徴空間での内積 ${}^t\boldsymbol{\phi}(\boldsymbol{x}_i)\boldsymbol{\phi}(\boldsymbol{x}_j)$ が等しくなるような関数のことです．つまり，以下の等式が成り立つ関数 $K(\boldsymbol{x}_i,\boldsymbol{x}_j)$ をカーネル関数と呼びます．

$$K(\boldsymbol{x},\boldsymbol{y})={}^t\boldsymbol{\phi}(\boldsymbol{x})\boldsymbol{\phi}(\boldsymbol{y})\tag{11.1}$$

このように計算が複雑にならないように式変形するテクニックは**カーネルトリック**（kernel trick）と呼ばれています．

このカーネル関数を利用すると，高次元特徴空間での内積を計算することなく，入力空間での計算だけで最適化問題を解くことができます．したがって，高次元特徴空間における最適化問題は，以下のように書き換えることができます．

$$\max\left\{\widetilde{L}(\alpha_1,\ldots,\alpha_N)=\sum_{n=1}^{N}\alpha_n-\frac{1}{2}\sum_{i=1}^{N}\sum_{j=1}^{N}\alpha_i\alpha_j y_i y_j K(\boldsymbol{x}_i,\boldsymbol{x}_j)\right\},$$

$$\text{subject to}\ \ \alpha_n\geq 0,\quad \sum_{n=1}^{N}\alpha_n y_n=0\quad (n=1,2,\ldots,N)$$

これが，カーネル SVM の基本的な原理です．入力空間におけるデータを高次元特徴空間に写像し，その空間での最適化問題を解くことで，非線形の分離超平面を得ることができます．そして，その分離超平面はカーネル関数によって入力空間に逆写像され，非線形の決定境界を形成します．

さらに，カーネル関数はさまざまなものがあり，それぞれに特徴があります．たとえば，以下に示すようなカーネルがあります．

線形カーネル（linear kernel）　$K(\boldsymbol{x},\boldsymbol{y}) = {}^t\boldsymbol{x}\boldsymbol{y}$

多項式カーネル（polynomial kernel）　$K(\boldsymbol{x},\boldsymbol{y}) = (\gamma^t\boldsymbol{x}\boldsymbol{y} + c)^d$

ここで，γ（≥ 0）はハイパーパラメータであり，d を**カーネル次数**（kernel degree）という．また，c を**フリーパラメータ**（free parameter）といい，多項式における高次と低次の影響のトレードオフを調整するものである．

シグモイドカーネル（sigmoid kernel）　$K(\boldsymbol{x},\boldsymbol{y}) = \tanh(\gamma^t\boldsymbol{x}\boldsymbol{y} + c)^d$

ニューラルネットワークではよく用いられる．

RBF カーネル（Radial Basis Function kernel）　$K(\boldsymbol{x},\boldsymbol{y}) = \exp\left(-\dfrac{\|\boldsymbol{x}-\boldsymbol{y}\|^2}{2\sigma^2}\right)$

RBF カーネルは，**ガウスカーネル**（Gaussian kernel）または**動径基底関数カーネル**とも呼ばれ，

$$K(\boldsymbol{x},\boldsymbol{y}) = \exp\left(-\gamma\|\boldsymbol{x}-\boldsymbol{y}\|^2\right)$$

と簡略化されることが多い．ここで，$\gamma = \frac{1}{2\sigma^2}$ は最適化されるハイパーパラメータである．

大まかにいえば，「カーネル」という用語は，2 つのデータ点間の「類似度を表す関数」を意味する．マイナス記号は，距離の尺度を反転させて類似度にするために用いられる．指数関数の指数部分が 0 から無限大の値をとることにより，結果として得られる類似度は 1（まったく同じデータ点）から 0（まったく異なるデータ点）の範囲に収まる．

ラプラシアンカーネル（Laplacian kernel）　$K(\boldsymbol{x},\boldsymbol{y}) = \exp(-\gamma\|\boldsymbol{x}-\boldsymbol{y}\|_1)$

ここで，$\|\cdot\|_1$ はマンハッタン距離（L^1 ノルム），つまり，p 次元ベクトル $\boldsymbol{x}$ に対して，$\|\boldsymbol{x}\|_1 = \sum_{i=1}^p |x_i|$ である．これはデータ内に存在するノイズの影響を低減する特性があり，特に分類，回帰，異常検出，クラスタリングなど，データ間の距離や類似性が重要となる機械学習タスクで広く利用される．

なお，カーネル SVM を実装する場合，カーネル関数がわかればよく，標準特徴写像を求める必要はありません．

11.2　カーネル主成分分析（Kernel PCA）

カーネルトリックは，主成分分析（PCA）にも適用することができます．**カーネル主成分分析**（kernel PCA）はデータを高次元空間（特徴空間）に写像し，その高次元空間において第 9 章の線形 PCA を実行します．これにより，特徴空間上でのデータの相関を考慮でき，特徴空間における分散の最大化を考えることで，非線形の特性を持つデータに対しても効果的に次元削減を行うことが可能となります．

より具体的には，式 (9.1) と標準特徴写像に基づいて，特徴空間における共分散行列を

$$V = \frac{1}{N}\sum_{n=1}^{N}\boldsymbol{\phi}(\boldsymbol{y}_n)^t\boldsymbol{\phi}(\boldsymbol{y}_n) = \frac{1}{N}[\boldsymbol{\phi}(\boldsymbol{y}_1),\ldots,\boldsymbol{\phi}(\boldsymbol{y}_N)]\begin{bmatrix}{}^t\boldsymbol{\phi}(\boldsymbol{y}_1)\\ \vdots \\ {}^t\boldsymbol{\phi}(\boldsymbol{y}_N)\end{bmatrix} = \frac{1}{N}{}^t\boldsymbol{\phi}(Y)\boldsymbol{\phi}(Y) \tag{11.2}$$

と定義します．ただし，$\boldsymbol{\phi}(Y) = \begin{bmatrix}{}^t\boldsymbol{\phi}(\boldsymbol{y}_1)\\ \vdots \\ {}^t\boldsymbol{\phi}(\boldsymbol{y}_N)\end{bmatrix}$ は $N \times r$ 行列です．そして，固有値問題

$$V\boldsymbol{w} = \lambda\boldsymbol{w} \tag{11.3}$$

を考えます．$\boldsymbol{\phi}(\boldsymbol{y}_n)$ および $\boldsymbol{w}$ は，r（$r > p$）次元ベクトル，$\boldsymbol{\phi}(Y)$ は $N \times r$ 行列です．ここで，${}^t\boldsymbol{\phi}(\boldsymbol{y}_n)\boldsymbol{w}$ がスカラーであることに注意すれば，式 (11.2) および (11.3) より

$$\frac{1}{N}\sum_{n=1}^{N}\boldsymbol{\phi}(\boldsymbol{y}_n)^t\boldsymbol{\phi}(\boldsymbol{y}_n)\boldsymbol{w} = \lambda\boldsymbol{w} \Longrightarrow \boldsymbol{w} = \frac{1}{\lambda N}\sum_{n=1}^{N}\boldsymbol{\phi}(\boldsymbol{y}_n)\left({}^t\boldsymbol{\phi}(\boldsymbol{y}_n)\boldsymbol{w}\right)$$
$$= \frac{1}{\lambda N}\sum_{n=1}^{N}\left({}^t\boldsymbol{\phi}(\boldsymbol{y}_n)\boldsymbol{w}\right)\boldsymbol{\phi}(\boldsymbol{y}_n) = \frac{1}{N}\sum_{n=1}^{N}v_n\boldsymbol{\phi}(\boldsymbol{y}_n)$$
$$= \frac{1}{N}[\boldsymbol{\phi}(\boldsymbol{y}_1),\ldots,\boldsymbol{\phi}(\boldsymbol{y}_N)]\begin{bmatrix} v_1 \\ \vdots \\ v_N \end{bmatrix} = \frac{1}{N}{}^t\boldsymbol{\phi}(Y)\boldsymbol{v}$$

を得ます．なお，この式変形において $v_n = \frac{{}^t\boldsymbol{\phi}(\boldsymbol{y}_n)\boldsymbol{w}}{\lambda}$，$\boldsymbol{v} = {}^t[v_1,\ldots,v_N]$ としました．したがって，式 (11.3) は次のようになります．

$$\frac{1}{N}{}^t\boldsymbol{\phi}(Y)\boldsymbol{\phi}(Y)\frac{1}{N}{}^t\boldsymbol{\phi}(Y)\boldsymbol{v} = \lambda\frac{1}{N}{}^t\boldsymbol{\phi}(Y)\boldsymbol{v}$$
$$\Longrightarrow \frac{1}{N}\boldsymbol{\phi}(\boldsymbol{Y})^t\boldsymbol{\phi}(Y)\boldsymbol{\phi}(\boldsymbol{Y})^t\boldsymbol{\phi}(Y)\boldsymbol{v} = \boldsymbol{\phi}(\boldsymbol{Y})^t\boldsymbol{\phi}(Y)\boldsymbol{v}$$
$$\Longrightarrow \frac{1}{N}\boldsymbol{\phi}(\boldsymbol{Y})^t\boldsymbol{\phi}(Y)\boldsymbol{v} = \boldsymbol{\phi}(\boldsymbol{Y})\boldsymbol{v}$$
$$\Longrightarrow K_N\boldsymbol{v} = \lambda\boldsymbol{v}$$

この変形において，N 次正方行列 $\boldsymbol{\phi}(\boldsymbol{Y})^t\boldsymbol{\phi}(Y)$ の逆行列が存在すると仮定し，$K_N = \boldsymbol{\phi}(\boldsymbol{Y})^t\boldsymbol{\phi}(Y)$ としました．行列 K_N は**カーネル行列**（kernel matrix）と呼ばれます．カーネル行列は N 次正方行列で，カーネル関数を $K(\boldsymbol{x},\boldsymbol{y})$ とすれば，次のように表せます．

$$K_N = \begin{bmatrix} K(\boldsymbol{y}_1,\boldsymbol{y}_1) & K(\boldsymbol{y}_1,\boldsymbol{y}_2) & \cdots & K(\boldsymbol{y}_1,\boldsymbol{y}_N) \\ K(\boldsymbol{y}_2,\boldsymbol{y}_1) & K(\boldsymbol{y}_2,\boldsymbol{y}_2) & \cdots & K(\boldsymbol{y}_2,\boldsymbol{y}_N) \\ \vdots & \vdots & \ddots & \vdots \\ K(\boldsymbol{y}_N,\boldsymbol{y}_1) & K(\boldsymbol{y}_N,\boldsymbol{y}_2) & \cdots & K(\boldsymbol{y}_N,\boldsymbol{y}_N) \end{bmatrix}$$

特徴空間における共分散行列（カーネル行列）を直接的に求めるには計算量が大きくなるのですが，カーネル関数を用いることで，計算量を減らすことができます．

ここで，注意したいのは，$\boldsymbol{y}_n$ は平均偏差ベクトルですが，$\boldsymbol{\phi}(\boldsymbol{y}_n)$ が平均偏差ベクトルであるとは限らない，ということです．そこで，カーネル行列を中心化，つまり，$\boldsymbol{\phi}(\boldsymbol{y}_n)$ の平均がゼロベクトル $\boldsymbol{0}$ になるようにします．

中心化したカーネル行列の (i,j) 成分は以下のように表せます．

$${}^t\left(\boldsymbol{\phi}(\boldsymbol{y}_i) - \frac{1}{N}\sum_{n=1}^{N}\boldsymbol{\phi}(\boldsymbol{y}_n)\right)\left(\boldsymbol{\phi}(\boldsymbol{y}_j) - \frac{1}{N}\sum_{n=1}^{N}\boldsymbol{\phi}(\boldsymbol{y}_n)\right)$$
$$= {}^t\boldsymbol{\phi}(\boldsymbol{y}_i)\boldsymbol{\phi}(\boldsymbol{y}_j) - {}^t\left(\frac{1}{N}\sum_{n=1}^{N}\boldsymbol{\phi}(\boldsymbol{y}_n)\right)\boldsymbol{\phi}(\boldsymbol{y}_j) - {}^t\boldsymbol{\phi}(\boldsymbol{y}_i)\left(\frac{1}{N}\sum_{n=1}^{N}\boldsymbol{\phi}(\boldsymbol{y}_n)\right) + \left(\frac{1}{N}\sum_{n=1}^{N}{}^t\boldsymbol{\phi}(\boldsymbol{y}_n)\right)\left(\frac{1}{N}\sum_{m=1}^{N}\boldsymbol{\phi}(\boldsymbol{y}_m)\right)$$
$$= K(\boldsymbol{y}_i,\boldsymbol{y}_j) - \frac{1}{N}\sum_{n=1}^{N}K(\boldsymbol{y}_n,\boldsymbol{y}_j) - \frac{1}{N}\sum_{m=1}^{N}K(\boldsymbol{y}_i,\boldsymbol{y}_m) + \frac{1}{N}\sum_{n=1}^{N}\sum_{m=1}^{N}K(\boldsymbol{y}_n,\boldsymbol{y}_m)\frac{1}{N}$$

したがって，中心化されたカーネル行列 $\overline{K}_N$ は

$$\overline{K}_N = K_n - \overline{E}_N K_N - K_N\overline{E}_N + \overline{E}_N K_N\overline{E}_N \qquad (11.4)$$

と表せます．ただし，$\overline{E}_N$ は，全成分が $\frac{1}{N}$ である N 次正方行列です．

最後に，この行列 $\overline{K}_N$ に対して，固有値と固有ベクトルを求めます．なお，$\overline{K}_N$ の固有ベクトルは主成分の軸ではなく，それらの軸に射影されているデータ点であることに注意してください．

線形 PCA では，固有ベクトルは新しい特徴空間の「軸」を形成し，これらの軸はもとのデータの分散を最大限に捉える方向を表しています．もとのデータはこれらの新しい軸に射影され，これが PCA の結果となります．

一方，カーネル PCA では，データをより高次元の空間に写像（投影）します．そして，この新しい空間で線形 PCA を適用します．しかし，実際にはこの高次元空間を明示的に計算したり，その空間の固有ベクトル（軸）を得ることはありません．代わりに，データ間の類似度を表すカーネル関数を用います．

カーネル関数は，もとのデータが高次元空間に投影されたときにどのように見えるか，その「像」を提供します．実際にはデータを高次元空間に投影せずに，それらのデータが高次元空間でどのように見えるか（どのような関係性を持つか）を知ることができます．これは，もとのデータ空間でのデータ点間の類似性を測定することによって達成されます．

そのため，カーネル PCA における「固有ベクトル」は，この高次元空間における固有ベクトルの「像」を表しています．これらの固有ベクトルはもとのデータ空間のデータ点に対応しており，各データ点が新しい（高次元の）特徴空間でどのように位置するかを示しています．それらは，「軸」ではなく，「射影されたデータ点」を表しています．

結局のところ，カーネル PCA の「固有ベクトル」は，この写像を通じてデータが高次元空間でどのように配置されるかを捉えています．したがって，これらの固有ベクトルは，もとのデータ空間のデータに対応し，それぞれのデータ点が新しい特徴空間でどのように位置するかを示しています．

11.3 ハイパーパラメータの探索方法

モデルの訓練に先立ち，最適なパラメータを探索することが重要ですが，ハイパーパラメータの調整は手間がかかる作業です．しかし，その一部は自動化が可能で，以下にその主要なものを簡単に説明します．

グリッドサーチ（grid search） グリッドサーチは，各ハイパーパラメータに対して候補点を設定し，その全組み合わせについて探索を行う方法である．k 分割交差検証を用いて最良のハイパーパラメータの組を探す．しかし，候補点が多いほど計算量は大幅に増えるという欠点がある．

ランダムサーチ（random search） ランダムサーチは，指定された各ハイパーパラメータの範囲内でランダムに探索点を選択し，探索を進める方法である．探索の回数は任意に設定できるが，多くなると計算量が増える．しかし，性能に大きく影響しないハイパーパラメータや連続値のハイパーパラメータがある場合，グリッドサーチよりも効率的に良い結果を得られる可能性がある．

ベイズ最適化（Bayesian optimization） ベイズ最適化は，これまでの探索結果を用いて評価指標の値を予測するモデルを構築し，その予測モデルと獲得関数を用いて次の探索点を選択する方法である．予測モデルの作成にはガウス過程回帰が一般的に使用される．

11.4 白 色 化

データの**白色化**（whitening）とは，データの相関関係を取り除き，その分散が均一になるように変換する手法で，訓練データの偏りを低減できます．そのため，白色化を行うことで，機械学習における分類や予測の性能向上が期待されます．ただし，これらの手法はデータの自然な構造やパターンを損なう可能性があるため，適用する際には注意が必要です．

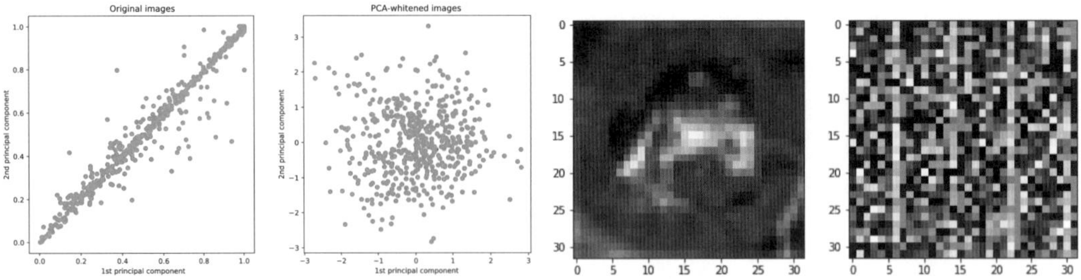

(a) データの散布図　(b) 白色化後の散布図　(c) 画像例　(d) 白色化画像例

図 11.2: 白色化の例

平均偏差ベクトルを $\boldsymbol{y}_1, \boldsymbol{y}_2, \ldots, \boldsymbol{y}_N \in \mathbb{R}^p$ とすれば，共分散行列は，式 (9.1) より

$$V = \frac{1}{N}\sum_{n=1}^{N} \boldsymbol{y}_n{}^t\boldsymbol{y}_n = \frac{1}{N}Y^tY, \quad Y = [\boldsymbol{y}_1, \boldsymbol{y}_2, \ldots, \boldsymbol{y}_N]$$

となります．そして，もし，共分散行列 V が対角行列であれば，各ベクトルはお互いに無相関になります．

そこで，白色化を行うために，

$$\boldsymbol{u}_n = W\boldsymbol{y}_n \in \mathbb{R}^p \quad (n = 1, 2, \ldots, N) \tag{11.5}$$

として，

$$\Phi = \frac{1}{N}\sum_{n=1}^{N} \boldsymbol{u}_n{}^t\boldsymbol{u}_n = \frac{1}{N}U^tU, \quad U = [\boldsymbol{u}_1, \boldsymbol{u}_2, \ldots, \boldsymbol{u}_N] \tag{11.6}$$

として，Φ が対角行列になるように W を定めましょう．そのためには，Φ が単位行列 I に一致するように W を定めればいいでしょう．こうすれば，各成分の分散が 1 になるようにスケーリングされたことにもなります．

式 (11.5) より $U = WY$ なので，W が満たすべき式は，

$$\begin{aligned}
\Phi = \frac{1}{N}U^tU &= \frac{1}{N}(WY)^t(WY) = I \\
&\Longrightarrow \frac{1}{N}WY^tY^tW = I \\
&\Longrightarrow WV^tW = I \\
&\Longrightarrow V = W^{-1}({}^tW)^{-1} \\
&\Longrightarrow V^{-1} = {}^tWW
\end{aligned} \tag{11.7}$$

となります．また，V は対称行列なので，直交行列 Q によって，${}^tQVQ = D$ のように対角化できます．ただし，D は対角行列で，各成分は V の固有値です．つまり，V の固有値を λ_i ($i = 1, 2, \ldots, p$) とすると

$$V = QD^tQ = Q\begin{bmatrix}\lambda_1 & & \\ & \ddots & \\ & & \lambda_p\end{bmatrix}{}^tQ \tag{11.8}$$

となります．そして，式 (11.7) と (11.8) より，任意の p 次直交行列 R に対して，

$${}^tWW = V^{-1} = QD^{-1t}Q = {}^t(RD^{-\frac{1}{2}t}Q)(RD^{-\frac{1}{2}t}Q)$$

が成り立ちます．ここで，$D^{-\frac{1}{2}} = \begin{bmatrix}\frac{1}{\sqrt{\lambda_1}} & & \\ & \ddots & \\ & & \frac{1}{\sqrt{\lambda_p}}\end{bmatrix}$ が成り立ちます．ここで，$R = I$ とすれば，$W = D^{-\frac{1}{2}}Q$ と

なり，これを **PCA 白色化**（PCA whitening）といいます．Q は，共分散行列の固有ベクトルを並べた行列であり，共分散行列の固有ベクトルを利用するのは，主成分分析（PCA）を行うことに通じるため，このように呼びます．

11.5 ウォーミングアップ

NumPy による行列とベクトルの計算について復習しておきましょう．数学の定義に近い計算をしたい場合は，`np.matrix` 型を使うといいですが，`np.zeros` 関数の出力や `np.ones` 関数の出力は `np.array` 型として定義されます．また，`np.linalg.norm` 関数を使うと，ベクトル $\boldsymbol{x} = {}^t[x_1, x_2, \ldots, x_n]$ のノルム $\|\boldsymbol{x}\| = \sqrt{x_1^2 + x_2^2 + \cdots + x_n^2}$ を計算できます．

ソースコード 11.1: ベクトルのノルム計算

```
import numpy as np

a3 = np.matrix([1,2,3]) # 1行 3列ベクトル
b3 = np.matrix([4,5,6]) # 1行 3列ベクトル
print("a3 と b3 の形状は", a3.shape)
print("a3 と b3.T の内積", np.dot(a3, b3.T)) # b3 を転置しないとエラーになる
print("a3 のノルムは", np.linalg.norm(a3)) # ノルムの計算

print("a3=", a3, "でノルムの 2乗は", np.linalg.norm(a3)**2, "形状は", np.linalg.norm(a3).shape)
print("a3=", a3, "で各要素の 2乗は", np.linalg.norm(a3, axis=0)**2, "形状は
    ", np.linalg.norm(a3, axis=0).shape)
print("a3=", a3, "でノルムの 2乗は", np.linalg.norm(a3, axis=1)**2, "形状は
    ", np.linalg.norm(a3, axis=1).shape)
a3d = a3[np.newaxis,:] # 次元を追加
print("a3 の列に次元を追加すると a3d=",a3d, "形状は", a3d.shape)
print("a3d のノルムは", np.linalg.norm(a3d)**2, "形状は", np.linalg.norm(a3d).shape)
print("a3d の各要素の 2 乗は", np.linalg.norm(a3d, axis=0)**2, "形状は
    ", np.linalg.norm(a3d, axis=0).shape)
print("a3d の各要素の 2 乗は", np.linalg.norm(a3d, axis=1)**2, "形状は
    ", np.linalg.norm(a3d, axis=1).shape)
print("a3d のノルムの 2 乗は", np.linalg.norm(a3d, axis=2)**2, "形状は
    ", np.linalg.norm(a3d, axis=2).shape)
```

実行例

```
a3 と b3 の形状は (1, 3)
a3 と b3.T の内積 [[32]]
a3 のノルムは 3.7416573867739413
a3= [[1 2 3]] でノルムの 2 乗は 14.0 形状は ()
a3= [[1 2 3]] で各要素の 2 乗は [1. 4. 9.] 形状は (3,)
a3= [[1 2 3]] でノルムの 2 乗は [14.] 形状は (1,)
a3 の列に次元を追加すると a3d= [[[1 2 3]]] 形状は (1, 1, 3)
a3d のノルムは 14.0 形状は ()
a3d の各要素の 2 乗は [[1. 4. 9.]] 形状は (1, 3)
a3d の各要素の 2 乗は [[1. 4. 9.]] 形状は (1, 3)
a3d のノルムの 2 乗は [[14.]] 形状は (1, 1)
```

課題 11.1 ソースコード 11.1 の実行結果を確認せよ．

11.6 scikit-learn を用いたカーネル SVM

scikit-learn を使ってカーネル SVM を実装するためには，SVC ライブラリを使用します．この SVC ライブラリでは，以下のようにハイパーパラメータを指定します．

表 11.1: SVC のハイパーパラメータ

kernel	カーネルは'linear', 'poly', 'rbf', 'sigmoid' から選ぶ．デフォルトは'rbf'．
degree	多項式カーネル関数（'poly'）の次数を指定する．他のカーネルでは無視される．
C	ヒンジ損失の強さを表すパラメータで，値が大きいほどハードマージンとなる．デフォルト値は C=1.0．
decision_function_shape	'ovo' または'ovr' を指定する．'ovr' を選ぶと，多クラス分類 ovr（one vs rest）となる．デフォルトは'ovr'．
random_state	乱数のシードを指定する．デフォルトは None．
gamma	訓練データの位置を中心としたガウス分布の広がり（分散 σ^2 の逆数）で精度パラメータを指定する．精度パラメータが小さいとガウス分布が緩やかになり，訓練データに対する感度が下がる．大きいとガウス分布が尖り，過学習が起こりやすくなる．デフォルトは'scale' で，特徴量の数を n としたとき，$\frac{1}{n\sigma^2}$ になる．
class_weight	サンプルの影響を考慮する．'dict' または'balanced' を指定する．サンプル数の影響を考慮する場合は，'balanced' を指定する．デフォルトは None．

ここでは，Labeled Faces in the Wild データセットを使用します．このデータセットは，多数の公的人物の顔写真からなり，scikit-learn に組み込まれています．データに関する情報は DESCR メソッドで参照できます．しかし，Iris データ等とは異なり，scikit-learn をインストールした状態ではデータはローカルには格納されません．初回の読み込み時にデータがダウンロードされ，それ以降はローカルのデータが利用されます．データサイズが約 200 MB なので，初回のダウンロードには時間がかかります．ハードディスクの容量が少ない方は，データが不要になったら削除することをおすすめします．ダウンロードされたデータは各自のパソコンの/scikit_learn_data/lfw_home/に格納されます．また，ここでは，make_pipeline 関数を使用して，PCA と SVC を順に適用してパイプライン処理を行い，PCA を実行する際には，PCA で whiten=True を指定し，白色化を行います．さらに GridSearchCV クラスを使用することで，グリッドサーチにより指定したパラメータの中から最適なものを選び出します．以下のソースコード 11.2 では，

```
param_grid = {'svc__C': [1, 5, 10, 50],
'svc__gamma': [0.0001, 0.0005, 0.001, 0.005]}
```

と指定しているため，ここから最適なパラメータが選択されます．なお，Matplotlib で日本語を表示するために，フォントも指定しています．以下に PCA と SVM による顔認識のコードを示します．

ソースコード 11.2: PCA と SVM による顔認識

```
【必要なライブラリ等のインポート】
from sklearn.svm import SVC # SVCの読み込み
from sklearn.model_selection import GridSearchCV
from sklearn.datasets import fetch_lfw_people # Labeled Faces in the Wildの読み込み

# 少なくとも異なる人物60人分を取得
```

```
faces = fetch_lfw_people(min_faces_per_person=60)
print(faces.target_names) # 目的変数名(ラベル名)を表示
print(faces.images.shape) # 画像サイズを表示，サンプル数 1348, 62x47 ピクセル

# Matplotlib で日本語を使う
font = {"family":"MS Gothic"}  # 使用するフォントの名前を指定
matplotlib.rc('font', **font)

# 画像の一部(15枚を表示)
fig, ax = plt.subplots(3, 5)
for i, axi in enumerate(ax.flat):
    axi.imshow(faces.images[i], cmap='bone') # カラーマップをbone に指定
    axi.set(xticks=[], yticks=[],xlabel=faces.target_names[faces.target[i]])

# PCA で次元圧縮，80次元，random_state=42，whiten=True（白色化（無相関化）する）
pca = PCA(【自分で補おう】, whiten=True, random_state=42)

# SVC を利用，kernel='rbf'，class_weight='balanced'
svc = SVC(kernel='rbf', class_weight='balanced')

# パイプラインで標準化，PCA，SVC をつなげる
model = 【自分で補おう】(StandardScaler(), pca, svc)

# 特徴量と正解ラベルを訓練データとテストデータに分割，random_state=123
# 目的変数はtarget メソッド，説明変数はdata メソッドで取得
Xtrain, Xtest, ytrain, ytest = 【自分で補おう】

# グリッドサーチで最適なパラメータを探す
param_grid = {'svc__C': [1, 5, 10, 50],
              'svc__gamma': [0.0001, 0.0005, 0.001, 0.005]}
grid = GridSearchCV(model, param_grid)

# 学習
grid.fit(Xtrain, ytrain)
print(grid.best_params_) # 最適なパラメータを表示
model = grid.best_estimator_ # 最適パラメータに基づくモデル作成
yfit = model.predict(Xtest) # 予測

# 結果の表示
fig, ax = plt.subplots(5, 8, figsize=(15,10))  # 5行 8列の 40枚を表示，全体サイズは 15x10
for i, axi in enumerate(ax.flat):
# すべてのsubplot（40 個）を順番にループ，.flat で多次元配列を 1 次元に
    axi.imshow(Xtest[i].reshape(62, 47), cmap='bone')
    # i 番目の画像を 62x47 サイズで表示，カラーマップは'bone'
    axi.set(xticks=[], yticks=[]) # x 軸と y 軸の目盛りを非表示に
    axi.set_ylabel(faces.target_names[yfit[i]].split()[-1],
    # ラベル名をy 軸に表示，正解は黒，間違いは青
                   color='black' if yfit[i] == ytest[i] else 'blue', fontsize=14)
                   # フォントサイズ 14
fig.suptitle('予測結果; 不正解は青', size=14) # 全体のタイトルを設定，フォントサイズは 14
plt.tight_layout()  # 図内の要素が重ならないように自動で調整

# 正解率の計算
accuracy = accuracy_score(【自分で補おう】)
print(f"正解率 (テストデータ): {accuracy * 100}%")
```

実行例

```
['Ariel Sharon' 'Colin Powell'
【一部省略】
(1348, 62, 47)
'svc__C': 5, 'svc__gamma': 0.005
正解率: 83.67952522255193%
【15 枚の画像は省略】
```

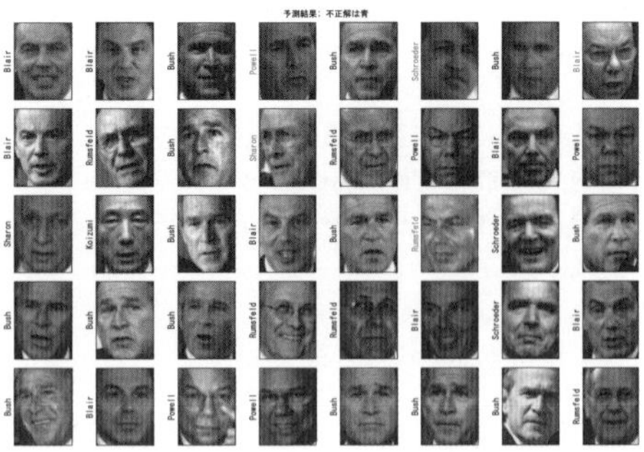

また，性能評価指標と混同行列も求めておきましょう．混同行列はヒートマップで表示します．ROC 曲線と AUC を計算するためには，まず，2 値分類問題における予測確率が必要です．しかし，今は多クラス分類問題となっているため，各クラスに対する確率を計算し，それぞれのクラスについて一対多での ROC 曲線と AUC を求めることにします．予測確率を取得するには，SVC オブジェクトを作成する際に `probability=True` を設定し，その後で `predict_proba` メソッドを使用します．以下のコードでは，予測確率 `yfit_proba` を用いて各クラスに対する ROC 曲線と AUC を計算します．`OneHotEncoder` クラスにおいて `sparse_output=False` と指定することで，結果として得られるエンコードされた配列は密な配列（dense array）となります．この値が True だと，結果として得られるエンコードされた配列は疎な配列（sparse array）となります．大量のデータを扱う場合には，メモリ効率の観点から疎な配列の方が有利な場合があります．

ソースコード 11.3: 性能評価指標や混同行列など

```
【必要なライブラリ等のインポート】

# SVC を利用し確率を True に設定する
svc = SVC(kernel='rbf', class_weight='balanced', probability=True)

# PCA で次元圧縮，80次元，random_state=42，whiten=True（白色化（無相関化）する）
【自分で補おう】

# パイプラインで標準化，PCA，SVC をつなげる
【自分で補おう】

# パラメータの設定
param_grid = {'svc__C': [1, 5, 10, 50],
              'svc__gamma': [0.0001, 0.0005, 0.001, 0.005]}
grid = GridSearchCV(model, param_grid)

# 学習 ： predict_proba を追加
grid.fit(【自分で補おう】)
print(【自分で補おう】) # 最適なパラメータを表示
model = grid.best_estimator_ # 最適パラメータに基づくモデル作成
yfit = model.predict(【自分で補おう】) # 予測
yfit_proba = model.predict_proba(Xtest) # 予測確率の取得

# One-hot エンコーディング
enc = OneHotEncoder(sparse_output=False) # NumPy 配列（密行列）としてインスタンス生成
ytest_bin = enc.fit_transform(ytest.reshape(-1, 1)) # 2x1 配列を One-Hot へ変換

```

```
# 各クラスごとにROC曲線とAUCを計算
for i in range(ytest_bin.shape[1]):
    fpr, tpr, _ = roc_curve(ytest_bin[:, i], yfit_proba[:, i])
    roc_auc = auc(【自分で補おう】)

    # ROC曲線のプロット
    plt.figure()
    plt.plot(fpr, tpr, label='ROC curve (area = %0.2f)' % roc_auc)
    plt.plot([0, 1], [0, 1], 'k--')
    plt.xlim([0.0, 1.0])
    plt.ylim([0.0, 1.05])
    plt.xlabel('False Positive Rate')
    plt.ylabel('True Positive Rate')
    plt.title('Receiver Operating Characteristic for class %d' % i)
    plt.legend(loc="lower right")
    plt.show()

# 性能評価指標の表示, target_names=faces.target_names を指定
print(【自分で補おう】)

# 混同行列とヒートマップの表示
mat = 【自分で補おう】 # 混同行列の作成
sns.heatmap(mat.T, square=True, annot=True, fmt='d', cbar=False,
            xticklabels=faces.target_names,
            yticklabels=faces.target_names)
plt.xlabel('実際のラベル')
plt.ylabel('予測ラベル');
```

実行例

```
                   precision    recall  f1-score   support

     Ariel Sharon       0.74      0.61      0.67        23
     Colin Powell       0.80      0.84      0.82        63
  Donald Rumsfeld       0.71      0.89      0.79        28
    George W Bush       0.93      0.90      0.91       130
Gerhard Schroeder       0.70      0.75      0.72        28
      Hugo Chavez       0.93      0.81      0.87        16
Junichiro Koizumi       0.92      0.92      0.92        12
       Tony Blair       0.80      0.76      0.78        37

         accuracy                           0.84       337
        macro avg       0.82      0.81      0.81       337
     weighted avg       0.84      0.84      0.84       337
```

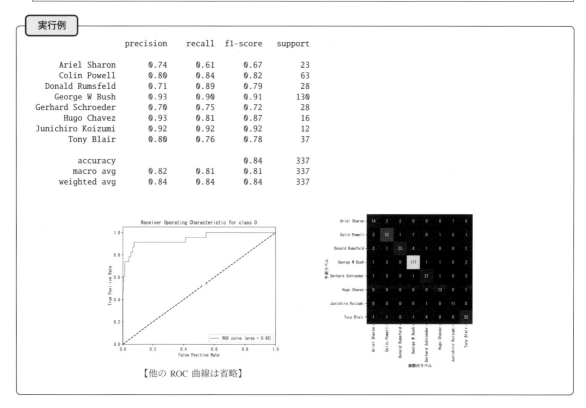

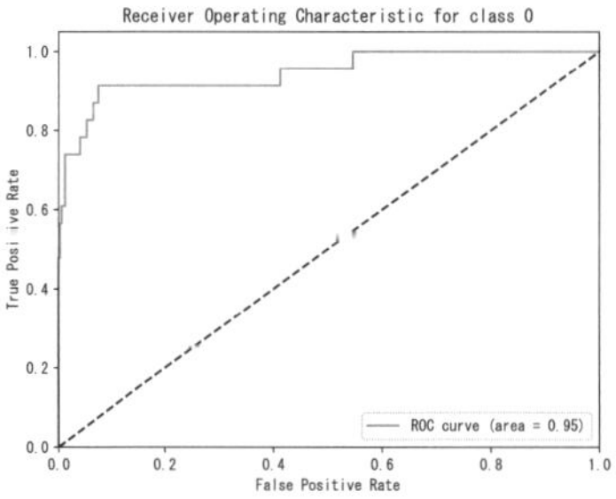

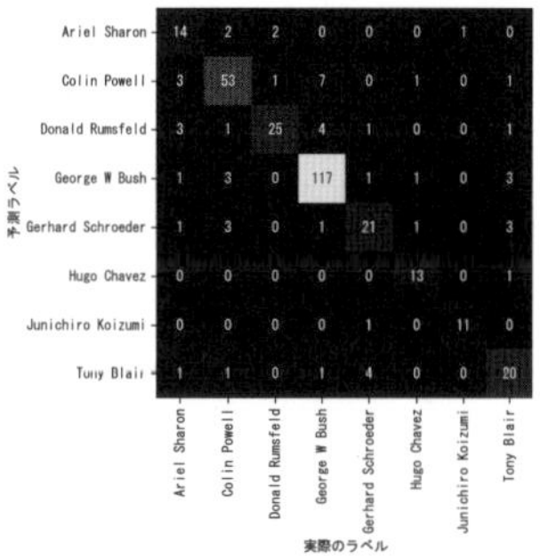

【他の ROC 曲線は省略】

課題 11.2　ソースコード 11.2, 11.3 の実行結果を確認せよ．また，この結果に対する自分の考えや解釈を述べよ．

課題 11.3　ソースコード 11.2 において，PCA 白色化を行わなかった場合の結果を確認し，その結果からどのようなことがいえるか述べよ．

課題 11.4　ソースコード 11.2 において，PCA の代わりにカーネル PCA を適用した場合の結果を確認し，その結果からどのようなことがいえるか述べよ．

なお，カーネル PCA を使う場合は，

```
from sklearn.decomposition import PCA # PCA の読み込み
```

を

```
from sklearn.decomposition import KernelPCA # KernelPCA の読み込み
```

に変更し，

```
# SVC を利用，kernel='rbf'，class_weight='balanced'
svc = SVC(kernel='rbf', class_weight='balanced')

# パイプラインで標準化，PCA，SVC をつなげる
model = make_pipeline(StandardScaler(), pca, svc)
```

を

```
# KernelPCA で次元圧縮，80 次元，random_state=42
kpca = KernelPCA(n_components=80, random_state=42)

# SVC を利用，kernel='rbf'，class_weight='balanced'
svc = SVC(kernel='rbf', class_weight='balanced')

# StandardScaler を用いてデータのスケーリングを行い，次に KernelPCA と SVC でパイプラインを作成
model = make_pipeline(StandardScaler(), kpca, svc)
```

に変更すればよい．

課題 11.5　以下のソースコード 11.4 を参照の上，Iris データの 0〜1 列のデータに対して，Linear SVC，線形カーネル SVC，RBF カーネル SVC，多項式カーネル SVC（3 次）を適用せよ．ハイパーパラメータについては，表 11.1 を参照すること．また，これらの結果に対する自分の考えや解釈を述べよ．

ソースコード 11.4: 異なるカーネルによる分類

```
【必要なライブラリ等のインポート】

# データの読み込み
iris = load_iris()

# 説明変数をX に，0列目と 1列目を利用
X = iris.data[【自分で補おう】]
Y = iris.target

# SVM の正則化パラメータの設定
C = 1.0
```

```

# SVC 線形カーネルを指定
svc = SVC(kernel='linear', C=C).fit(X, Y)

# SVC RBF 関数を指定, gamma=0.7, C=C
rbf_svc = 【自分で補おう】

# SVC 多項式を指定, degree=3, C=C
poly_svc = 【自分で補おう】

# 線形SVC, C=C
lin_svc = 【自分で補おう】

# 分類結果を描画
【自分で補おう】
```

11.7　カーネル SVM の実装

カーネル SVM の実装は，SVM の内積計算をすべてカーネルによる計算に置き換えるだけで可能です．具体的には，第 10 章のソースコード 10.5 の一部を修正するだけです．そのため，ソースコード 11.5 では，修正が不要な部分は再掲しません．

SVM の内積計算をカーネルによる計算に置き換えるには，以下のようにします．

$$\begin{aligned}\widetilde{L}(\alpha_1,\ldots,\alpha_N) &= \sum_{n=1}^{N}\alpha_n - \frac{1}{2}\sum_{i=1}^{N}\sum_{j=1}^{N}\alpha_i\alpha_j y_i y_j {}^t\boldsymbol{\phi}(\boldsymbol{x}_i)\boldsymbol{\phi}(\boldsymbol{x}_j) \\ &= \sum_{n=1}^{N}\alpha_n - \frac{1}{2}\sum_{i=1}^{N}\sum_{j=1}^{N}\alpha_i\alpha_j y_i y_j K(\boldsymbol{x}_i,\boldsymbol{x}_j), \end{aligned} \tag{11.9}$$

$$[H]_{ij} = y_i y_j K(\boldsymbol{x}_i,\boldsymbol{x}_j), \tag{11.10}$$

$$\begin{aligned}\widehat{b} &= \frac{1}{|S|}\sum_{\boldsymbol{x}_n\in S}(y_n - {}^t\widehat{\boldsymbol{w}}\boldsymbol{\phi}(\boldsymbol{x}_n)) = \frac{1}{|S|}\sum_{\boldsymbol{x}_i\in S}\left\{y_i - {}^t\left(\sum_{j=1}^{N}\widehat{\alpha}_j y_j\boldsymbol{\phi}(\boldsymbol{x}_j)\right)\boldsymbol{\phi}(\boldsymbol{x}_i)\right\} \\ &= \frac{1}{|S|}\sum_{\boldsymbol{x}_i\in S}\left\{y_i - \sum_{j=1}^{N}\widehat{\alpha}_j y_j K(\boldsymbol{x}_j,\boldsymbol{x}_i)\right\}\end{aligned} \tag{11.11}$$

また，超平面（決定境界）は次のようになります．

$${}^t\widehat{\boldsymbol{w}}\phi(\boldsymbol{x}) + \widehat{b} = {}^t\left(\sum_{n=1}^{N}\widehat{\alpha}_n y_n\boldsymbol{\phi}(\boldsymbol{x}_n)\right)\boldsymbol{\phi}(\boldsymbol{x}) + \widehat{b} = \sum_{n=1}^{N}\widehat{\alpha}_n y_n K(\boldsymbol{x}_n,\boldsymbol{x}) + \widehat{b} = 0 \tag{11.12}$$

そして，第 10.9 節と同様に

$$X = \begin{bmatrix} x_{11} & \cdots & x_{1p} \\ \vdots & \ddots & \vdots \\ x_{N1} & \cdots & x_{Np}\end{bmatrix} = \begin{bmatrix} {}^t\boldsymbol{x}_1 \\ \vdots \\ {}^t\boldsymbol{x}_N\end{bmatrix}, \quad \boldsymbol{x}_n = \begin{bmatrix} x_{n1} \\ \vdots \\ x_{np}\end{bmatrix},$$

$$\boldsymbol{y} = \begin{bmatrix} y_1 \\ \vdots \\ y_N\end{bmatrix}, \quad \widehat{\boldsymbol{\alpha}} = \begin{bmatrix}\widehat{\alpha}_1 \\ \vdots \\ \widehat{\alpha}_N\end{bmatrix}, \quad y_n = \begin{cases} 1 & (\boldsymbol{x}_n \in K_1) \\ -1 & (\boldsymbol{x}_n \in K_2)\end{cases}$$

と表せば，以下のように表現できます.

$$H = \boldsymbol{y}^t\boldsymbol{y} \odot K(X, X), \tag{11.13}$$

$$\sum_{j=1}^{N} \widehat{\alpha}_j y_j K(\boldsymbol{x}_j, \boldsymbol{x}_i) = {}^t(\widehat{\boldsymbol{\alpha}} \odot \boldsymbol{y})K(X, \boldsymbol{x}_i), \tag{11.14}$$

$$\sum_{n=1}^{N} \widehat{\alpha}_n y_n K(\boldsymbol{x}_n, \boldsymbol{x}) = {}^t(\widehat{\boldsymbol{\alpha}} \odot \boldsymbol{y})K(\widetilde{X}, X) \tag{11.15}$$

また，ここでは，多項式カーネル

$$K(\boldsymbol{x}, \boldsymbol{y}) = ({}^t\boldsymbol{x}\boldsymbol{y} + c)^d \tag{11.16}$$

と RBF カーネル

$$K(\boldsymbol{x}, \boldsymbol{y}) = \exp\left(-\gamma\|\boldsymbol{x} - \boldsymbol{y}\|^2\right) \tag{11.17}$$

を実装します.

ソースコード 11.5: カーネル SVM の実装

```
【必要なライブラリ等のインポート】

# Kernel ハードマージン線形 SVM クラス
class KernelHardMarginSVM:

    # __init__ メソッドはインスタンスを確実かつ適切に初期化するための特別なメソッド
    def __init__(self, eta=0.001, epoch=1000, random_state=42, kernel='rbf', gamma=0.01, degree
     =2):
        # self は自身のインスタンスを参照する変数，名前は任意だがself とするのが慣例
        # self を除いた第 2 引数以降が，実質的な引数
        【ソースコード 10.5 と同じ】
        self.X = None # 学習データ
        self.y = None # 予測
        # カーネルの設定
        if kernel == 'poly':
            self.kernel = self._polynomial_kernel
            self.degree = degree
            self.c = 1
        else: # デフォルトはrbf
            self.kernel = self._rbf_kernel
            self.gamma = gamma

    # 多項式カーネル，式 (11.16)の実装
    def _polynomial_kernel(self, X1, X2):
         return (self.c + 【自分で補おう】) ** self.degree

    # RBF カーネル，式 (11.17)の実装
    def _rbf_kernel(self, X1, X2):
        return np.exp(【自分で補おう】(X1[:, np.newaxis] - X2[np.newaxis, :], axis=2) ** 2)

    # パラメータの学習
    def fit(self, X, y):
        # X は学習データ: (データの数，データの次元)の行列
        【ソースコード 10.5 と同じ】
        self.X = X
        self.y = y
```

```
        # パラメータベクトルを 0で初期化
        【ソースコード 10.5 と同じ】
        # 乱数生成, RondomState を使って乱数を固定
        【ソースコード 10.5 と同じ】
        # 正規乱数を用いてalpha（未定乗数）を初期化
        【ソースコード 10.5 と同じ】

        # 勾配降下法を用いて双対問題を解く
        【ソースコード 10.5 と同じ】

        # サポートベクトルのindex を取得
        【ソースコード 10.5 と同じ】
        # b を計算, 式 (11.11), (11.14)の実装
        for i in indexes_sv:
            self.b += y[i] - 【自分で補おう】
        self.b /= len(indexes_sv)
        # 学習完了のフラグを立てる
        self.is_trained = True

    # 予測
    def predict(self, X):
        if not self.is_trained:
            raise Exception('このモデルは学習していません')
        # 決定境界, 式 (11.12), (11.15)の実装
        hyperplane = 【自分で補おう】
        【ソースコード 10.5 と同じ】

    def grad_decent(self, X, y):
        y = y.reshape([-1, 1])  # (num_samples, 1)の行列にreshape
        H = 【自分で補おう】 # 式 (11.10), (11.13)の実装
        # 勾配ベクトルを計算
        【ソースコード 10.5 と同じ】
        # 未定乗数alpha の更新
        【ソースコード 10.5 と同じ】
        # 未定乗数alpha の各成分はゼロ以上である必要があるため負の成分をゼロにする
        【ソースコード 10.5 と同じ】

# データの読み込み
iris = load_iris()

# 説明変数をX に, 0列目と 1列目を利用
X = iris.data[【自分で補おう】]

# 目的変数をY に
【ソースコード 10.5 と同じ】

# 標準化
【ソースコード 10.5 と同じ】

# データの分割, test_size=0.2, random_state=3
【ソースコード 10.5 と同じ】

# svm のパラメータを学習
model_rbf =  KernelHardMarginSVM(kernel='rbf', gamma=0.2)
model_poly = 【自分で補おう】
model_rbf.fit(【自分で補おう】)
```

```
model_poly.fit(【自分で補おう】)

# 訓練データとテストデータの予測
y_rbf_test_pred = model_rbf.predict(X_test)
y_rbf_pred_train =【自分で補おう】
y_poly_test_pred =【自分で補おう】
y_poly_pred_train = model_poly.predict(X_train)

# 訓練データとテストデータのスコア
【自分で補おう】

# 分類結果を描画
【自分で補おう】

# グラフの情報を付加
【自分で補おう】
```

実行例

```
RBF SVM の正解率
accracy_score による正解率 (train):1.0000
accracy_score による正解率 (test):0.9500
多項式 SVM の正解率
accracy_score による正解率 (train):1.0000
accracy_score による正解率 (test):1.0000
```

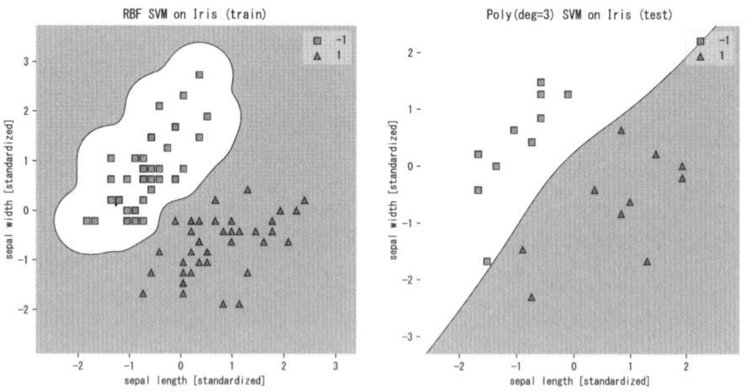

分類結果は全 4 枚のうち，2 枚だけを示しています．

課題 11.6　ソースコード 11.5 の実行結果を確認せよ．また，次数や γ の値を変えて試してみよ．なお，上記の実行例では，多項式の次数は 3 で，RBF において $\gamma = 10$ としている．これらの結果に対する自分の考えや解釈を述べよ．

第 12 章
深層学習入門

読者の皆さんは一度は，「深層学習」（ディープラーニング）という言葉を聞いたことがあるのではないでしょうか．現代の人工知能といえば深層学習という状況で，その高い性能が画像認識や自然言語処理などの分野で広く認知されています．

本章では，まず，深層学習の基盤となる人工ニューラルネットワーク（ANN）について説明します．その後，ANN に学習能力を付与するための重要なアルゴリズムであるバックプロパゲーションについて解説します．そして，深層学習の理論と実装について詳しく述べていきます．

12.1　人工ニューラルネットワーク

モデル化された神経細胞は，**人工ニューロン**（artificial neuron）と呼ばれます．また，人工ニューロンでモデル化された神経細胞ネットワークのことを**人工ニューラルネットワーク**（**ANN**：Artificial Neural Network）と呼びます．以下では，それぞれを**ニューロン**，**ニューラルネットワーク**と呼ぶことにします．なお，ニューロンを**パーセプトロン**（perceptron）と呼ぶこともあります．

ニューロンは，図 12.1 のようにモデル化されます．図に示すように，ニューロンは，複数の入力値 x_1, x_2, x_3 を受け取り，1 つの値 y を出力します．その際，各入力には**重み**（weight）w_1, w_2, w_3 を掛け，その値の総和に**バイアス**（bias）と呼ばれる定数 b を加えます．最後に，この値 $u = w_1x_1 + w_2x_2 + w_3x_3$ を**活性化関数**（activation function）と呼ばれる関数 f の入力とし，その結果 $y = f(u)$ をニューロンの出力とします．便宜上，入力数を 3 として説明しましたが，入力数は任意の数でもかまいません．また，入力の数だけ重みも必要になります．

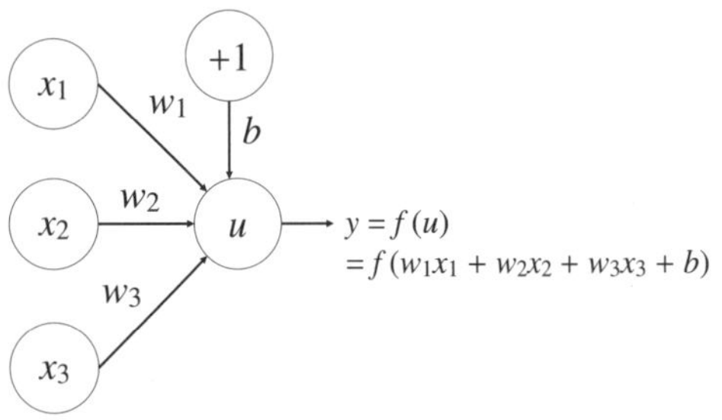

図 12.1: 単純な ANN の例

したがって，入力が n 個の場合，

$$y = f(u) = f\left(\sum_{k=1}^{n} w_k x_k + b\right) \tag{12.1}$$

となります．ニューラルネットワークでは，図 12.2 のようにニューロンを層状に並べます．このようなネットワークを，**階層型ニューラルネットワーク**（hierarchical neural network）または**多層型ニューラルネットワーク**（multilayered neural network）といいます．

ニューラルネットワークは，主に**入力層**（input layer），**中間層**（intermediate layer），**出力層**（output layer）の 3 つから成り立ちます．さらに，その層の各ニューロンが前の層のすべてのニューロンと接続されている層を**全結合層**（fully connected layer）といいます．したがって，一般には，中間層と出力層は全結合層と考えられます．なお，中間層は**隠れ層**（hidden layer）とも呼ばれます．

この層の数え方ですが，図 12.2 の場合，本書では，入力層が 1，中間層が 2，出力層が 1 として，合計 4 層と数えます．ただし，入力層ではニューロンの演算は行われないので，入力層をカウントしないという数え方も存在します．その場合，中間層が 2，出力層が 1 の，合計 3 層となります．

多数の中間層を持つニューラルネットワークを**ディープニューラルネットワーク**（deep neural network）といいます．そして，このディープニューラルネットワークを用いた学習を**ディープラーニング**（deep learning）あるいは**深層学習**と呼びます．

入力層は受け取った入力を中間層へと渡すだけで，ニューロンの演算は中間層と出力層で行われます．このような階層型ニューラルネットワークでは，各ニューロンからの出力が次の層のすべてのニューロンに接続されます．そして，入力から出力へと情報が伝わることを**順伝播**（forward propagation），出力から入力へと情報が遡ることを**逆伝播**（backpropagation）と呼びます．順伝播の場合，情報は入力から出力へと流れます．この情報の流れを川の流れになぞらえて，入力に近い層を上の層，出力に近い層を下の層と呼ぶことがあります．特に，入力から各層の計算を順に行い，最後に出力を得るネットワークのことを**順伝播型ニューラルネットワーク**（feed-forward neural network）といいます．

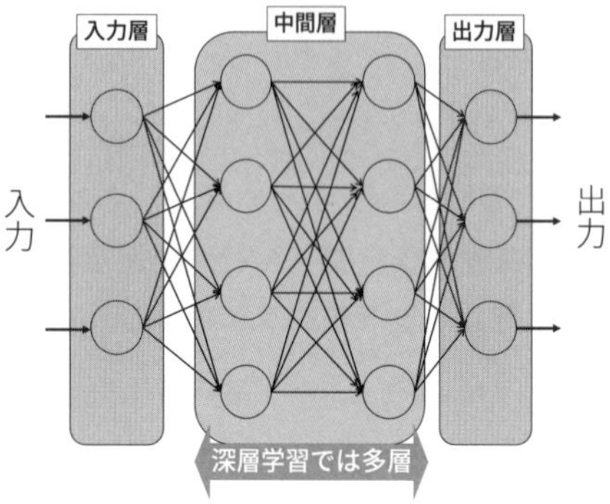

図 12.2: 階層型ニューラルネットワーク

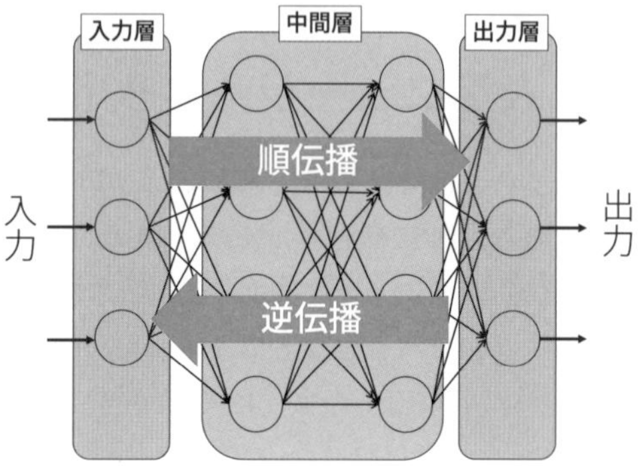

図 12.3: 順伝播と逆伝播

ここでは，2 層間の順伝播について考えてみましょう．2 層間の考察を通じて，後続の層も同様に考えられます．上位の層のすべてのニューロンは，それぞれ下位の層のすべてのニューロンと結び付いています．上位の層のニューロン数を m 個，下位の層のニューロン数を n 個とし，その間の重みを w_{ij}（$i = 1, 2, \ldots, m,\ \ j = 1, 2, \ldots, n$）と表現します．

このとき，2 層間の関係は次のように表せます．

$$
\begin{aligned}
u_1 &= w_{11}x_1 + w_{21}x_2 + \cdots + w_{m1}x_m + b_1 = \sum_{j=1}^{m} w_{j1}x_j + b_1 \\
u_2 &= w_{12}x_1 + w_{22}x_2 + \cdots + w_{m2}x_m + b_2 = \sum_{j=1}^{m} w_{j2}x_j + b_2 \\
&\vdots \\
u_n &= w_{1n}x_1 + w_{2n}x_2 + \cdots + w_{mn}x_m + b_n = \sum_{j=1}^{m} w_{jn}x_j + b_n
\end{aligned}
\tag{12.2}
$$

また，出力 $y_1, y_2, \ldots, y_n$ は次のように表現できます．

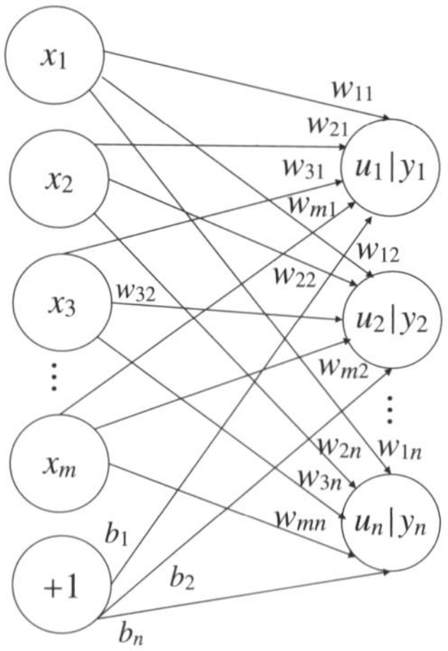

図 12.4: 2 層ネットワーク

$$
\begin{aligned}
[y_1, y_2, \ldots, y_n] &= [f(u_1), f(u_2), \ldots, f(u_n)] \\
&= \left[f\left(\sum_{j=1}^{m} w_{j1} x_j + b_1 \right), f\left(\sum_{j=1}^{m} w_{j2} x_j + b_2 \right), \ldots, f\left(\sum_{j=1}^{m} w_{jn} x_j + b_n \right) \right]
\end{aligned}
\tag{12.3}
$$

これを以下のように表します．

$$
{}^t\boldsymbol{y} = {}^t\boldsymbol{f}(\boldsymbol{u})
$$

なお，式 (12.2) は行列とベクトルで表現すれば，

$$
\begin{bmatrix} u_1 \\ u_2 \\ \vdots \\ u_n \end{bmatrix} = \begin{bmatrix} w_{11} & w_{21} & \cdots & w_{m1} \\ w_{12} & w_{22} & \cdots & w_{m2} \\ \vdots & \vdots & \ddots & \vdots \\ w_{1n} & w_{2n} & \cdots & w_{mn} \end{bmatrix} \begin{bmatrix} x_1 \\ x_2 \\ \vdots \\ x_m \end{bmatrix} + \begin{bmatrix} b_1 \\ b_2 \\ \vdots \\ b_n \end{bmatrix}
$$

となり，この転置

$$
[u_1, u_2, \ldots, u_n] = [x_1, x_2, \ldots, x_m] \begin{bmatrix} w_{11} & w_{12} & \ldots & w_{1n} \\ w_{21} & w_{22} & \ldots & w_{2n} \\ \vdots & \vdots & \ddots & \vdots \\ w_{m1} & w_{m2} & \ldots & w_{mn} \end{bmatrix} + [b_1, b_2, \ldots, b_n]
\tag{12.4}
$$

を考えて，

$$
{}^t\boldsymbol{u} = [u_1, u_2, \ldots, u_n], \quad {}^t\boldsymbol{x} = [x_1, x_2, \ldots, x_m], \quad {}^t\boldsymbol{b} = [b_1, b_2, \ldots, b_n], \quad W = \begin{bmatrix} w_{11} & w_{12} & \ldots & w_{1n} \\ w_{21} & w_{22} & \ldots & w_{2n} \\ \vdots & \vdots & \ddots & \vdots \\ w_{m1} & w_{m2} & \ldots & w_{mn} \end{bmatrix}
$$

とおけば，式 (12.4) は

$$
{}^t\boldsymbol{u} = {}^t\boldsymbol{x}W + {}^t\boldsymbol{b}
\tag{12.5}
$$

と表せます．

12.2 活性化関数

活性化関数には，これまでに紹介したものを含めて，さまざまなタイプが存在します．ニューラルネットワークでは，各ニューロンの活性化関数が非線形性を持つことが，本質的に重要です．

ロジスティック関数（logistic function） $f(u) = \dfrac{1}{1 + e^{-u}}$

双曲線正接関数（hyperbolic tangent function） $f(u) = \tanh u = \dfrac{e^u - e^{-u}}{e^u + e^{-u}}$

シグモイド関数とは一般的に，S 字形をした関数のことを指します．そのため，ロジスティック関数と双曲線正接関数の両方を**シグモイド関数**（sigmoid function）と呼ぶこともあります．

正規化線形関数（ReLU：Rectified Linear Unit） $f(u) = \max(u, 0)$

ロジスティック関数や双曲線正接関数では，入力値が大きすぎると出力がほとんど常に 1 になってしまうため，入力の大きさに注意が必要です．しかし，正規化線形関数ではそのような問題は起こりません．たとえば，入力が 2 倍になれば，出力もそのまま 2 倍になるだけです．

以前は，活性化関数としてロジスティック関数や双曲線正接関数がよく使用されていました．しか

し，これらに比べて正規化線形関数はより単純で計算量も少なく，学習がより速く進むこと，そして最終的な結果も良好であることが多いため，最近では正規化線形関数がよく使用されます．

恒等写像（identity function） $f(u) = u$

入力をそのまま出力とする場合に使用されます．

ソフトマックス関数（softmax function） 活性化関数の出力を ${}^t\boldsymbol{y} = [y_1, y_2, \ldots, y_n]$，活性化関数の入力を ${}^t\boldsymbol{u} = [u_1, u_2, \ldots, u_n]$ とするとき，次式で定義されます．

$$y_k = \frac{\exp(u_k)}{\sum_{j=1}^{n} \exp(u_j)}, \quad \sum_{k=1}^{n} y_k = 1$$

ソフトマックス関数は多クラス分類問題で利用されます．

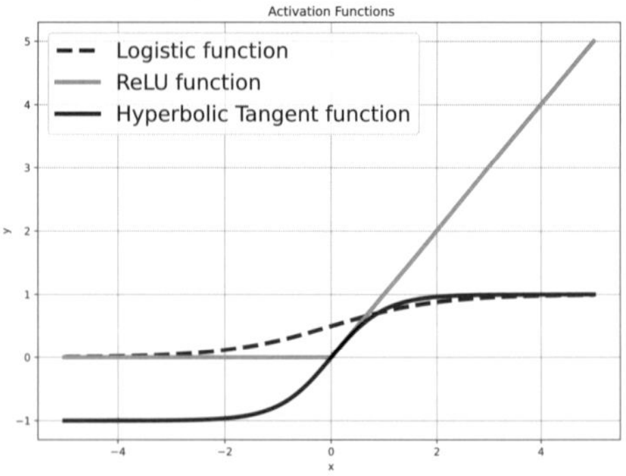

図 12.5: ロジスティック関数，双曲正接関数，ReLU のグラフ

12.3 バックプロパゲーション

バックプロパゲーション（backpropagation）は，ニューラルネットワークの学習に用いられるアルゴリズムで，出力と正解の誤差をネットワークに逆伝播させて，ネットワークの重みとバイアスを最適化するためのものです．そもそもバックプロパゲーションという言葉は，「逆伝播」を意味しますが，これはニューラルネットワークの出力層から入力層に向かって誤差情報が伝播される様子を表しています．そのため，バックプロパゲーションは，**誤差逆伝播法**（error backpropagation）ということもあります．

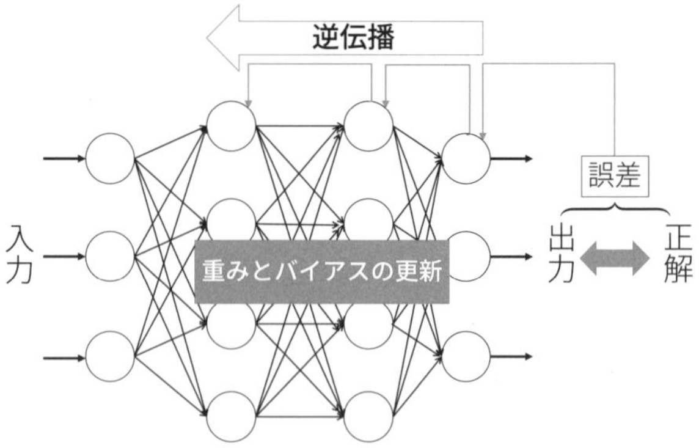

図 12.6: バックプロパゲーション

単回帰，重回帰，ソフトマックス回帰などと同じように，誤差を最小化するためには損失関数（誤差関数，目的関数）を用い，重みやバイアスの更新には勾配降下法を使用します．

損失関数としては，回帰問題の場合は 2 乗和誤差を，分類問題の場合は交差エントロピー誤差を利用します．

12.4 学習と確率的勾配降下法

この節では，機械学習の基本的なフレームワークである学習と，その一部としての確率的勾配降下法について説明します．バックプロパゲーションを用いた学習では，損失関数が最小となるように重みとバイアスを勾配に基づいて調整します．この過程を効率的に行うためのアルゴリズムが**最適化アルゴリズム**（optimization algorithm）です．

12.4.1 エポックとバッチによる学習の分類

訓練データ全体を一度用いて行う学習を 1 **エポック**（epoch）と数えます．訓練データを複数のサンプルに分けたとき，そのサンプルのまとまりを**バッチ**（batch），バッチに含まれるサンプル数を**バッチサイズ**（batch size）と称します．

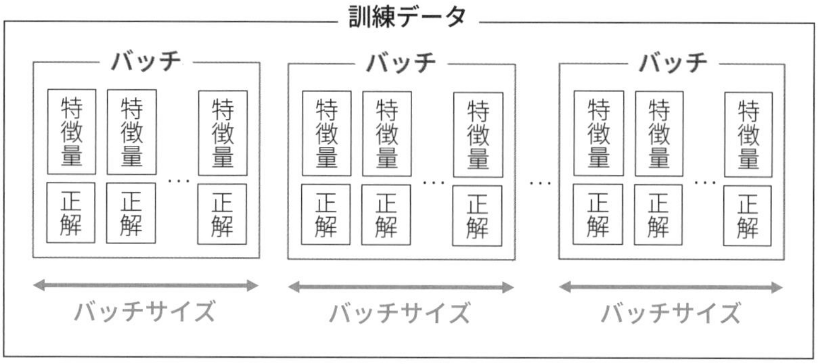

図 12.7: 訓練データとバッチ

バッチサイズの選択により，学習の手法はバッチ学習，オンライン学習，ミニバッチ学習の 3 つに分類されます．これらの学習手法の違いと特徴について，次項以降で説明します．

12.4.2 バッチ学習

バッチ学習（batch learning）とは，バッチサイズが全訓練データの数となる学習手法です．ここでは 1 エポックごとに全訓練データの損失関数の平均を計算し，その結果に基づいて重みとバイアスを更新します．一般的にバッチ学習は安定性が高く，他の 2 つの学習タイプに比べて高速です．しかし，局所解に陥りやすいという欠点もあります．

バッチ学習における損失関数 E は，重みを $\boldsymbol{w}$，訓練データ数を N とし，各サンプル 1 つに対する損失を E_n とした場合，以下のように定義されます．

$$E(\boldsymbol{w}) = \frac{1}{N}\sum_{n=1}^{N} E_n(\boldsymbol{w})$$

そして，重みに対する損失関数の勾配は次のように計算します．

$$\frac{\partial E}{\partial \boldsymbol{w}}(\boldsymbol{w}) = \frac{1}{N}\sum_{n=1}^{N} \frac{\partial E_n}{\partial \boldsymbol{w}}(\boldsymbol{w})$$

ここでは，バッチ内の個々のデータに対して重みの勾配を計算し，それらの平均をとることで全体の重みの更新を行います．

12.4.3 オンライン学習

一方，**オンライン学習**（online learning）は，バッチサイズが 1 となる学習手法です．すなわち，各サンプルごとに重みとバイアスが更新されます．これにより，学習は個々のデータに強く依存することになり，その結果として学習の安定性は低下します．しかし，この特性が逆に局所最適解に陥ることを防ぐ助けとなることもあります．

12.4.4 ミニバッチ学習

ミニバッチ学習（mini-batch learning）とは，訓練データを一部ずつ選んで学習を進める手法です．訓練データを小さな集まり（ミニバッチ）に分割し，そのミニバッチごとに重みとバイアスの更新を行います．

ミニバッチ学習では，バッチ学習よりもバッチのサイズが小さく，ランダムに選択されたバッチを使って学習を進めます．これにより，バッチ学習と比べて局所最適解に陥るリスクを低減できます．また，オンライン学習と比べてバッチサイズが大きいため，一つ一つのデータに引きずられて不適切な方向に学習が進むリスクも抑えられます．

ミニバッチ学習における損失関数 E は，ミニバッチのバッチサイズを M（ただし，$M \leq N$）とし，ミニバッチの1つを D_i と表すとき，次のように定義されます．

$$E_i(\boldsymbol{w}) = \frac{1}{M} \sum_{n \in D_i} E_n(\boldsymbol{w})$$

また，重みに対する損失関数の勾配は以下のように計算されます．

$$\frac{\partial E_i}{\partial \boldsymbol{w}}(\boldsymbol{w}) = \frac{1}{M} \sum_{n \in D_i} \frac{\partial E_n}{\partial \boldsymbol{w}}(\boldsymbol{w}) \tag{12.6}$$

訓練データのサンプル数が，たとえば2,000個の場合，この2,000個のサンプルすべてを使い切ると1エポックとなります．バッチ学習の場合，バッチサイズは2,000で，1エポックあたり1回の重みとバイアスの更新が行われます．一方，オンライン学習では，バッチサイズは1であり，1エポックあたり2,000回の更新が行われます．ミニバッチ学習では，たとえばバッチサイズを100に設定すると，1エポックあたり20回の更新が行われます．

バッチサイズは学習時間やモデルの性能に影響を与えますが，最適なバッチサイズを決定するのは非常に難しい問題です．一般的には，10から100程度のバッチサイズが採用されることが多いです．しかし，この値は問題の性質やハードウェアの設定によって最適なものが変わるため，実際には何度も試行錯誤しながら設定することになります．

12.4.5 確率的勾配降下法

確率的勾配降下法（SGD：Stochastic Gradient Descent）は，重みとバイアスの更新に際し，訓練データからランダムにサンプルを選んで学習を行う手法です．そのため，その名称に「確率的」を冠しています．

確率的勾配降下法の特徴は，訓練データの中からランダムにサンプルを選び出すことにより，局所的な極小解に囚われるリスクを低減できるという点にあります．これは，選ばれたサンプルによりパラメータの更新方向が多少変動するため，ある1つの極小解に陥ってしまうことなく他の解も探索することが可能となるからです．

確率的勾配降下法におけるパラメータの更新式は以下のように表現されます．

$$\boldsymbol{w} \leftarrow w - \eta \frac{\partial E}{\partial \boldsymbol{w}}, \tag{12.7}$$

$$\boldsymbol{b} \leftarrow b - \eta \frac{\partial E}{\partial \boldsymbol{b}} \tag{12.8}$$

ここで，$\boldsymbol{w}$ は重み，$\boldsymbol{b}$ はバイアス，η は学習率であり，E は損失関数を表しています．

この更新式は，バッチ勾配降下法と同様の形式を持っていますが，その適用範囲に違いがあります．バッチ勾配降下法がすべての訓練データを用いたバッチ学習に対して，確率的勾配降下法はランダムに選んだ一部の訓練データ（ミニバッチ）を用いて学習を行います．

この違いにより，確率的勾配降下法では，各更新ステップでランダムに選ばれた訓練データに対する勾配情報のみを用いるため，計算コストを抑えつつも多様なデータに対する学習が可能となります．

12.5 勾配の計算

確率的勾配降下法を利用するには，勾配を求める必要があります．しかし，逆伝播が関与するのは，中間層と出力層だけなので，勾配についてはこれらの層についてのみ考えればよいのです．もっとも，入力がなければ出力も存在しないため，ここでは入力層，中間層，出力層からなる 3 層ニューラルネットワークを考えます．4 層以上の場合には，中間層が増えるだけなので，ある中間層の出力を次の中間層の入力と考えれば同様に計算することができます．

ここでは，入力層の出力を x_i（$i = 1, 2, \ldots, L$），中間層の出力を y_j（$j = 1, 2, \ldots, M$），出力層の出力を z_k（$k = 1, 2, \ldots, N$）とします．

12.5.1 出力層の勾配

式 (12.2) より，中間層の出力と重みの積の総和にバイアスを加えたものは

$$u_k = \sum_{p=1}^{M} w_{pk} y_p + b_k \tag{12.9}$$

と表すことができるので，重みの勾配は

$$\frac{\partial E}{\partial w_{jk}} = \frac{\partial E}{\partial u_k} \frac{\partial u_k}{\partial w_{jk}} \tag{12.10}$$

となります．

ここで，

$$\frac{\partial u_k}{\partial w_{jk}} = \frac{\partial \left(\sum_{p=1}^{M} w_{pk} y_p + b_k \right)}{\partial w_{jk}} = y_j \tag{12.11}$$

であり，出力層の出力 z_k を用いると

$$\frac{\partial E}{\partial u_k} = \frac{\partial E}{\partial z_k} \frac{\partial z_k}{\partial u_k} \tag{12.12}$$

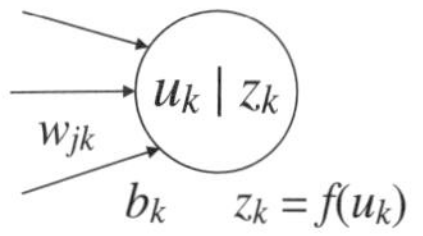

図 12.8: 出力層のニューロン

となります．

また，$\frac{\partial E}{\partial z_k}$ は損失関数を偏微分することで求められ，$\frac{\partial z_k}{\partial u_k}$ は活性化関数を偏微分することで $\frac{\partial z_k}{\partial u_k} = \frac{\partial}{\partial u_k}(f(u_k))$ として求められます．結局，$\frac{\partial E}{\partial u_k}$ を求められるので，

$$\delta_k = \frac{\partial E}{\partial u_k} = \frac{\partial E}{\partial z_k} \frac{\partial z_k}{\partial u_k} \tag{12.13}$$

とおけば，

$$\frac{\partial E}{\partial w_{jk}} = y_j \delta_k \tag{12.14}$$

となります．

バイアスに関する勾配も同様に求められます．つまり，

$$\frac{\partial E}{\partial b_k} = \frac{\partial E}{\partial u_k} \frac{\partial u_k}{\partial b_k} \tag{12.15}$$

であり，

$$\frac{\partial u_k}{\partial b_k} = \frac{\partial \left(\sum_{p=1}^{M} w_{pk} y_p + b_k \right)}{\partial b_k} = 1 \tag{12.16}$$

より，次が得られます．

$$\frac{\partial E}{\partial b_k} = \delta_k \tag{12.17}$$

12.5.2 出力層における入力の勾配

出力層では，1 つ上流の中間層の演算のために，中間層の出力の勾配 $\frac{\partial E}{\partial y_j}$ を事前に計算します．

$$\frac{\partial E}{\partial y_j} = \sum_{r=1}^{N} \frac{\partial E}{\partial u_r} \frac{\partial u_r}{\partial y_j} \quad (j = 1, 2, \ldots, M) \tag{12.18}$$

ここで，

$$\frac{\partial u_r}{\partial y_j} = \frac{\partial \left(\sum_{q=1}^{M} w_{qr} y_q + b_r \right)}{\partial y_j} = w_{jr} \tag{12.19}$$

です．また，$\delta_r = \frac{\partial E}{\partial u_r}$ とすると，

$$\frac{\partial E}{\partial y_j} = \sum_{r=1}^{N} \delta_r w_{jr} \tag{12.20}$$

となります．

12.5.3 中間層の勾配

次に，中間層の勾配を求めます．中間層における重みを $\widehat{w}_{ij}$，バイアスを $\widehat{b}_j$，重みと入力の積の総和にバイアスを加えた値を $\widehat{u}_j$ とし，入力層の出力を x_i とします．

重みの勾配は，

$$\frac{\partial E}{\partial \widehat{w}_{ij}} = \frac{\partial E}{\partial \widehat{u}_j} \frac{\partial \widehat{u}_j}{\partial \widehat{w}_{ij}} \tag{12.21}$$

であり，

$$\frac{\partial \widehat{u}_j}{\partial \widehat{w}_{ij}} = \frac{\partial \left(\sum_{p=1}^{L} \widehat{w}_{pj} x_p + b_j \right)}{\partial \widehat{w}_{ij}} = x_i \tag{12.22}$$

となります．また，

$$\widehat{\delta}_j = \frac{\partial E}{\partial \widehat{u}_j} = \frac{\partial E}{\partial y_j} \frac{\partial y_j}{\partial \widehat{u}_j} = \left(\sum_{r=1}^{N} \delta_r w_{jr} \right) \frac{\partial y_j}{\partial \widehat{u}_j} \tag{12.23}$$

とすると，

$$\frac{\partial E}{\partial \widehat{w}_{ij}} = x_i \widehat{\delta}_j \tag{12.24}$$

と表せます．式 (12.23) は，中間層における $\widehat{\delta}_j$ が出力層における δ_r で求められることを示しており，これが誤差逆伝播法という名前の由来となっています．

バイアスも同様に求めることができます．

$$\frac{\partial E}{\partial \widehat{b}_j} = \frac{\partial E}{\partial \widehat{u}_j} \frac{\partial \widehat{u}_j}{\partial \widehat{b}_j} \tag{12.25}$$

ここで，

$$\frac{\partial \widehat{u}_j}{\partial \widehat{b}_j} = \frac{\partial \left(\sum_{p=1}^{L} \widehat{w}_{pj} x_p + \widehat{b}_j \right)}{\partial \widehat{b}_j} = 1 \tag{12.26}$$

より，

$$\frac{\partial E}{\partial \widehat{b}_j} = \widehat{\delta}_j \tag{12.27}$$

となります．

12.6　出力層における δ_k の計算

この節では，出力層での δ_k の計算方法を，回帰と分類の 2 つのケースに分けて説明します．それぞれのケースにおいて，適切な損失関数と活性化関数を使用し，その結果として得られる δ_k の形式を導出します．

12.6.1　回帰の場合

回帰問題では，損失関数を

$$E = \frac{1}{2}\sum_k (z_k - d_k)^2$$

とし，出力層の活性化関数を恒等写像とします．すると，

$$y_k = z_k = u_k$$

となります．したがって，

$$\begin{aligned}\delta_k &= \frac{\partial E}{\partial u_k} = \frac{\partial}{\partial y_k}\left(\frac{1}{2}\sum_k (y_k - d_k)^2\right) = y_k - d_k \\ &= z_k - d_k \qquad (12.28)\end{aligned}$$

を得ます．ここで，z_k は出力層の出力で，d_k は正解値です．

12.6.2　分類の場合

多クラス分類の場合には，出力層の活性化関数にソフトマックス関数を選び，損失関数を交差エントロピーとします．すると，

$$\begin{aligned}E &= -\sum_k d_k \log z_k = -\sum_k d_k \log\left(\frac{\exp(u_k)}{\sum_i \exp(u_i)}\right) \\ &= -\sum_k \left(d_k \log(\exp(u_k)) - d_k \log\left(\sum_i \exp(u_i)\right)\right) \\ &= -\sum_k d_k \log(\exp(u_k)) + \left(\sum_k d_k\right)\log\left(\sum_i \exp(u_i)\right) \\ &= -\sum_k d_k u_k + \log\left(\sum_i \exp(u_i)\right)\end{aligned}$$

となります．ここで，多クラス分類問題では One-hot 表現を採用しているため，どこか 1 つが 1 で，残りは 0 なので，$\sum_k d_k = 1$ であることを注意しましょう．

したがって，

$$\begin{aligned}\delta_k &= \frac{\partial E}{\partial u_k} = \frac{\partial}{\partial u_k}\left(-\sum_k d_k u_k + \log\left(\sum_i \exp(u_i)\right)\right) = -d_k + \frac{\exp(u_k)}{\sum_i \exp(u_i)} \\ &= z_k - d_k \qquad (12.29)\end{aligned}$$

を得ます．

12.7 順伝播と逆伝播の計算の行列表示

順伝播と逆伝播の計算をプログラミングで実装する際は，行列の表記にすると便利です．ここでは，中間層（入力層）のニューロン数を m，出力層のニューロン数を n，バッチサイズを N として，2層の順伝播を考えてみましょう．

12.7.1 順伝播の計算

このとき，式 (12.5) より，出力は次のように表現できます．

$$
\begin{aligned}
\begin{bmatrix} {}^t\boldsymbol{x}_1 \\ {}^t\boldsymbol{x}_2 \\ \vdots \\ {}^t\boldsymbol{x}_N \end{bmatrix} W + \begin{bmatrix} {}^t\boldsymbol{b} \\ {}^t\boldsymbol{b} \\ \vdots \\ {}^t\boldsymbol{b} \end{bmatrix}
&= \begin{bmatrix} x_{11} & x_{12} & \cdots & x_{1m} \\ x_{21} & x_{22} & \cdots & x_{2m} \\ \vdots & \vdots & \ddots & \vdots \\ x_{N1} & x_{N2} & \cdots & x_{Nm} \end{bmatrix}
\begin{bmatrix} w_{11} & w_{12} & \cdots & w_{1n} \\ w_{21} & w_{22} & \cdots & w_{2n} \\ \vdots & \vdots & \ddots & \vdots \\ w_{m1} & w_{m2} & \cdots & w_{mn} \end{bmatrix}
+ \begin{bmatrix} b_1 & b_2 & \cdots & b_n \\ b_1 & b_2 & \cdots & b_n \\ \vdots & \vdots & \ddots & \vdots \\ b_1 & b_2 & \cdots & b_n \end{bmatrix} \\
&= \begin{bmatrix} \sum_{k=1}^m x_{1k}w_{k1} + b_1 & \sum_{k=1}^m x_{1k}w_{k2} + b_2 & \cdots & \sum_{k=1}^m x_{1k}w_{kn} + b_n \\ \sum_{k=1}^m x_{2k}w_{k1} + b_1 & \sum_{k=1}^m x_{2k}w_{k2} + b_2 & \cdots & \sum_{k=1}^m x_{2k}w_{kn} + b_n \\ \vdots & \vdots & \ddots & \vdots \\ \sum_{k=1}^m x_{Nk}w_{k1} + b_1 & \sum_{k=1}^m x_{Nk}w_{k2} + b_2 & \cdots & \sum_{k=1}^m x_{Nk}w_{kn} + b_n \end{bmatrix} \\
&=: U
\end{aligned}
$$

したがって，各要素を活性化関数 f の入力とすれば，

$$
Y = f(U) = \begin{bmatrix} f\left(\sum_{k=1}^m x_{1k}w_{k1} + b_1\right) & f\left(\sum_{k=1}^m x_{1k}w_{k2} + b_2\right) & \cdots & f\left(\sum_{k=1}^m x_{1k}w_{kn} + b_n\right) \\ f\left(\sum_{k=1}^m x_{2k}w_{k1} + b_1\right) & f\left(\sum_{k=1}^m x_{2k}w_{k2} + b_2\right) & \cdots & f\left(\sum_{k=1}^m x_{2k}w_{kn} + b_n\right) \\ \vdots & \vdots & \ddots & \vdots \\ f\left(\sum_{k=1}^m x_{Nk}w_{k1} + b_1\right) & f\left(\sum_{k=1}^m x_{Nk}w_{k2} + b_2\right) & \cdots & f\left(\sum_{k=1}^m x_{Nk}w_{kn} + b_n\right) \end{bmatrix} \tag{12.30}
$$

となります．以後，$X = [x_{ij}]$，$B = [b_{ij}] = [b_i]$ と表します．

12.7.2 出力層と中間層における勾配の計算

出力層と中間層での勾配の計算は，似たような手順で行います．具体的には，式 (12.14)，(12.17) と同様に出力層で，式 (12.24)，(12.27) と同様に中間層で計算を進めます．

まず，以下のように定義します．

$$
D = \begin{bmatrix} {}^t\boldsymbol{\delta}_1 \\ {}^t\boldsymbol{\delta}_2 \\ \vdots \\ {}^t\boldsymbol{\delta}_N \end{bmatrix} = \begin{bmatrix} \delta_{11} & \delta_{12} & \cdots & \delta_{1n} \\ \delta_{21} & \delta_{22} & \cdots & \delta_{2n} \\ \vdots & \vdots & \ddots & \vdots \\ \delta_{N1} & \delta_{N2} & \cdots & \delta_{Nn} \end{bmatrix} \tag{12.31}
$$

次に，出力層での計算では，式 (12.14) の y を入力 x に置き換え，これと式 (12.6) から次のように損失関数 E の重み w_{ij} に対する偏導関数を求めます．

$$
\frac{\partial E}{\partial w_{ij}} = \frac{1}{N} \sum_{k=1}^{N} \frac{\partial E_k}{\partial w_{ij}} = \frac{1}{N} \sum_{k=1}^{N} x_{ki}\delta_{kj}
$$

この偏導関数 $\frac{\partial E}{\partial w_{ij}}$ を (i, j) 成分とする行列を W' とすると，以下のようになります．

$$W' = \frac{1}{N}\begin{bmatrix} x_{11} & x_{21} & \cdots & x_{N1} \\ x_{12} & x_{22} & \cdots & x_{N2} \\ \vdots & \vdots & \ddots & \vdots \\ x_{1m} & x_{2m} & \cdots & x_{Nm} \end{bmatrix}\begin{bmatrix} \delta_{11} & \delta_{12} & \cdots & \delta_{1n} \\ \delta_{21} & \delta_{22} & \cdots & \delta_{2n} \\ \vdots & \vdots & \ddots & \vdots \\ \delta_{N1} & \delta_{N2} & \cdots & \delta_{Nn} \end{bmatrix} = \frac{1}{N}{}^{t}XD \tag{12.32}$$

また，バイアスの勾配は，式 (12.17) を用いて以下のように求められます．

$$\frac{\partial E}{\partial b_i} = \frac{1}{N}\sum_{k=1}^{N}\frac{\partial E_k}{\partial b_i} = \frac{1}{N}\sum_{k=1}^{N}\delta_{ki} \quad (i = 1, 2, \ldots, n) \tag{12.33}$$

$\sum_{k=1}^{N}\delta_{ki}$ を求めるには，D の各列に対し行方向に和を計算します．

12.7.3　出力層における入力の勾配の計算

ここでは，出力層での各入力値に対する損失関数の勾配を求め，それを行列形式で表現します．

式 (12.20) において，y を x に置き換え，さらにミニバッチを考慮すると，

$$\frac{\partial E}{\partial x_{kj}} = \sum_{r=1}^{n}\delta_{kr}w_{jr} \quad (k = 1, 2, \ldots, N, j = 1, 2, \ldots, m) \tag{12.34}$$

が導かれます．この結果をもとに，$\frac{\partial E}{\partial x_{kj}}$ を (k, j) 成分とする行列 X' を定義します．

$$X' = \begin{bmatrix} \sum_{r=1}^{n}\delta_{1r}w_{1r} & \sum_{r=1}^{n}\delta_{1r}w_{2r} & \cdots & \sum_{r=1}^{n}\delta_{1r}w_{mr} \\ \sum_{r=1}^{n}\delta_{2r}w_{1r} & \sum_{r=1}^{n}\delta_{2r}w_{2r} & \cdots & \sum_{r=1}^{n}\delta_{2r}w_{mr} \\ \vdots & \vdots & \ddots & \vdots \\ \sum_{r=1}^{n}\delta_{Nr}w_{1r} & \sum_{r=1}^{n}\delta_{Nr}w_{2r} & \cdots & \sum_{r=1}^{n}\delta_{Nr}w_{mr} \end{bmatrix}$$

$$= \begin{bmatrix} \delta_{11} & \delta_{12} & \cdots & \delta_{1n} \\ \delta_{21} & \delta_{22} & \cdots & \delta_{2n} \\ \vdots & \vdots & \ddots & \vdots \\ \delta_{N1} & \delta_{N2} & \cdots & \delta_{Nn} \end{bmatrix}\begin{bmatrix} w_{11} & w_{21} & \cdots & w_{m1} \\ w_{12} & w_{22} & \cdots & w_{m2} \\ \vdots & \vdots & \ddots & \vdots \\ w_{1n} & w_{2n} & \cdots & w_{mn} \end{bmatrix} = D{}^{t}W \tag{12.35}$$

このように，出力層における各入力値に対する損失関数の勾配を計算し，それを行列形式で表現することが可能です．これにより，損失関数の勾配を用いた学習手法の効率的な実装が可能となります．

12.8　勾配消失問題について

勾配消失問題（vanishing gradient problem）とは，誤差逆伝播法において，ネットワークの層を遡るにつれて誤差の勾配が 0 に近づき，入力層に近い部分の学習がほとんど進まなくなる，ディープニューラルネットワーク特有の問題です．この問題は，ネットワークの層の数が増えるほど顕著になり，ディープラーニングにおける重要な課題の 1 つとして認識されています．

この勾配消失問題の原因は，活性化関数が何度も作用することにより勾配が次第に小さくなってしまう点にあります．そのため，たとえば「勾配が消失しない」活性化関数である ReLU を中間層で用いると，この問題はある程度軽減できるとされています．

たとえば，活性化関数としてよく用いられる双曲線正接関数（ハイパボリックタンジェント）の導関数は以下のようになります．

$$(\tanh u)' = \left(\frac{e^u - e^{-u}}{e^u + e^{-u}}\right)' = \frac{4}{(e^u + e^{-u})^2} = \frac{1}{\cosh^2 u} = \mathrm{sech}^2 u$$

一方で，ReLU の導関数は次のようになります．

$$f'(u) = \begin{cases} 0 & (u \leqq 0) \\ 1 & (u > 0) \end{cases}$$

これらの導関数のグラフは以下のようになります．

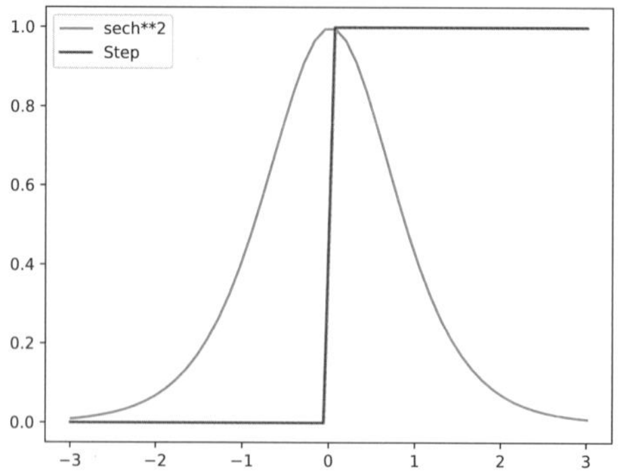

図 12.9: 双曲線正接関数と ReLU の導関数のグラフ

これらのグラフからわかるように，導関数の最大値はともに 1 です．しかし，u の値が大きくなるにつれて，$(\tanh u)'$ の値は 1 より小さくなります．その結果，誤差逆伝播法において，勾配が層を遡るにつれて小さくなる傾向が強くなります．

それに対し，ReLU の導関数は階段関数の形をしており，u の値が大きくなっても，導関数の値は 1 に留まります．そのため，活性化関数に ReLU を用いると，各層での勾配が一定に保たれるため，勾配消失問題を緩和することが期待できます．

12.9 PyTorch のインストール

PyTorch は，2016 年に Facebook（現在の Meta Platforms）が公開したオープンソースのライブラリで，機械学習や深層学習の実装に広く利用されています．PyTorch のインストールには主に 2 つの方法があり，1 つはパッケージ管理ツールの pip を利用する方法，もう 1 つは Anaconda Navigator を用いる方法です．

pip を利用する場合は，Anaconda Powershell Prompt（Anaconda をインストールした際に追加されるコマンドプロンプト）を開き，次のように入力します．

PyTorch のインストール

```
(base) pip install torch torchvision
```

ここで，「torch」は PyTorch 本体を指し，「torchvision」は画像処理用のユーティリティなどを提供するライブラリです．特に，torchvision は画像データだけでなく，さまざまな便利な機能を提供しているため，PyTorch を用いる際には「torch」と「torchvision」の両方をインストールすることをおすすめします．

なお，pip 自体のバージョンをアップグレードしたい場合は，以下のように入力します．

pip のアップグレード

```
(base) pip install --upgrade pip
```

これにより，pip 自体が最新バージョンに更新され，最新のパッケージを安定してインストールできるようになります．

12.10 PyTorch による深層学習の実装

はじめに，scikit-learn から手書き数字データセットを読み込み，データの内容を確認します．具体的には，説明変数（この場合，手書き数字画像）を `data` メソッドで取得し，目的変数（この場合，数字のラベル 0〜9）を `target` メソッドで取得します．

ソースコード 12.1: 手書き数字データの読み込みと表示

```
【必要なライブラリ等のインポート】
from sklearn.datasets import load_digits

digits = load_digits() # 手書き数字データの読み込み

print("画像の枚数とサイズ:", digits.data.shape)
np.set_printoptions(【自分で補おう】) # NumPy 配列のすべての要素を表示する設定
print("目的変数:", digits.target)
np.set_printoptions(【自分で補おう】) # NumPy 配列の表示をデフォルトの設定に戻す

n_digits = 10 # 表示する画像の枚数
plt.figure(figsize=(10, 4))
# 最初の 10枚の画像にはそれぞれ異なる数字が描かれていることが上記の結果から確認できる
for i in range(n_digits):
    ax = plt.subplot(2, 5, 【自分で補おう】)
    plt.imshow(digits.data[i].reshape(8, 8), cmap="Greys_r") # 画像データを 8x8 の形に整形して表示
plt.show()
```

このソースコードでは，最初に手書き数字データを読み込みます．その後，データセットの概要（画像の枚数とサイズ，目的変数の内容）を表示します．最後に，各数字の画像を表示するために Matplotlib を使用します．ここで，画像データは 1 次元配列として提供されるため，8 × 8 の形に整形（reshape）してから表示しています．

実行例

```
画像の枚数とサイズ: (1797, 64)
目的変数: [0 1 2 3 4 5 6 7 8 9 0 1 2 3 4 5 6 7 8 9 0 1 2 3 4
...
【以下省略】
```

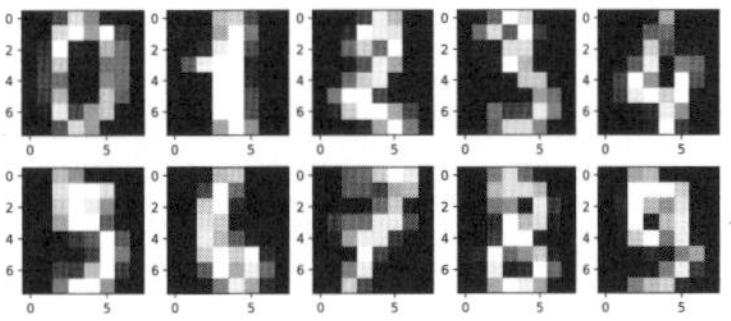

課題 12.1　ソースコード 12.1 の実行結果を確認せよ．

12.10.1 訓練データとテストデータに分ける

それでは，これまでと同様に，データを訓練用とテスト用に分割し，モデルを構築して学習させ，その正解率を求め，予測を行ってみましょう．

データの分割には scikit-learn の `train_test_split` 関数を用います．そして，PyTorch で処理できるようにデータの型をテンソル（tensor）に変換します．

tensor は PyTorch で用いられるデータの型で，スカラーを 0 次元 tensor，ベクトルを 1 次元 tensor，行列を 2 次元 tensor として扱います．多次元のデータ構造を効率良く扱うことができます．

以下のコードでは，まず手書き数字データを説明変数（X）と目的変数（Y）に分け，次に `train_test_split` 関数を用いてそれぞれを訓練データとテストデータに分割します．そして，データを PyTorch の tensor に変換します．具体的には，画像データ（説明変数）は浮動小数点数の tensor に，ラベル（目的変数）は整数の tensor に変換します．

ソースコード 12.2: 訓練データとテストデータの生成

```
import torch # Pytorch のインポート
【必要なライブラリ等のインポート】

X = digits.data # 説明変数
Y =【自分で補おう】# 目的変数

# データの分割，test_size=0.2，random_state=0
x_train, x_test, y_train, y_test =【自分で補おう】

# PyTorch tensor に変換
x_train = torch.tensor(x_train, dtype=torch.float32)# 浮動小数点数に
y_train = torch.tensor(y_train, dtype=torch.int64)  # 整数に
x_test =【自分で補おう】 # 浮動小数点数に
y_test =【自分で補おう】   # 整数に
```

12.10.2 モデルの構築

ここでは，PyTorch の nn モジュールの Sequential クラスを使用して 4 層ニューラルネットワークを構築します．Sequential クラスは，モデルの各レイヤーを順に作成します．また，中間層の活性化関数には ReLU を採用します．

ソースコード 12.3: Sequential クラスによるモデル構築

```
from torch import nn # nn モジュールのインポート

# 4層ニューラルネットワーク
network = nn.Sequential( # Sequential クラスを利用
    nn.Linear(64, 32),  # 全結合層，入力層 64ユニット -> 中間層 32ユニット
    nn.ReLU(),          # 活性化関数はReLU
    nn.Linear(32, 16),  # 中間層 32ユニット -> 中間層 16ユニット
    【自分で補おう】       # 活性化関数はReLU
    【自分で補おう】   # 中間層 16ユニット -> 出力層 10ユニット
)
print(network) # モデルの構成を表示
```

このモデルは，64 ユニットの入力層，32 ユニットと 16 ユニットの 2 つの中間層，そして 10 ユニットの出力層から構成されています．出力結果はモデルの各レイヤーを一覧表示したもので，データが各レイヤーを通過する順序を示しています．これにより，モデルの構造と層間の状況がわかります．

実行例

```
Sequential(
  (0): Linear(in_features=64, out_features=32, bias=True)
  (1): ReLU()
  (2): Linear(in_features=32, out_features=16, bias=True)
  (3): ReLU()
  (4): Linear(in_features=16, out_features=10, bias=True)
)
```

12.10.3 モデルの学習

多クラス分類問題なので，第 5 章と同様に，モデルの学習には交差エントロピーを利用します．そのために，PyTorch が提供している nn.CrossEntropyLoss 関数を使います．この関数は内部でソフトマックス関数の対数 nn.LogSoftmax と，負の対数尤度（Negative Log-Likelihood）nn.NLLLoss を計算します．したがって，出力層にはソフトマックス関数を適用する必要はありません．これは，出力層の活性化関数として恒等写像（つまり，何もしない操作）を採用したと考えることができます．

ここで重要なのは，訓練データとテストデータの両方で順伝播を行い，誤差を計算しますが，誤差の逆伝播，つまり，モデルの学習は訓練データのみを使用して行うという点です．テストデータは，学習したモデルの性能を評価するために用います．また，最適化手法としては確率的勾配降下法（SGD）を使用します．

ソースコード 12.4: モデルの学習

```
from torch import optim # optim モジュールのインポート

# 交差エントロピー誤差関数
loss = nn.CrossEntropyLoss()

# SGD の定義，学習率は 0.01，newtork のパラメータを取得
optimizer = optim.SGD(network.parameters(), lr=0.01)

# 誤差の記録用リストを作成
loss_train_list = [] # 訓練データ用
loss_test_list = []  # テストデータ用

# 1000エポック学習
for i in range(1000):

    # 勾配を 0に
    optimizer.zero_grad()

    # 順伝播
    z_train = network(x_train) # 訓練データをモデルに入力
    z_test =【自分で補おう】  # テストデータをモデルに入力

    # 誤差を求める
    loss_train = loss(z_train, y_train) # 訓練データの誤差
    loss_test =【自分で補おう】  # テストデータの誤差
    loss_train_list.append(loss_train.item()) # 訓練データ誤差をリストに追加
    loss_test_list.append(【自分で補おう】) # テストデータ誤差をリストに追加

    # 逆伝播(勾配を求める)
    loss_train.backward()

    # パラメータの更新
    optimizer.step()

    if【自分で補おう】# 100エポックごとに誤差を表示，item()でテンソルの中身を取り出す
        # f 文字列として出力を設定し:.7f を使って小数点以下第 7 位までを表示
        print(f"Epoch: {i}, Loss_Train: {loss_train.item():.7f}, Loss_Test:【自分で補おう】")

# 誤差の推移を表示
plt.plot(range(len(loss_train_list)), loss_train_list, label="Train")
```

```
plt.plot(range(len(【自分で補おう】)), loss_test_list, label="Test")

【自分で補おう】
```

このコードでは，まず交差エントロピー誤差関数とSGD最適化器を定義します．そして，訓練データを用いてネットワークを訓練し，訓練データとテストデータの誤差を計算して記録します．これらの誤差の推移をプロットすることで，訓練の進行とともにモデルがどの程度に改善されているかを視覚的に理解できます．

実行例

```
Epoch: 0, Loss_Train: 2.6417556, Loss_Test: 2.6904528
Epoch: 100, Loss_Train: 1.0230079, Loss_Test: 1.0551635
Epoch: 200, Loss_Train: 0.4080427, Loss_Test: 0.4393875
Epoch: 300, Loss_Train: 0.2578013, Loss_Test: 0.2833314
Epoch: 400, Loss_Train: 0.1915100, Loss_Test: 0.2229063
Epoch: 500, Loss_Train: 0.1533975, Loss_Test: 0.1939817
Epoch: 600, Loss_Train: 0.1283400, Loss_Test: 0.1774670
Epoch: 700, Loss_Train: 0.1101142, Loss_Test: 0.1675552
Epoch: 800, Loss_Train: 0.0962138, Loss_Test: 0.1608529
Epoch: 900, Loss_Train: 0.0852293, Loss_Test: 0.1562078
```

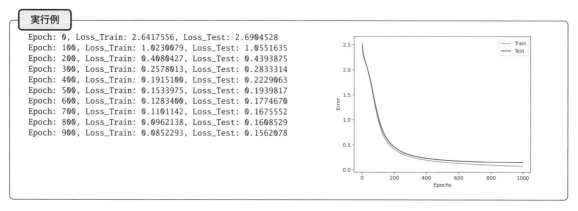

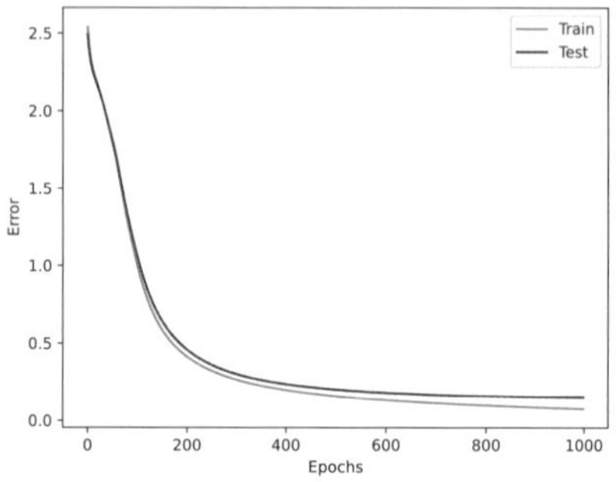

エポックに対する訓練データとテストデータの誤差のプロット図を見ると，モデルの学習が適切に進行していることを確認できます．また，過学習が起きていないことも確認できます．

12.10.4 正解率の計算と予測

scikit-learnの accuracy_score 関数を使用して正解率を計算します．ただし，accuracy_score 関数はPyTorchのテンソル型を直接受け取ることができないため，.tolist() メソッドを使用してリストに変換します．また，PyTorchの torch.argmax 関数を使用して結果を1次元のテンソルとして返します．z_test は(360,10)の2次元tensor型です．

ソースコード 12.5: 正解率の計算

```
【必要なライブラリ等のインポート】

z_test = network(x_test) # テストデータを使って予測値を計算

# accuracy_score で正解率を計算, tolist メソッドでテンソルをリストに変換
print("正解率 (test):", accuracy_score(y_test.tolist(), torch.argmax(z_test,dim=1).tolist() ))
print("z_test の型:", z_test.shape) # z_test のテンソルの形状を表示
```

実行例

```
正解率 (test)： 0.9611111111111111
z_test の型: torch.Size([360, 10])
```

次に，画像を訓練済みのモデルに入力し，10回の予測を行います．ここでは，0から1796の整数をランダムに生成し，その番号に該当する画像を入力しています．

ソースコード 12.6: 予測

```
for _ in range(10): # 10回予測する
    img_id = np.random.randint(0,1796) # 0から 1796までの乱数を生成
```

```
    x_pred = X[img_id]
    image = x_pred.reshape(8, 8) # 画像を 8x8 のサイズに reshape
    plt.imshow(【自分で補おう】, cmap="Greys_r") # 生成した画像を表示
    plt.show()
    x_pred = torch.tensor(x_pred, dtype=torch.float32) # 予測のためにtensor へ変換
    y_pred = 【自分で補おう】# 予測
    # 正解と予測結果を出力，argmax で最も高い確率のラベル（0〜9）を取り出し item()で中身を表示
    print("ID:", img_id, "正解:", Y[img_id], "予測結果:", torch.argmax(【自分で補おう】).item() )
```

課題 12.2　ソースコード 12.2〜12.6 の実行結果を確認せよ．また，エポック数，学習率，中間層のユニット数などを変更して，プログラムを実行せよ．これらの結果に対する自分の考えや解釈を述べよ．

実行例

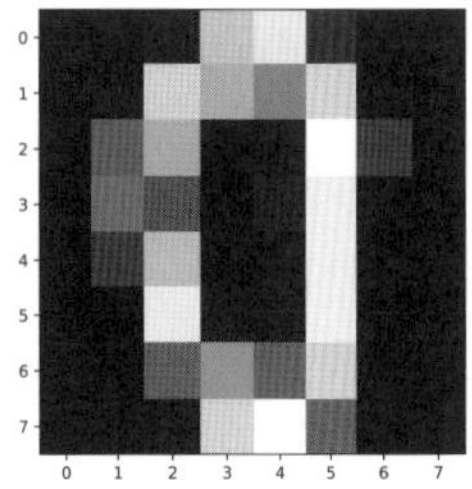

ID: 595，正解：0，予測結果：0

12.11　Python による深層学習（分類）の実装

Iris データを用いて，深層学習を Python で実装します．深層学習の実装に必要な知識については，第 12.1〜12.7 節で詳しく説明しましたが，実装に必要な式をまとめておきます．ここでは，入力層 1，中間層 2，出力層 1 の合計 4 層からなるニューラルネットワークを考え，学習には確率的勾配降下法を使用することとします．

まず，E を損失関数とすると，各層における重み $\boldsymbol{w}$ とバイアス $\boldsymbol{b}$ の更新は次の式 (12.36) と (12.37) に基づいて行われます．ここで η は学習率で，更新のステップサイズを決定します．

$$\boldsymbol{w} \leftarrow \boldsymbol{w} - \eta \frac{\partial E}{\partial \boldsymbol{w}}, \tag{12.36}$$

$$\boldsymbol{b} \leftarrow \boldsymbol{b} - \eta \frac{\partial E}{\partial \boldsymbol{b}} \tag{12.37}$$

次に順伝播の過程で全結合ニューラルネットワークの各層間の関係を考えます．入力 ${}^t\boldsymbol{x} = [x_1, x_2, \ldots, x_m]$，重み行列 W，バイアス ${}^t\boldsymbol{b} = [b_1, b_2, \ldots, b_n]$ が与えられたとき，それらを組み合わせて出力 ${}^t\boldsymbol{u} = [u_1, u_2, \ldots, u_n]$ を計算する方法は以下の式 (12.38) で表現されます．

$${}^t\boldsymbol{u} = {}^t\boldsymbol{x}W + {}^t\boldsymbol{b} \tag{12.38}$$

ここでは，中間層の活性化関数に ReLU

$$f(u) = \max(0, u) = \begin{cases} 0 & (u \leqq 0) \\ u & (u > 0) \end{cases} \tag{12.39}$$

を使います．このとき，中間層の勾配は

$$\delta = \frac{\partial E}{\partial y}\frac{\partial y}{\partial u} = \frac{\partial E}{\partial y} f'(u), \quad f'(u) = \begin{cases} 0 & (u \leqq 0) \\ 1 & (u > 0) \end{cases} \tag{12.40}$$

となります．また，逆伝播の際の中間層と出力層における誤差関数 E の重みの勾配 W' は，

$$W' = \frac{1}{N}{}^{t}XD \tag{12.41}$$

であり，バイアスの勾配は

$$\frac{\partial E}{\partial b_i} = \frac{1}{N}\sum_{k=1}^{N}\delta_{ki} \quad (i = 1, 2, \ldots, n) \tag{12.42}$$

と求められます．ただし，N はバッチサイズです．

そして，出力層における入力の勾配は次のように求められます．

$$X' = D^{t}W \tag{12.43}$$

今回は分類問題なので，出力層の活性化関数にはソフトマックス関数を利用します．

$$z_k = \frac{\exp(u_k)}{\sum_{j=1}^{n}\exp(u_j)}, \quad \sum_{k=1}^{n} z_k = 1 \tag{12.44}$$

この場合，δ_k は，式 (12.29) より

$$\delta_k = z_k - d_k \tag{12.45}$$

として求められます．ここで，z_k は出力層の出力で，d_k は正解値です．

また，誤差関数は交差エントロピーであり，ミニバッチを考慮すれば，

$$E = -\frac{1}{N}\sum_{k=1}^{N} d_k \log z_k \tag{12.46}$$

となります．なお，z_k は小さい数なので，実装の際は，$\log(z_k + 10^{-7})$ のようにして小さな数をあらかじめ加えます．

ソースコード 12.7: 4 層ニューラルネットワーク

```
【必要なライブラリ等のインポート】

# Iris データの読み込み
iris = load_iris()
correct = iris.target    # 目的変数(正解)
n_data = len(correct)  # サンプル数

# データの標準化
sc = 【自分で補おう】# インスタンスの生成
input_data = sc.fit_transform(【自分で補おう】) # 入力(説明変数)を標準化

# 目的変数(正解)をone-hot 表現に変換して correct_data へ代入，array に変換
correct_data = pd.get_dummies【自分で補おう】# get_dummies と values を利用

# 訓練データとテストデータに分ける，test_size=0.4，random_state=2
input_train, input_test, correct_train, correct_test = 【自分で補おう】
n_train = input_train.shape[0]  # 訓練データのサンプル数
n_test = input_test.shape[0]  # テストデータのサンプル数

# ニューロン数の設定
n_in = 4  # 入力層のニューロン数
n_hidden = 25  # 中間層のニューロン数
```

```
n_out = 3  # 出力層のニューロン数

# 係数やバッチ数などの設定
wb_width = 0.1  # 重みとバイアスの初期値に用いる標準偏差
eta = 0.01  # 学習係数
epoch = 100
batch_size = 8
interval = 20  # 経過の表示間隔

# 各層の継承元，正規分布で初期化
class BaseLayer:
    def __init__(self, m, n): # m：上の層のニューロン数, n：この層のニューロン数
        self.w = wb_width * np.random.randn(m, n)  # 重み(行列)W
        self.b = wb_width * np.random.randn(n)  # バイアス(ベクトル)b

    def update(self, eta):
        self.w -= eta * self.grad_w # 式(12.36)の実装, 勾配grad_w
        self.b【自分で補おう】# 式(12.37)の実装, 勾配grad_b

# 中間層
class MiddleLayer(BaseLayer):
    def forward(self, x):
        self.x = x
        self.u =【自分で補おう】# 式(12.38)の実装
        self.y = np.where(【自分で補おう】) # ReLU, 式(12.39)の実装

    def backward(self, grad_y):
        delta = grad_y * np.where(【自分で補おう】)  # ReLUの微分, 式(12.40)の実装

        nb = delta.shape[0] # deltaの行数(=バッチサイズ)を取得
        self.grad_w =【自分で補おう】# 式(12.41)の実装
        self.grad_b =【自分で補おう】# 式(12.42)の実装

        self.grad_x =【自分で補おう】# 式(12.43)の実装

# 出力層
class OutputLayer(BaseLayer):
    def forward(self, x):
        self.x = x
        u =【自分で補おう】# 式(12.38)の実装
        # ソフトマックス関数, 式(12.44)の実装
        self.z = np.exp(u)/【自分で補おう】

    def backward(self, d):
        delta =【自分で補おう】# 式(12.45)の実装

        nb = delta.shape[0]  # deltaの行数(=バッチサイズ)を取得
        self.grad_w =【自分で補おう】# 式(12.41)の実装
        self.grad_b =【自分で補おう】  # 式(12.42)の実装
        self.grad_x =【自分で補おう】     # 式(12.43)の実装

# 各層の初期化
middle_layer_1 = MiddleLayer(n_in, n_hidden)
middle_layer_2 = MiddleLayer(n_hidden, n_hidden)
output_layer = OutputLayer(n_hidden, n_out)
```

```
# 順伝播
def forward_propagation(x):
    middle_layer_1.forward(x)
    middle_layer_2.forward(middle_layer_1.y)
    output_layer.forward(middle_layer_2.y)

# 逆伝播
def backpropagation(d):
    output_layer.backward(d)
    middle_layer_2.backward(output_layer.grad_x)
    middle_layer_1.backward(middle_layer_2.grad_x)

# 重みとバイアスの更新
def uppdate_wb():
    middle_layer_1.update(eta)
    middle_layer_2.update(eta)
    output_layer.update(eta)

# 交差エントロピー誤差の計算
def get_error(d, batch_size):
    return 【自分で補おう】(output_layer.z + 1e-7)) / batch_size  # 式 (12.46)の実装

# 誤差の記録用リスト作成
train_error_x = []
train_error_y = []
test_error_x = []
test_error_y = []

# 学習と経過の記録
# 1エポックあたりのバッチ数, 訓練データ数をバッチサイズで割った商が 1エポックで行うバッチの数となる
n_batch = n_train // batch_size

for i in range(epoch):  # エポック数分繰り返す

    # 誤差の計算
    forward_propagation(input_train)  # 訓練データに対して順伝播計算
    error_train = get_error(correct_train, n_train)  # 訓練データに対する誤差を算出
    forward_propagation(input_test)  # テストデータに対して順伝播計算
    error_test = get_error(correct_test, n_test)  # テストデータに対する誤差を算出

    # 誤差の記録
    test_error_x.append(i)  # エポック数を記録
    test_error_y.append(error_test)  # テストデータの誤差を記録
    train_error_x.append(i)  # エポック数を記録
    train_error_y.append(error_train)  # 訓練データの誤差を記録

    # 経過の表示
    if i % interval == 0:  # 指定した間隔で経過を表示
        print("Epoch:" + str(i) + "/" + str(epoch),
              "Error_train:{:.7f}".format(error_train),  # エラーの表示を小数点以下 7位までに設定
              "Error_test:{:.7f}".format(error_test))  # エラーの表示を小数点以下 7位までに設定

    # 確率的勾配降下法による学習
    index_random = np.arange(n_train)  # 訓練データのサンプル数からインデックスを作成
    np.random.shuffle(index_random)  # インデックスをシャッフルする
    for i in range(【自分で補おう】):  # バッチの数だけ更新する
```

```
        # ミニバッチを取り出す，バッチの範囲内のランダムなインデックスを取得
        mb_index = index_random[i*batch_size : (i+1)*batch_size]
        x = input_train[mb_index, :] # 訓練データ(入力)
        d = correct_train[mb_index, :] # 訓練データ(正解)

        # 順伝播と逆伝播
        forward_propagation(x) # 順伝播の計算
        backpropagation(d) # 逆伝播による勾配の計算

        # 重みとバイアスの更新
        uppdate_wb() # 勾配に基づいた重みとバイアスの更新

# 誤差の記録と表示
plt.plot(train_error_x, train_error_y, label="Train") # 訓練データの誤差をプロット
plt.plot(test_error_x, test_error_y, label="Test") # テストデータの誤差をプロット
plt.legend()

plt.xlabel("Epochs") # X 軸ラベルを設定
plt.ylabel("Error") # Y 軸ラベルを設定
plt.show() # グラフの表示

# accuracy_score で正解率を計算，One-Hot 表現を使っているので argmax で添え字を確認する
forward_propagation(input_train) # 訓練データに対して順伝播計算
# 正解率の表示を小数点以下 7位までに設定
print("正解率 (Train): {:.7f}".format(accuracy_score(np.argmax(correct_train, axis=1), np.argmax(
    output_layer.z, axis=1))))

【自分で補おう】 # テストデータに対して順伝播計算
# 正解率の表示を小数点以下 7位までに設定
【自分で補おう】
```

実行例

```
Epoch:0/100 Error_train:1.1040104 Error_test:1.0942606
Epoch:20/100 Error_train:1.0136197 Error_test:1.0234779
Epoch:40/100 Error_train:0.7366309 Error_test:0.7198687
Epoch:60/100 Error_train:0.4938163 Error_test:0.4626100
Epoch:80/100 Error_train:0.3640643 Error_test:0.3516410
```

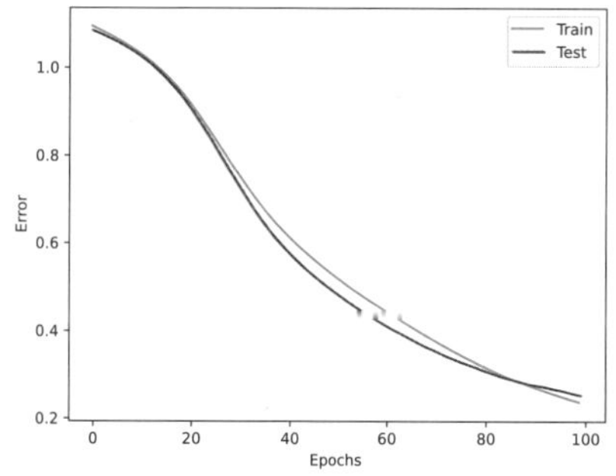


```
正解率 (Train)：0.9555556
正解率 (Test)：0.9333333
```

いくつかの新しいサンプルデータを用意し，先ほど学習したモデルによってこれらをどのように分類するか試してみましょう．

ソースコード 12.8: 未知の値を分類

```
# Sepal length, Sepal width, Petal length, Petal width(がく片の長さ, がく片の幅, 花びらの長さ, 花びらの幅)
samples = np.array([[5.2, 3.8, 1.1, 0.6],  # Iris1
                    [5.8, 2.7, 4.3, 1.1],  # Iris2
                    [7.3, 3.2, 6.2, 2.2],  # Iris3
                    [6.7, 2.7, 1.7, 0.3]   # Iris4
                   ]) # サンプルデータの設定

# データの標準化
sc = 【自分で補おう】# 標準化のためのインスタンスを生成
samples = 【自分で補おう】# 入力データを標準化

# 判定
forward_propagation(【自分で補おう】) # 順伝播により各サンプルのクラスを判定
print(output_layer.z) # 各クラスに属する確率を表示
print(np.argmax(【自分で補おう】, axis=1)) # 最も確率が高いクラスのインデックスを表示

class_names = ['Iris-setosa', 'Iris-versicolor', 'Iris-virginica'] # クラス名のリストを定義

# クラス名の出力
for i, output in enumerate(output_layer.z):
    class_index = np.argmax(【自分で補おう】)
    # 各サンプルについて最も確率が高いクラスのインデックスを取得
    # サンプルのクラス名とその確率を表示
    print(f'Sample {i+1} is predicted as {class_names[【自分で補おう】]} with a probability of {output[class_index]:.7f}')
```

実行例

```
[[9.73327181e-01 2.60544147e-02 6.18403812e-04]
 [3.42238044e-02 8.01699825e-01 1.64076371e-01]
 [2.14886661e-03 1.30698897e-01 8.67152236e-01]
 [1.49945891e-01 8.08508447e-01 4.15456611e-02]]
[0 1 2 1]
Sample 1 is predicted as Iris-setosa with a probability of 0.9733272
Sample 2 is predicted as Iris-versicolor with a probability of 0.8016998
Sample 3 is predicted as Iris-virginica with a probability of 0.8671522
Sample 4 is predicted as Iris-versicolor with a probability of 0.8085084
```

課題 12.3 ソースコード 12.7〜12.8 の実行結果を確認せよ．また，エポック数，バッチサイズや wd_width の大きさを変えたり，式 (12.41) や (12.42) をそれぞれ，$'XD$ や $\sum_{k=1}^{N} \delta_{ki}$ などとしてプログラムを実行せよ．これらの結果に対する自分の考えや解釈を述べよ．

第 13 章
畳み込みニューラルネットワーク（CNN）

この章では，**畳み込みニューラルネットワーク**（**CNN**：Convolutional Neural Network）について学びます．CNN はディープニューラルネットワークの一種で，主に画像認識に応用されます．

これまでの章では，Python を使ってさまざまな手法の実装を行ってきました．しかし，CNN の実装では，畳み込み層の学習やプーリング層の誤差伝播といった特定のプロセスにおいて，im2col と col2im というやや複雑なアルゴリズムが必要となります．im2col は画像データを行列に変換することで，畳み込み演算を効率的に行列演算として行うための手法です．一方，col2im は im2col の逆操作を行い，行列からもとの画像データに戻す手法です．しかし，これらの手法について詳細に説明するとなると，多くのページを割く必要が出てきます．そこで，この章では，CNN の基本的な概念と PyTorch を用いた実装に焦点を当てて説明します．

13.1 CNN の概要

CNN は，**全結合**（fully-connected）されたネットワークに，畳み込み層とプーリング層が追加されたものです．

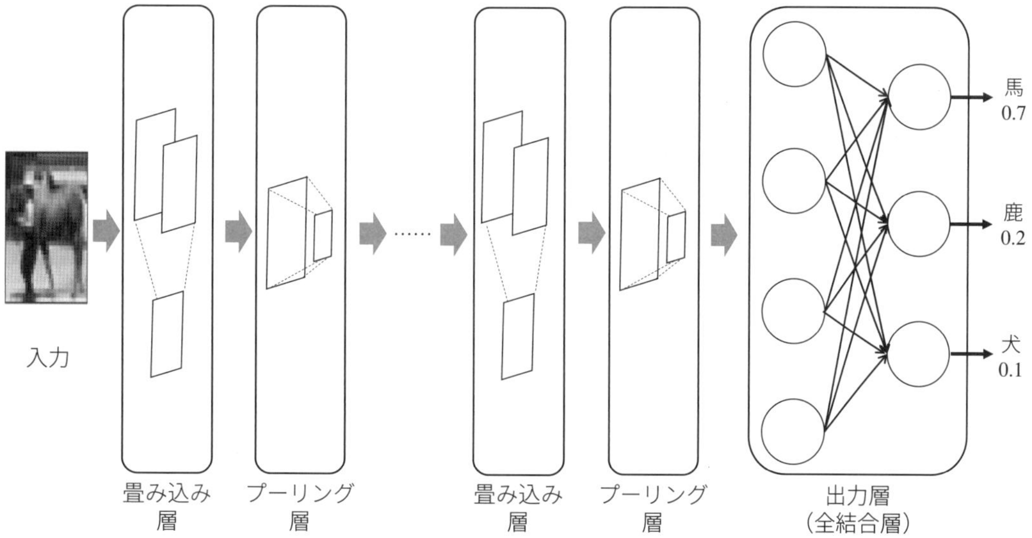

図 13.1: CNN のイメージ

このネットワークでは，図 13.1 のように入力は左から右方向にのみ伝播します．このため，CNN は順伝播型のニューラルネットワークです．また，畳み込み層とプーリング層では，層と層の間のノードが部分的にしか枝で結ばれていないため，全結合型とはいえません．

一連の流れは以下の通りです．

(1) 畳み込み演算と活性化関数の適用（畳み込み層）

(2) プーリングの実行（プーリング層）

(3) 最終的な出力値の獲得（全結合層）

一般的には画像を入力として，最初にフィルタを用いて積和演算と活性化関数を適用する**畳み込み層**（convolution layer）を通過します．これにより，入力画像の特徴が抽出され，**特徴マップ**（feature map）という小さな画像に変換されます．次に，これを**プーリング層**（pooling layer）に入力します．プーリング層では最大値や平均値を用いてサンプリングを行い，最大プーリングや平均プーリングによりさらに小さな画像に変換します．

これらの処理が何度か繰り返され，最後に出力層で出力値が得られます．この出力層は，プーリング層から出力された画像データを，縦横に並んだ 2 次元データから，1 次元に並べたフラットなデータを入力とする全結合層です．出力は，各クラスタに分類される確率となります．

13.2 畳み込み層

この節では，CNN の核となる畳み込み層について詳しく解説します．畳み込み演算とその特性，パディングとストライドによる調整方法，そしてカラー画像への畳み込み処理について順を追って説明します．

13.2.1 畳み込み演算

畳み込み処理は，**フィルタ**（filter）または**カーネル**（kernel）を用いて，画像から特徴を抽出する操作のことを指します．このフィルタは，入力画像よりも小さいサイズのものが使用され，このフィルタの値によって，画像から得られる特徴が変化します．これにより，画像の局所的な特徴が抽出され，フィルタの値は学習により最適化されます．

畳み込み演算は，以下の図のように，フィルタを画像の左上から順に重ね合わせていき，画像とフィルタの値をそれぞれ掛け合わせて総和をとる積和演算処理です．

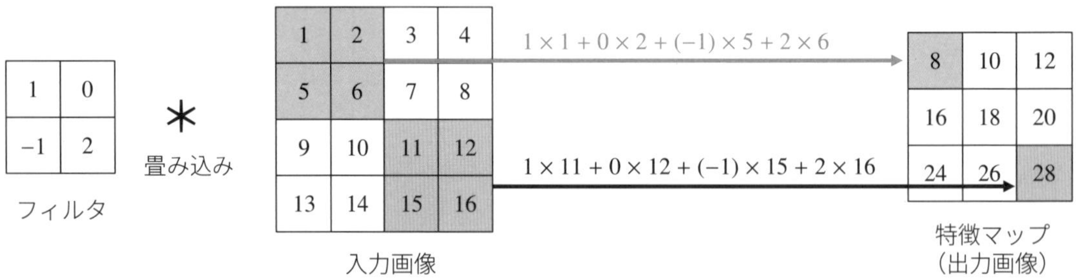

図 13.2: 畳み込み演算

この畳み込みの演算は，シフト不変性の獲得に貢献します．たとえば，1 ピクセルずれた画像を見ても，人間は同じ画像だと認識できます．しかし，通常のニューラルネットワークでは，入力の位置がずれるとまったく別の入力として扱われてしまいます．畳み込み層によって，このような位置ずれに強いモデルが作れるのです．

13.2.2 パディング

畳み込みの結果得られる画像が，入力画像と同じサイズであると便利な場合があります．そのような場合には，入力画像の外側にピクセルを配置し，大きさを調整することで，出力画像のサイズがもとの入力画像と同じサイズになるように調整します．畳み込み層やプーリング層で，入力画像を取り囲むようにピクセルを配置するテクニックを**パディング**（padding）と呼びます．

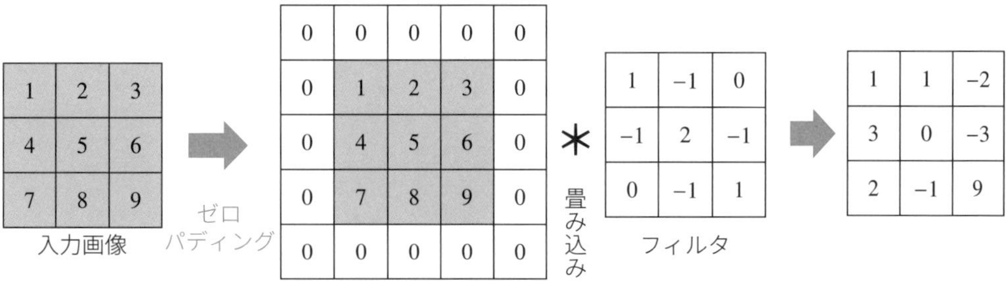

図 13.3: パディングの例

図 13.3 では，画像の周囲に値が 0 のピクセルを配置しています．このようなパディングの方法を**ゼロパディング**（zero padding）と呼びます．CNN ではこのゼロパディングが広く使われています．ただし，ゼロを使用する必然性はありません．画像処理の観点から見ると，良い方法であるとは必ずしもいえません．ゼロパディングを行うと，畳み込みの結果，画像の周辺部が自動的に暗くなってしまいます．これを防ぐために，「ふち」の部分を 0 以外の適切な値で埋める方法があります．画像をその 4 辺で折り返して未定部分の画素値を決める方法や，画像の最周囲の画素値をそのまま外挿する方法などがあります．ただし，どの方法が最適であるとは一概にはいえません．

パディングにより，画像のサイズは大きくなります．たとえば，3×3 の画像に対して幅が 1 のゼロパディングを行うと，画像のサイズは 5×5 になります．また，8×8 の画像に対して，幅 2 のパディングを行うと，画像のサイズは 12×12 になります．

畳み込み層やプーリング層を経ると画像のサイズは小さくなるため，これらの層を複数回重ねると，最終的に画像のサイズが 1×1 になることがあります．パディングの目的の 1 つは，畳み込みを経ても画像のサイズが変わらないように保つことです．図 13.3 において色付け部がもとの画像ですが，パディングを行うと畳み込みを行っても画像のサイズは変わらないことが確認できます．

また，畳み込みの特性上，画像の端の部分は畳み込みの回数が少なくなる傾向にありますが，パディングにより画像の端のデータに対する畳み込みの回数が増えます．そのため，端の特徴も取り入れられるようになるというメリットもあります．

13.2.3 ストライド

ストライド（stride）は，畳み込みにおいてフィルタが移動する間隔のことを指します．

図 13.4 に，ストライドが 1 と 2 の場合の例を示します．

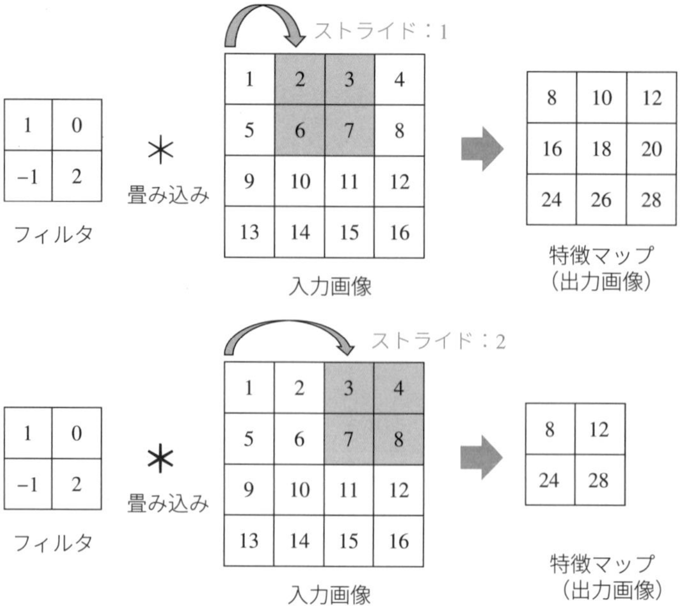

図 13.4: ストライドの例

ストライドが大きいと，フィルタの移動幅が大きくなるため，生成される画像のサイズが小さくなります．その結果，大きすぎる画像を縮小するためにストライドが使用されることもあります．ただし，特徴を見逃す可能性があるため，通常はストライドを 1 に設定することが多いです．

ここで，入力画像の高さを I_h，幅を I_w，フィルタの高さを F_h，幅を F_w，出力画像（特徴マップ）の高さを O_h，幅を O_w，パディング幅を D，ストライド幅を S とすると，一般に特徴マップのサイズは以下の公式によって計算できます．

$$O_h = \lfloor \frac{I_h - F_h + 2D}{S} \rfloor + 1, \quad O_w = \lfloor \frac{I_w - F_w + 2D}{S} \rfloor + 1 \tag{13.1}$$

ただし，$\lfloor \cdot \rfloor$ は小数点以下を切り捨てて整数化する演算子です．

たとえば，パディング幅を 1，画像サイズを 4×4，ストライド幅を 2，フィルタサイズを 2×2 とするとき，特徴マップのサイズは，

$$O_h = \lfloor \frac{4 - 2 + 2}{2} \rfloor + 1 = 3, \quad O_w = \lfloor \frac{4 - 2 + 2}{2} \rfloor + 1 = 3$$

となります．しかし，公式を覚えなくても，フィルタの動き方と画像のサイズを考えることで，特徴マップのサイズを導くことができます．

13.2.4　カラー画像の畳み込み

一般的なカラー画像は，各ピクセルが RGB（Red，Green，Blue）の 3 色を持っています．これは，1 つの画像が R，G，B の 3 枚で構成されていると考えることができます．この枚数のことを**チャンネル数**（number of channels）といいます．モノクロ画像の場合はチャンネル数が 1 であり，カラー画像の場合は，チャンネル数が 3 となります．

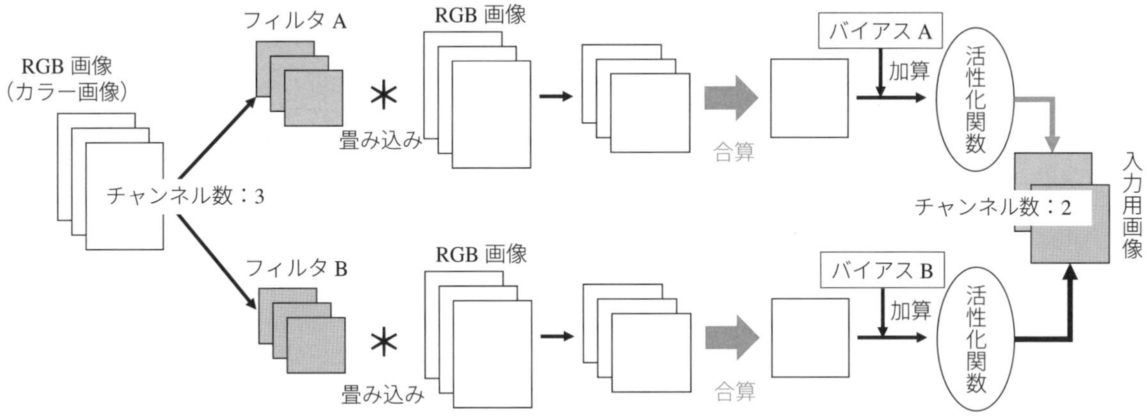

図 13.5: カラー画像の畳み込み例

したがって，カラー画像については，3 チャンネルの画像に対して，図 13.5 のように複数のフィルタを用いた畳み込みを行います．図 13.5 の場合，チャンネル数は 3 でフィルタ数は 2 であり，各フィルタは入力画像と同じだけ，すなわち，3 つのチャンネル数を持っています．各フィルタにおいて，チャンネルごとに畳み込みを行い 3 つの画像を得ますが，これらの画像の各ピクセルを足し合わせて 1 つの画像にします．その後，畳み込みにより生成された画像の各ピクセルには，バイアスを加えて活性化関数で処理します．この際，バイアスは 1 つのフィルタあたり 1 つの値をとります．すなわち，フィルタ数とバイアス数は同じになります．この結果，チャンネル数が 3 の画像を畳み込み層に入力して，チャンネル数が 2 の画像を出力として得ることができます．ただし，各フィルタが出力する特徴マップの数はフィルタの数に依存するため，必ずしも出力画像のチャンネル数が 2 になるわけではありません．この点は，畳み込み層を設計する際に考慮するべき事項の 1 つです．

このような出力画像は，プーリング層や全結合層，あるいは他の畳み込み層に入力することとなります．このプロセスは畳み込み層が存在するたびに繰り返され，最終的には全結合層を経由して出力が得られます．

13.3 プーリング層

プーリング処理は，**ダウンサンプリング**（downsampling）あるいは**サブサンプリング**（subsampling）とも呼ばれ，画像サイズを決められたルールに従って小さくします．具体的には，各領域を代表する値（最大値や平均値など）を取り出して出力画像を作成します．プーリングには，ある小領域ごとの最大値を抽出する**最大プーリング**（max pooling）や平均値を抽出する**平均プーリング**（average pooling）があります．

図 13.6 は最大プーリングと平均プーリングの処理を示したものです．画像（または特徴マップ）に 2×2 の小領域を設定し，その中の最大値あるいは平均値を抽出していくことで，新しくダウンサンプリングした画像（特徴マップ）を得ます．この処理も畳み込み処理と同様に，画像のずれに対する頑健性を持ちます．つまり，位置の微小なずれが吸収された本質的な特徴を表す画像が生成されます．プーリング層では決められたルールに従って演算を行うだけです．畳み込み層と異なり，プーリング層には学習すべきパラメータは存在しません．

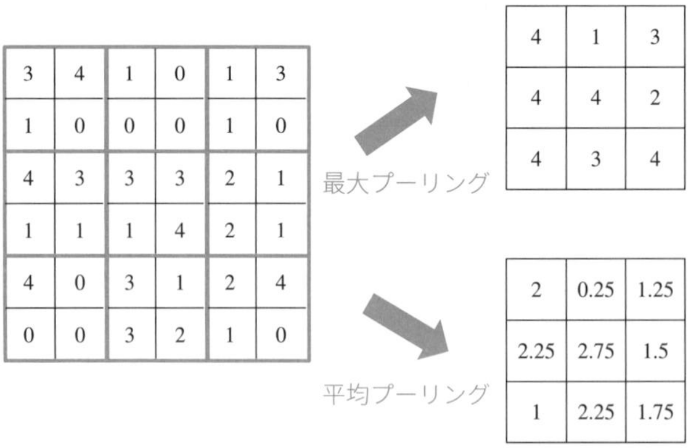

図 13.6: 最大プーリングと平均プーリングの例

次に，畳み込みとプーリングの例を挙げます．入力画像サイズを 32×32，チャンネル数は 3（RGB），フィルタサイズを 5×5，フィルタ数を 6，パディングなし，ストライド幅を 1 とした場合，

畳み込み層 畳み込み層の出力画像サイズは，$\frac{32-5+2\times0}{1}+1=28$ となるので，出力は 28×28 の大きさで，チャンネル数はフィルタ数と同じで 6 チャンネルとなります．

プーリング層 プーリング層の入力は，畳み込み層の出力であるため，そのサイズは 28×28 で，チャンネル数は 6 となります．ここで領域サイズを 2×2 とした場合，出力画像サイズは $\frac{28}{2}=14$ となりますので，出力は 14×14 の大きさで，チャンネル数は変わらず 6 となります．

13.4 全 結 合 層

第 12 章で説明した通り，全結合層とは，その層の各ニューロンが前の層のすべてのニューロンと接続されている構造を指します．通常，中間層や出力層が全結合層として機能します．全結合層は，畳み込み層とプーリング層を何度か繰り返した後に配置されます．畳み込み層とプーリング層により抽出された特徴量に基づき，全結合層では演算を行い結果を出力します．

全結合層どうしの接続においては，一般的なニューラルネットワークと同様に，各ニューロンは隣り合う層のすべてのニューロンと接続されます．畳み込み層やプーリング層の出力を全結合層に入力する際には，出力された画像は平坦なベクトルに変換されます．たとえば，出力画像の高さが H，幅が W，チャンネル数が F である場合，全結合層への入力はサイズが $H \times W \times F$ のベクトルになります．逆伝播の場合には，逆にサイズが $H \times W \times F$ のベクトルが高さ H，幅 W，チャンネル数 F の画像に変換されます．

畳み込み層とプーリング層を複数組み合わせることで深いネットワークを構築できますが，それぞれの層の出力は画像のような 2 次元の特徴マップとなります．最終的に「猫らしさ」や「犬らしさ」などの数値を出力するためには，何らかの段階で特徴を 2 次元から 1 次元に変換する必要があります．

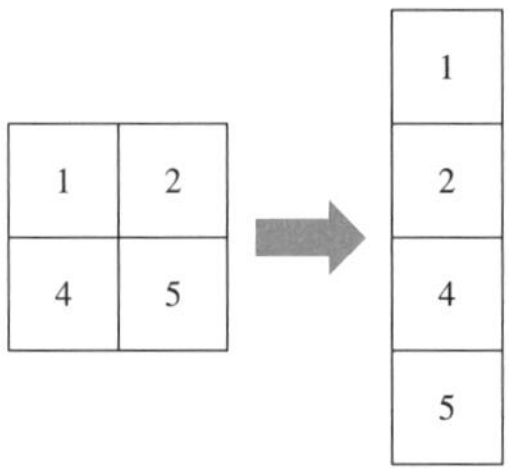

図 13.7: 2 次元（行列）から 1 次元（ベクトル）への変換

CNN では，畳み込み層とプーリング層を繰り返した後，全結合層を追加します．これは，いわゆる通常のニューラルネットワークと同じ構造です．その際に，特徴マップを 1 列に並べる処理を行います．

13.5 データ拡張

訓練データのサンプル数が少ない場合，モデルがその限られた範囲のデータに過度に最適化され，汎用性を失ってしまうことがあります．つまり，過学習が起こる場合があります．

そこで適用されるのが，既存のサンプルに何らかの加工を施し，データを「増やす」手法です．これにより過学習を抑制することが可能となります．この手法，手元にある画像から疑似的に別の画像を生成するという方法を**データ拡張**（data augmentation）といいます．

データ拡張にはさまざまな手法があり，たとえば画像を回転させたり，拡大・縮小させたり，上下左右にずらしたり，反転させたり，一部を切り取ったり，隠したり，コントラストを変えたり，斜めにゆがめたりするなどがあります．

しかし，データ拡張を行う際には注意が必要です．それは，あくまで現実にありうるデータを再現することが重要である，という点です．同じ物体でも

- 角度が異なると画像としての見え方が変わる
- 拡大縮小によって見え方が変わる
- 光の当たり方によって見え方が変わる

などといったことが起こります．これらを疑似的に再現することが，データ拡張における重要なポイントとなります．

13.6 学習テクニック

ドロップアウト（dropout）は，過学習を抑える手法として効果的であり，出力層を除いた各層のニューロンを一定の確率でランダムに無効化します．学習フェーズでは，無効化されるニューロンは各重みとバイアスの更新ごとに変わります．一方，テストフェーズでは，すべてのニューロンの信号を伝達します．ただし，ニューロンが無効化されずに残る確率を p とした場合，各ニューロンの出力に対して，この p の値を乗じて出力します．これにより，学習フェーズでニューロンが減少した分を補います．

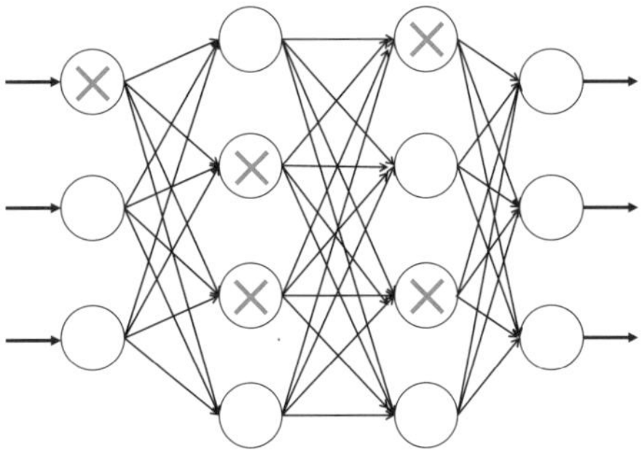

図 13.8: ドロップアウト：×のニューロンを無効化

さらに，最適化アルゴリズムには，勾配降下法や確率的勾配降下法が存在しますが，それだけでなく，確率的勾配降下法に慣性項を追加したモメンタム，更新量（学習率）を自動的に調整する AdaGrad, AdaGrad の改善版である RMSProp，そして，モメンタムと AdaGrad の優れた部分を統合して改良された Adam などもあります．特に，Adam は広く使用されています．

それぞれの更新式は次のように表されます．

モメンタム　**モメンタム**（momentum）は，確率的勾配降下法に慣性項を付加したものです．

$$w \leftarrow w - \eta \frac{\partial E}{\partial w} + \alpha \Delta w, \tag{13.2}$$

$$b \leftarrow b - \eta \frac{\partial E}{\partial b} + \alpha \Delta b \tag{13.3}$$

ここで α は慣性の度合いを表す定数で，Δw は前回の更新量を示しています．慣性項 $\alpha\Delta w$ の存在により，新たな更新量は過去の更新量に影響を受けます．これにより更新量の急激な変化を抑え，滑らかな更新を実現します．ただし，確率的勾配降下法と比較すると，調整が必要な定数が η, α の 2 つなので，やや調整が難しくなります．

AdaGrad　**AdaGrad**（ADAptive GRADient algorithm）は 2011 年に Duchi らによって提案[1]され，その特徴は更新量が自動的に調整される点です．学習が進行するにつれて，学習率は徐々に小さくなります．

$$h \leftarrow h + \left(\frac{\partial E}{\partial w}\right)^2, \tag{13.4}$$

$$w \leftarrow w - \eta \frac{1}{\sqrt{h}} \frac{\partial E}{\partial w} \tag{13.5}$$

バイアスの更新式は重みの更新式と同様です．式 (13.4) により h は必ず増加します．h が式 (13.5) の分母にあるため，更新量は必ず減少していきます．この h は重みごとに計算され，これまでの総更新量が少ない重みは新たな更新量が大きくなり，総更新量が多い重みは新たな更新量が小さくなります．これにより，初期の段階では広範囲を探索し，段々と探索範囲を狭めるという効率的な探索が可能になります．

また，AdaGrad では調整が必要な定数が η のみとなり，設定の手間を省くことが可能です．ただし，AdaGrad は，更新量が常に減少するため，学習が進行する中で更新量がほぼ 0 になり，それ以上の最適化が進まなくなる可能性があります．

RMSProp　AdaGrad の欠点である，更新量の低下による学習停滞を解消したのが **RMSprop**（Root Mean Square propagation）です．公式の論文は存在しませんが，Geoff Hinton が Coursera の講義[2] で提案しました．

$$h \leftarrow \rho h + (1 - \rho) \left(\frac{\partial E}{\partial w}\right)^2, \tag{13.6}$$

$$w \leftarrow w - \eta \frac{1}{\sqrt{h}} \frac{\partial E}{\partial w} \tag{13.7}$$

バイアスの更新式は，重みの更新式と同様です．ρ の存在により，過去の h を適当な比率で忘れることによって，更新量が極端に小さくなることを防いでいます．また，η と ρ の 2 つの定数を設定する必要があります．

Adam　**Adam**（ADAptive Moment estimation）は 2014 年に Kingma らによって提案[3]された手法で，モメンタムと RMSprop の良い点を組み合わせたものです．以下においても，t が更新回数です．

---

[1]Duchi, John, Elad Hazan, and Yoram Singer: “Adaptive subgradient methods for online learning and stochastic optimization.” , Journal of Machine Learning Research, 12, pp.2021-2159, (2011).

[2]Tijmen Tieleman, G. Hinton (2012): Lecture 6.5-rmsprop: Divide the Gradient by a Running Average of Its Recent Magnitude. COURSERA: Neural Networks for Machine Learning, 4, 26-31.

[3]Kingma, Diederik, Jimmy Ba : “Adam: A method for stochastic optimization”, arXiv preprint arXiv:1412.6980 (2014). この論文では，$\beta_1 = 0.9$，$\beta_2 = 0.999$，$\eta = 0.001$，$\varepsilon = 10^{-8}$ が推奨されています．

$$m_t \leftarrow \beta_1 m_{t-1} + (1-\beta_1)\frac{\partial E}{\partial w_{t-1}}, \tag{13.8}$$

$$v_t \leftarrow \beta_2 v_{t-1} + (1-\beta_2)\left(\frac{\partial E}{\partial w_{t-1}}\right)^2, \tag{13.9}$$

$$\widehat{m_t} \leftarrow \frac{m_t}{1-\beta_1^t}, \tag{13.10}$$

$$\widehat{v_t} \leftarrow \frac{v_t}{1-\beta_2^t}, \tag{13.11}$$

$$w_t \leftarrow w_{t-1} - \eta\frac{\widehat{m_t}}{\sqrt{\widehat{v_t}}+\epsilon} \tag{13.12}$$

バイアスの更新式は，重みの更新式と同様です．Adam では，モメンタム的な効果をもたらす m と RMSprop 的な効果をもたらす v をそれぞれ保持します．そして，それぞれの初期値のバイアスを補正した $\widehat{m}$ と $\widehat{v}$ を使って更新します．Adam の利点は，さまざまな問題で良好な性能を発揮する点です．ただし，$\eta, \beta_1, \beta_2, \epsilon$ の 4 つの定数を設定する必要があります．

式 (13.8) は式 (13.2) に，式 (13.9) は式 (13.6) に対応しており，式 (13.10) によりこれらを組み合わせた更新しています．

13.7 CNN の 学 習

CNN においても，通常のニューラルネットワークと同じく，逆伝播を用いた学習が行われます．

畳み込み層では，フィルタが学習により最適化されます．出力と正解の誤差から伝播してきた値をもとに，フィルタを構成する各値の勾配を計算します．この計算結果に基づき，フィルタは更新されます．さらに，フィルタの更新と並行して，バイアスも更新されます．その後，誤差は畳み込み層を通過してさらに上の層に伝播します．一方，プーリング層では学習は行われません．ただし，誤差はこの層を通過し，さらに上の層に伝播することが可能です．また，全結合層では，通常のニューラルネットワークと同じ方法で誤差の伝播が行われます．

これらの点をまとめると，次のようになります．

層	誤差の伝播	学習するパラメータ
畳み込み層	あり	フィルタ，バイアス
プーリング層	あり	なし
全結合層	あり	重み，バイアス

13.8 CIFAR-10 画像の読み込み

次節では，CNN を PyTorch で実装し，画像分類を行います．ここで使用する画像データベースは CIFAR-10 です．まずは，このデータセットについて説明しましょう．CIFAR-10 は，画像サイズが 32×32 の約 6 万枚の画像にラベルを付けたデータセットで，多様な画像分類タスクの基礎研究に広く使用されています．まずは，その中身を見てみましょう．

13.8.1 CIFAR-10

以下のコードでは，`torchvision.datasets` モジュールを使い，CIFAR-10 を読み込みます．そして，ランダムに 25 枚の画像を表示します．データはカレントディレクトリの data フォルダにダウンロードされます．ただし，フォルダ名は各自の環境に合わせて設定してください．

Dataloader は，データセットからデータをバッチサイズごとにまとめて返す機能を提供します．Dataloader はデータセットの中身をミニバッチごとに分ける機能を持っており，このバッチはランダムに取得することが可能です．これにより，データの読み込みや前処理，ミニバッチ法を簡単に実装することができます．また，繰り返し処理内で要素を取り出すことができるオブジェクトを**イテレータ**（iterator）といいます．イテレータを使うことで，1 つずつバッチを取り出すことができ，データの一部だけを処理するという戦略（ミニバッチ法）を実現できます．

ソースコード 13.1: CIFAR-10 の読み込みと表示

```
from torchvision.datasets import CIFAR10
import torchvision.transforms as transforms
from torch.utils.data import DataLoader
【必要なライブラリ等のインポート】

# CIFAR-10データセットを読み込む
# root： データセットの保存場所
# train： 学習データかテストデータかを指定
# download： データセットがない場合にダウンロードするかどうかを指定
# transform： 読み込んだ画像に対する変換処理を指定
cifar10_data = CIFAR10(root="./data",
                       train=False, download=True,
                       transform=transforms.ToTensor())

# CIFAR-10の各ラベルを配列として定義
cifar10_classes = np.array(["airplane", "automobile", "bird", "cat", "deer",
                            "dog", "frog", "horse", "ship", "truck"])

print("データの数:", len(cifar10_data))

# 表示する画像の数を設定
n_image = 25

# DataLoader を用いてデータをバッチごとに読み込む
cifar10_loader = DataLoader(cifar10_data, batch_size=n_image, shuffle=True)

# イテレータを生成
dataiter = iter(cifar10_loader)

# 最初のバッチを取り出す
images, labels = next(dataiter)

# 画像データの形状を確認
print("画像データの形状：軸の変換前", images[0].shape)
print("画像データの形状：軸の変換後", np.transpose(images[0], (1, 2, 0)).shape)

# 画像の表示サイズを設定
plt.figure(figsize=(10,10))

# 指定した枚数の画像を表示
for i in range(n_image):
    plt.subplot(5,5,i+1)  # 5行 5列にプロット
    plt.imshow(np.transpose(images[i], (1, 2, 0)))  # チャンネルを一番後ろに移動させて表示
    label = cifar10_classes[labels[i]]  # 画像のラベルを取得
    plt.title(label)  # 画像にタイトル(ラベル名)を表示
```

```
    plt.tick_params(labelbottom=False, labelleft=False, bottom=False, left=False)
    # ラベルと目盛りを非表示に

# 画像を表示
plt.show()
```

すでに CIFAR-10 がダウンロードされていると，「Files already downloaded and verified」と表示されます．ソースコード 13.1 を実行すると，ランダムに選ばれた 25 枚の画像を表示されますが，ここでは一部のみを掲載します．

実行例

```
Files already downloaded and verified
データの数: 10000
画像データの形状：軸の変換前 torch.Size([3, 32, 32])
画像データの形状：軸の変換後 torch.Size([32, 32, 3])
```

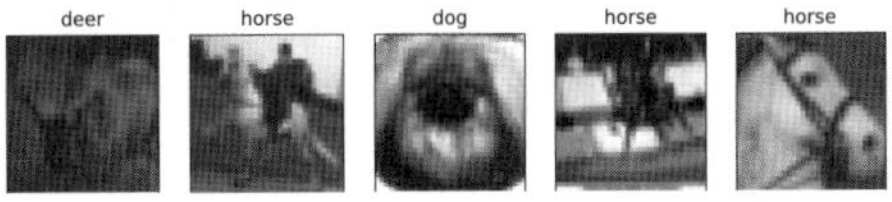

課題 13.1　ソースコード 13.1 の実行結果を確認せよ．

なお，「The kernel appears to have died. It will restart automatically.」というメッセージが表示され，コードが実行できない場合があります．そういった問題が生じた場合，ライブラリのバージョンを上げることで解決することがあります．

たとえば，NumPy のバージョンを確認する際には次のようにします．

特定のパッケージのバージョンを確認する方法

```
(base) pip show numpy
```

そして，すべてのパッケージのバージョンを確認する場合には次のようにします．

すべてのパッケージのバージョンを確認する方法

```
(base) pip list
```

これにより，コマンドは Python 環境にインストールされているすべてのパッケージとそのバージョンを一覧で表示されます．

バージョンアップが必要と判断された場合，次のコマンドを実行することで NumPy, pandas, Matplotlib のバージョンを上げることができます．

特定のパッケージのバージョンを上げる方法

```
(base) pip install --upgrade numpy --user
(base) pip install --upgrade pandas --user
(base) pip install --upgrade matplotlib --user
```

これらのコマンドはそれぞれのライブラリを最新のバージョンに更新します．ただし，新しいバージョンのライブラリが他のライブラリと互換性がない場合もあるため，更新後は必ず動作確認を行ってください．また，ユーザ環境でのインストールを希望しない場合は「--user」オプションを除外してください．

13.8.2 データ拡張

PyTorch の torchvision.transforms モジュールを用いることで，簡単にデータ拡張を実装することができます．画像データに対しては，回転，拡大・縮小，平行移動，反転，明るさの変化などさまざまな変換を行うことが可能です．

以下に示すコードでは，CIFAR-10 データセットの画像に対してランダムに −30〜30° の回転と，0.8〜1.2 倍のリサイズを行う例を示しています．

ソースコード 13.2: データ拡張の例

```
# 回転とリサイズを含む変換を定義
transform = transforms.Compose([transforms.RandomAffine([-30, 30],
                                scale=(0.8, 1.2)),
                                transforms.ToTensor()])
【ソースコード 13.1 と同じ】
```

出力結果の一部を示します．これを見ると，回転やリサイズにより，もとの画像とは異なる形状・向きの画像が生成されていることが確認できます．

実行例

```
Files already downloaded and verified
テストデータの数: 10000
```

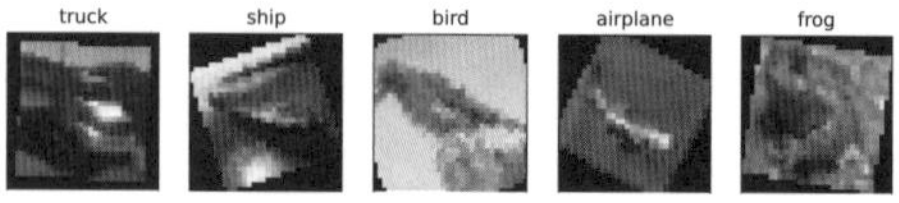

課題 13.2 ソースコード 13.2 の実行結果を確認せよ．

13.9 PyTorch による CNN の実装

ここでは，CPU を使った一般的な環境での計算を行います．ただし，可能であれば，GPU が搭載されている PC を使用し，CUDA がインストールされている場合は，高速な計算のために GPU を使用することをおすすめします．CUDA（Compute Unified Device Architecture）は，NVIDIA が開発した GPU 上で並列計算を行うためのプラットフォームおよびプログラミングモデルです．CUDA を使用することで，GPU 上の大量の計算を並列に実行することができるため，計算量の多いタスクにおいて，計算速度を大幅に向上させることが可能になります．

13.9.1 訓練データとテストデータに分ける

それでは，PyTorch を用いた CNN の実装を始めましょう．

まず，訓練データに対して，データ拡張の手法として，画像の回転，リサイズ，および左右反転を行い，画像を正規化します．DataLoader は，訓練データとテストデータでそれぞれ設定しますが，テストデータにはミニバッチ法を適用しないので，バッチサイズはもとのデータのサンプル数に設定します．

torchvision.datasets モジュールでは，MNIST や CIFAR-10 などのデータセットはすでに訓練用とテスト用に分けられています．CIFAR-10 の場合，60,000 枚の画像があり，そのうち 50,000 枚が訓練用で，10,000 枚がテスト用とされています．引数 train=True を指定すると，訓練用のデータセットがロードされ，train=False を指定するとテスト用のデータセットがロードされます．また，引数 transform に transforms.Compose クラスで作成した一連の変換を渡すことで，データロード後に指定した変換が自動的に適用されます．

以下のコードでは，訓練データとテストデータを分け，それぞれに適切なデータ拡張と正規化を行い，DataLoader を設定しています．

ソースコード 13.3: 訓練データとテストデータに分ける

```
# 回転(-15～15度)とリサイズ(0.8～1.2倍)の変換を定義
affine =【自分で補おう】
# 左右反転の変換を定義
flip = transforms.RandomHorizontalFlip(p=0.5)
# 平均値を 0，標準偏差を 1に正規化する変換を定義
normalize = transforms.Normalize((0.0, 0.0, 0.0), (1.0, 1.0, 1.0))
# PyTorch のテンソルへの変換を定義
to_tensor = transforms.ToTensor()

# 訓練データ用の変換を組み合わせる
transform_train = transforms.Compose([affine, flip, to_tensor, normalize])
# テストデータ用の変換を組み合わせる
transform_test = transforms.Compose([to_tensor, normalize])

# 訓練データとテストデータを読み込み変換を適用する
cifar10_train = CIFAR10("./data", train=True, download=True, transform=transform_train)
cifar10_test = CIFAR10("./data", train=【自分で補おう】, download=True, transform=transform_test)

# DataLoader を設定する
batch_size = 64  # ミニバッチのサイズ
train_loader = DataLoader(cifar10_train, batch_size=batch_size, shuffle=True)  # 訓練データ用
# テストデータ用，テストデータにはミニバッチを適用しない
test_loader = DataLoader(cifar10_test, batch_size=len(【自分で補おう】), shuffle=False)
```

上記のコードにより，データ拡張が施された訓練データと，正規化だけが行われたテストデータがそれぞれ用意されます．これらのデータを用いて，次のステップであるネットワークの構築と学習を進めていきます．

13.9.2 モデルの構築

モデルは nn モジュールを継承したクラスとして構築します．過学習を抑制するため，特定のニューロンをランダムに「ドロップアウト」させる手法を導入します．ドロップアウトは 12 章でも述べましたが，学習時に特定のニューロンを無効化し，他のニューロンがその役割を補うことで，モデルがデータに過剰に適合するのを防ぐ役割があります．

また，`torch.nn.functional` モジュールには，`torch.nn` モジュール内の各レイヤーの関数版が用意されています．ソースコード 13.4 の 2 行目のように `functional` という名前でインポートされるのが一般的です．ReLU のような活性化関数やプーリング関数などは，更新すべきバイアスや重みを持っていません．そのため，このような関数に対しては，`torch.nn.Module` を継承したクラスのインスタンスを生成して利用するのではなく，`torch.nn.functional` をそのまま使うと，プログラムがすっきりと書けます．

なお，23 行目の `view` はテンソルの形状を変更する関数で，第 1 引数を`-1` にすることで，第 2 引数で指定した値に応じてサイズを自動的に調整します．

ソースコード 13.4: モデルの構築

```
import torch.nn as nn
import torch.nn.functional as functional  # nn.functional を functional としてインポート

class Net(nn.Module):
    def __init__(self):
        super().__init__()
        # Conv2d：畳み込み層を定義（入力チャンネル数，フィルタ数，フィルタサイズ）
        self.conv1 = nn.Conv2d(3, 6, 5)
        # MaxPool2d：プーリング層を定義（領域のサイズ，ストライド）
        self.pool = nn.MaxPool2d(2, 2)
        self.conv2 = nn.Conv2d(6, 16, 5)
        # Linear：全結合層を定義（入力ノード数，出力ノード数）
        self.fc1 = nn.Linear(16*5*5,【自分で補おう】)
        # Dropout：ドロップアウトを定義（p=ドロップアウト率）
        self.dropout = nn.Dropout(p=0.5)
        self.fc2 = nn.Linear(256,【自分で補おう】)

    def forward(self, x):
        # ReLU 活性化関数を適用後にプーリング
        x = self.pool(functional.relu(self.conv1(x)))
        x =【自分で補おう】
        # view：テンソルの形状を変更（-1を使用して自動的に形状調整）
        x = x.view(-1, 16*5*5)
        x = functional.relu(self.fc1(x))
        # ドロップアウト層を適用
        x = self.dropout(x)
        x =【自分で補おう】
        return x

# インスタンス化
network = Net()
# CPU で処理する場合は「.cpu()」，GPU で処理する場合は「.cuda()」を利用
network.cpu()
print(network)
```

実行例

```
Net(
  (conv1): Conv2d(3, 6, kernel_size=(5, 5), stride=(1, 1))
  (pool): MaxPool2d(kernel_size=2, stride=2, padding=0, dilation=1, ceil_mode=False)
  (conv2): Conv2d(6, 16, kernel_size=(5, 5), stride=(1, 1))
  (fc1): Linear(in_features=400, out_features=256, bias=True)
  (dropout): Dropout(p=0.5, inplace=False)
  (fc2): Linear(in_features=256, out_features=10, bias=True)
)
```

なお，stride=(1, 1) は，縦と横のストライドが 1 であることを示しています．

図 13.9 にソースコード 13.4 で構築したモデルの概略を示します．

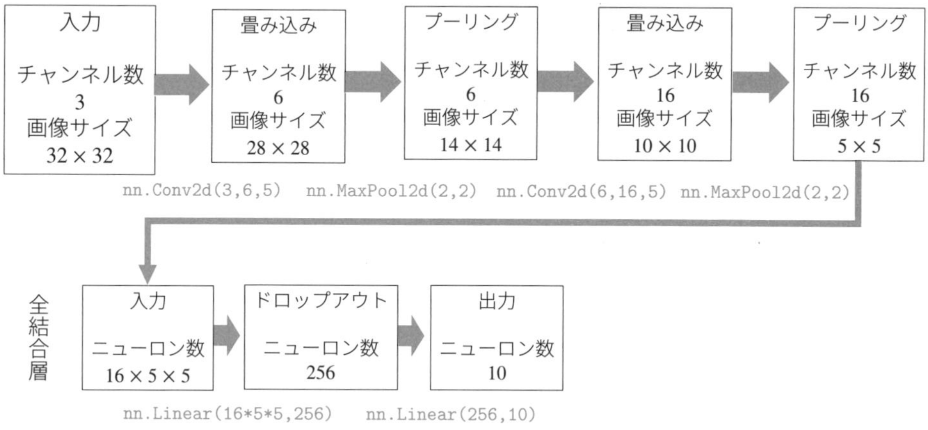

図 13.9: ソースコード 13.4 のモデル

畳み込みやプーリングを行った後の画像サイズを理解しておくことは重要です．画像サイズがわかると，**nn.Linear(16*5*5,256)** の意味がわかると思います．ここでは，各層での出力画像サイズについて具体的に見ていきましょう．

8 行目 出力のチャンネル数はフィルタ数と同じですから，次の層への入力画像のチャンネル数は 6 になります．もとの入力画像のサイズが 32×32 であり，フィルタサイズが 5 で，パディングがなく，ストライドが 1 であるため，出力画像のサイズは $(32 - 5) + 1 = 28$，すなわち 28×28 になります．

10 行目 28×28 画像に対して 2×2 のプーリングを行うため，結果として得られる画像サイズは 14×14 になります．

11 行目 14×14 の画像に対して，フィルタサイズが 5 の畳み込みを行うため，出力画像のサイズは $(14 - 5) + 1 = 10$，すなわち 10×10 となります．これに対して 2×2 のプーリングを行うと，出力画像サイズは最終的に 5×5 となります．

13.9.3 モデルの学習

次に，DataLoader を用いて，学習用データからミニバッチを取り出して学習します．評価する際には，ミニバッチ法は使用せず，テストデータ全体を用いて一度に誤差を計算します．

大規模なデータセットや複雑なモデルに対する学習は時間がかかるため，初めてプログラムを実行する際には，エポック数を減らしてプログラムの動作を確認することをおすすめします．

ソースコード 13.5: モデルの学習

```
【必要なライブラリ等のインポート】

# 交差エントロピー誤差関数を設定
loss_func = 【自分で補おう】

# 最適化アルゴリズムとしてAdam を設定
optimizer = optim.Adam(network.parameters())

# 訓練とテストの損失を保存するためのリスト
record_loss_train = []
record_loss_test = []

```

```
13 # テストデータを一度だけ読み込む
14 x_test, t_test = next(iter(test_loader))
15 x_test, t_test = x_test.cpu(), t_test.cpu() # CPU で処理
16 
17 # 学習のループ
18 for i in range(20):  # 20エポック学習
19     network.train()  # ネットワークを訓練モードに
20     loss_train = 【自分で補おう】# 初期化
21     for j, (x, t) in enumerate(train_loader):  # ミニバッチ(x, t) を取り出す
22         x, t = x.cpu(), t.cpu()  # CPU で処理
23         y = 【自分で補おう】 # ネットワークの出力を計算
24         loss = loss_func(y, t)  # 誤差を計算
25         loss_train += loss.item()
26         【自分で補おう】 # 勾配をゼロに
27         loss.backward()  # 逆伝播で勾配を計算
28         【自分で補おう】 # パラメータの更新
29     loss_train /= j+1  # 平均誤差を計算
30     record_loss_train.append(loss_train)  # 誤差を保存
31 
32     network.eval() # ネットワークを評価モードに
33     y_test = 【自分で補おう】 # テストデータの出力を計算
34     loss_test = loss_func(y_test, t_test).item()  # テストデータの誤差を計算
35     record_loss_test.append(loss_test)  # テストデータの誤差を保存
36     # 学習状況を表示，小数点以下 7桁まで表示する
37     print(f"Epoch: {i} Loss_Train: {loss_train:.7f} Loss_Test: {loss_test:.7f}")
38 
39 # 誤差の推移を表示
40 plt.plot(range(len(record_loss_train)), record_loss_train, label="Train")
41 plt.plot(【自分で補おう】)
42 plt.legend()
43 
44 plt.xlabel("Epochs")
45 plt.ylabel("Error")
46 plt.show()
```

訓練データが 50,000 枚で，バッチサイズが 64 なので，1 エポックあたりのミニバッチの数は $50000 \div 64 = 781.75$ となります．この値は第 17〜37 行における学習のループ内で j に相当します．

実行例

```
Epoch: 0 Loss_Train: 1.8113316 Loss_Test: 1.6216503
Epoch: 1 Loss_Train: 1.5835734 Loss_Test: 1.4452657
Epoch: 2 Loss_Train: 1.5139861 Loss_Test: 1.4089142
【途中省略】
Epoch: 18 Loss_Train: 1.2356776 Loss_Test: 1.0988461
Epoch: 19 Loss_Train: 1.2251381 Loss_Test: 1.0736434
```

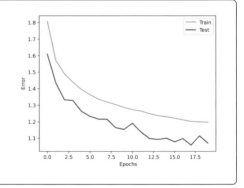

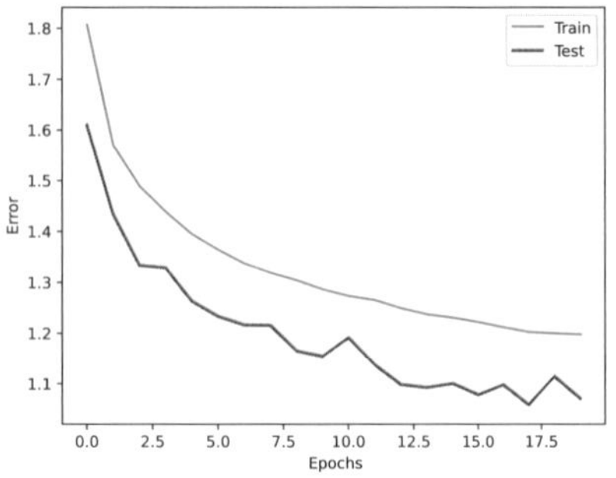

13.9.4 正解率の計算と予測

scikit-learn の accuracy_score 関数を使用して，正解率を計算します．accuracy_score は PyTorch のテンソル型を直接受け取ることはできません．そのため，.tolist() メソッドを利用してリストに変換します．また，PyTorch の torch.argmax 関数を使用して，結果を 1 次元のテンソルとして返します．

ソースコード 13.6: 正解率の計算

```
【必要なライブラリ等のインポート】

x_test, t_test = next(iter(test_loader))
y_test = network(x_test) # テストデータから予測値を計算

# accuracy_score で正解率を計算，tolist メソッドでテンソルをリストに変換
print("正解率 (test):", 【自分で補おう】)
```

ここでは，テストデータのターゲット値と予測値から正解率を計算しています．

実行例

```
正解率 (test)： 0.6204
```

最後に，画像を訓練済みのモデルに入力し，予測を 10 回行います．

ソースコード 13.7: 予測

```
cifar10_loader = DataLoader(cifar10_test, batch_size=1, shuffle=True)
dataiter = iter(cifar10_loader)
for _ in range(10): # 10回予想する
    images, labels = next(dataiter) # サンプルを 1つだけ取り出す
    plt.imshow(【自分で補おう】) # チャンネルを一番後ろに
    plt.tick_params(【自分で補おう】) # ラベルと目盛りを非表示に
    plt.show()
    【自分で補おう】 # 評価モード
    x = images.cpu() # CPU で処理
    y = 【自分で補おう】 # 予測
    print("正解:", cifar10_classes[labels[0]],
      "予測結果:", cifar10_classes[y.argmax().item()])
```

ここでは，テストデータの画像を取得し，それに対する予測結果を表示しています．

実行例

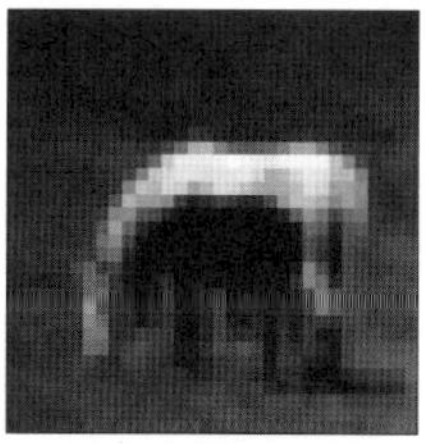

正解： horse，予測結果： automobile

正解： automobile，予測結果： truck

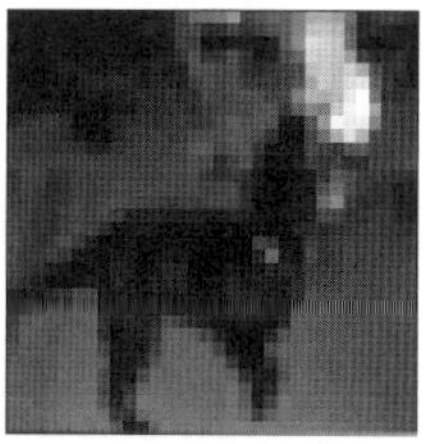

正解： dog，予測結果： frog

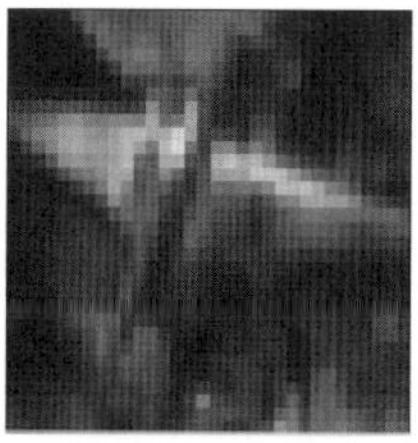

正解： airplane，予測結果： horse

課題 13.3　ソースコード 13.3〜13.7 の実行結果を確認せよ．また，エポック数，畳み込み層，プーリング層，ドロップアウトなどのパラメータを変更して，プログラムを実行し，これらの結果に対する自分の考えや解釈を述べよ．

第 14 章
再帰型ニューラルネットワーク（RNN）

本章では再帰型ニューラルネットワーク（RNN）について学びます．RNN は，深層学習モデルの一種であり，これまで学んだような一般的なニューラルネットワークや畳み込みニューラルネットワーク（CNN）とは異なり，時系列データを扱うのに特化したネットワークです．

時系列データ（time series data）とは，時間とともに変化するデータのことを指します．音声，動画，株価の推移，天候の変化など，私たちの身の周りには時系列データがあふれています．これらのデータを処理するためには，過去のデータから未来のデータを予測することが重要となります．これは，時間的な連続性やパターンを理解するために，データの「過去」を覚えておく必要があることを意味します．この「記憶」をニューラルネットワークに組み込むために開発されたのが RNN です．

14.1　RNN の 概 要

再帰型ニューラルネットワーク（**RNN**：Recurrent Neural Network）は，中間層がループする特殊な構造を持つニューラルネットワークです．図 14.1 がその構造を示しています．

この中間層の出力は，次の入力とともに再度中間層への入力となります．このような自己参照的なループ構造は「再帰」と呼ばれます．RNN では，中間層が前の時刻の中間層の影響を受けるため，全体のネットワークが過去の情報を引き継ぐことが可能です．つまり，RNN は過去の状態を記憶し，その情報を用いて現時点での出力を決定します．

また，RNN は自然言語や音声といった長さが変動するデータに対して柔軟に対応できます．これは，RNN が時間の経過とともに変化するデータ，すなわち時系列データを扱うのに適しているためです．これらの時系列データは RNN の入力となります．

この RNN のループを時間方向に展開すると，図 14.2 のようになります．図 14.2 のように出力層はすべての時刻で使用することもあるし，図 14.3 のように最後の時刻の出力のみを使用することもあります．

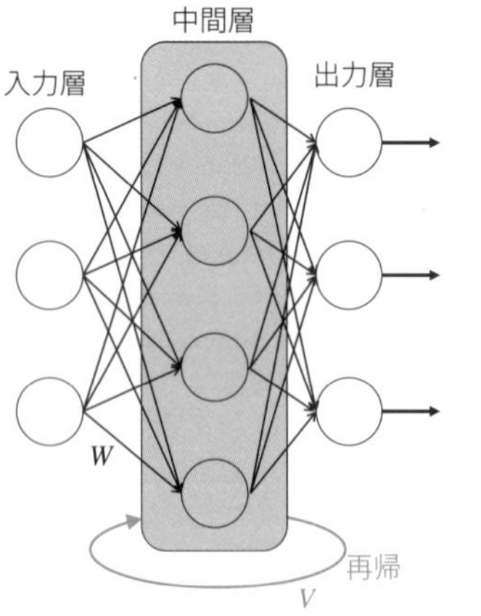

図 14.1: RNN のイメージ

このように展開した際に中間層が時系列で連続している構造を見ると，ある意味で深い層のニューラルネットワークと見なすことができます．RNN はバックプロパゲーションにより学習できますが，誤差の伝播の方法は通常のニューラルネットワークとは異なります．RNN では誤差は過去に遡って伝播しますが，ある時刻における誤差の出力の勾配は，出力層から遡ってきた出力の勾配と，次の時刻から戻ってきた出力の勾配の和になります．全時刻にわたってこのように誤差を遡らせて勾配を計算し，重みとバイアスを更新します．

このように RNN を時間方向に展開し，順伝播型ネットワークと見なした上で，誤差逆伝播計算を行う方法を **BPTT 法**（BackPropagation Through Time method）と呼びます．また，BPTT 法による計算を行う際には，時系列データを適当な長さで区切り，その範囲で計算を行います．この計算区間を T ステップとします．

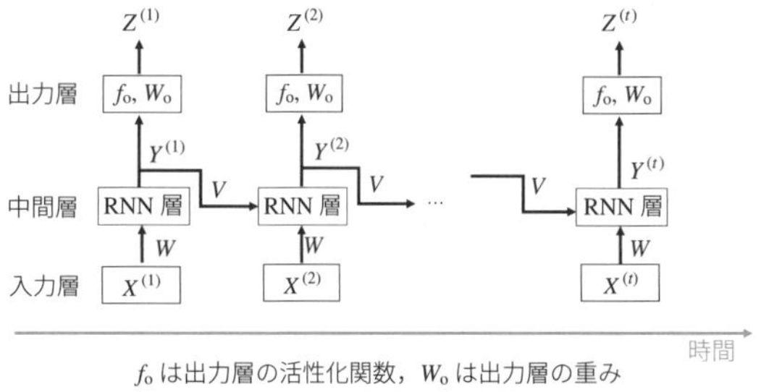

図 14.2: 各時刻に出力層あり

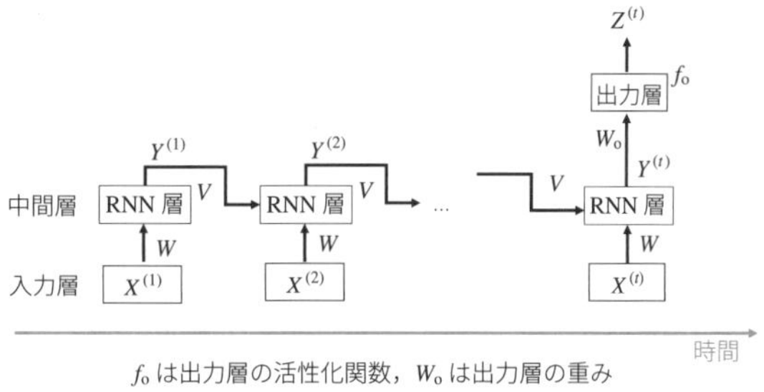

図 14.3: 最終時刻のみ出力層あり

14.2　RNN 層の順伝播

RNN 層の順伝播について詳しく見ていきましょう．RNN の順伝播は，基本的には全結合層や畳み込み層の順伝播と同じように，重み付けされた入力とバイアスの和を活性化関数で処理するという流れが基本となります．しかしながら，RNN では 1 つ前の時刻の出力（隠れ状態）も考慮に入れるという特徴があります．

14.2.1　順伝播の概要

時刻 t における入力と重みの行列積に，前の時刻の出力と重みの行列積，およびバイアスを足し合わせ，活性化関数で処理して時刻 t の出力を決定します．時刻 t の出力 $Y(t)$ は，下の層に伝播するだけでなく，次の時刻への入力としても利用されます．

全結合層では，以下の行列を用いた式で順伝播を表現することができました．

$$U = XW + B,$$
$$Y = f(U)$$

一方，RNN 層では，上記をさらに拡張した以下の式で順伝播を表現します．

$$U^{(t)} = X^{(t)}W + Y^{(t-1)}V + B, \quad Y^{(t)} = f(U^{(t)}) \tag{14.1}$$

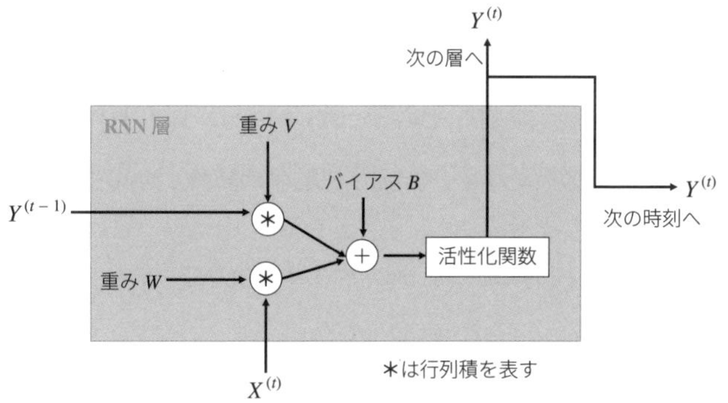

図 14.4: RNN の順伝播

ここで，$X^{(t)}$ は時刻 t における入力，W はそれにかける重みの行列，$Y^{(t-1)}$ は 1 つ前の時刻 $t-1$ における出力，V はそれにかける重みの行列，B はバイアス，そして f は活性化関数を示しています．V と W は異なる重み行列を指しますが，時間依存性はありません，すなわち各時刻において共通です．また，上記ではバイアス B を行列として表現していますが，実際にはベクトルです．数式の表記の都合上，同じベクトルを複数行並べて行列として扱っています．

初期出力 $Y^{(0)}$ が与えられているとき，$t=2$ とすれば，以下のように展開できます．

$$\begin{aligned} U^{(2)} &= X^{(2)}W + Y^{(1)}V + B = X^{(2)}W + f(U^{(1)})V + B \\ &= X^{(2)}W + f(X^{(1)}W + Y^{(0)}V + B)V + B \end{aligned}$$

このように，RNN では前時刻の出力が現在の出力計算に用いられるため，時間的な連続性を持つデータの特性を捉えることが可能となります．

14.2.2 順伝播の計算

式 (14.1) における $U^{(t)}$ は，次のように表現されます．

$$U^{(t)} = \begin{bmatrix} u_{11}^{(t)} & u_{12}^{(t)} & \cdots & u_{1n}^{(t)} \\ u_{21}^{(t)} & u_{22}^{(t)} & \cdots & u_{2n}^{(t)} \\ \vdots & \vdots & \ddots & \vdots \\ u_{h1}^{(t)} & u_{h2}^{(t)} & \cdots & u_{hn}^{(t)} \end{bmatrix}$$

ここで，h はバッチサイズ，n は**隠れ状態ベクトル**（hidden state layer）の次元を示します．隠れ状態ベクトルとは，RNN の出力を指すもので，この行列の各行はバッチ内の各サンプル，各列はこの層における各ニューロンを示しています．たとえば，$u_{12}^{(t)}$ はバッチ内の 1 つ目のサンプル，層内の 2 つ目のニューロン，時刻 t におけるスカラー値を示します．

式 (14.1) を各要素で展開すると，以下のようになります．ここで，m は入力ベクトルの次元です．

$$\begin{aligned} U^{(t)} &= X^{(t)}W + Y^{(t-1)}V + B \\ &= \begin{bmatrix} x_{11}^{(t)} & x_{12}^{(t)} & \cdots & x_{1m}^{(t)} \\ x_{21}^{(t)} & x_{22}^{(t)} & \cdots & x_{2m}^{(t)} \\ \vdots & \vdots & \ddots & \vdots \\ x_{h1}^{(t)} & x_{h2}^{(t)} & \cdots & x_{hm}^{(t)} \end{bmatrix} \begin{bmatrix} w_{11} & w_{12} & \cdots & w_{1n} \\ w_{21} & w_{22} & \cdots & w_{2n} \\ \vdots & \vdots & \ddots & \vdots \\ w_{m1} & w_{m2} & \cdots & w_{mn} \end{bmatrix} \\ &\quad + \begin{bmatrix} y_{11}^{(t-1)} & y_{12}^{(t-1)} & \cdots & y_{1n}^{(t-1)} \\ y_{21}^{(t-1)} & y_{22}^{(t-1)} & \cdots & y_{2n}^{(t-1)} \\ \vdots & \vdots & \ddots & \vdots \\ y_{h1}^{(t-1)} & y_{h2}^{(t-1)} & \cdots & y_{hn}^{(t-1)} \end{bmatrix} \begin{bmatrix} v_{11} & v_{12} & \cdots & v_{1n} \\ v_{21} & v_{22} & \cdots & v_{2n} \\ \vdots & \vdots & \ddots & \vdots \\ v_{n1} & v_{n2} & \cdots & v_{nn} \end{bmatrix} + \begin{bmatrix} b_1 & b_2 & \cdots & b_n \\ b_1 & b_2 & \cdots & b_n \\ \vdots & \vdots & \ddots & \vdots \\ b_1 & b_2 & \cdots & b_n \end{bmatrix} \end{aligned}$$

V は，前の時刻 $t-1$ の出力と現在の時刻 t の出力の数が同じなので正方行列になりますが，W は正方行列とは限りません．

この式は，行列積により以下の形になります．

$$\begin{aligned} U^{(t)} &= \begin{bmatrix} u_{11}^{(t)} & \cdots & u_{1n}^{(t)} \\ \vdots & \ddots & \vdots \\ u_{h1}^{(t)} & \cdots & u_{hn}^{(t)} \end{bmatrix} \\ &= \begin{bmatrix} \sum_{k=1}^{m} x_{1k}^{(t)} w_{k1} + \sum_{k=1}^{n} y_{1k}^{(t-1)} v_{k1} + b_1 & \cdots & \sum_{k=1}^{m} x_{1k}^{(t)} w_{kn} + \sum_{k=1}^{n} y_{1k}^{(t-1)} v_{kn} + b_n \\ \vdots & \ddots & \vdots \\ \sum_{k=1}^{m} x_{hk}^{(t)} w_{k1} + \sum_{k=1}^{n} y_{hk}^{(t-1)} v_{k1} + b_1 & \cdots & \sum_{k=1}^{m} x_{hk}^{(t)} w_{kn} + \sum_{k=1}^{n} y_{hk}^{(t-1)} v_{kn} + b_n \end{bmatrix} \end{aligned} \tag{14.2}$$

そして，行列 $U^{(t)}$ のすべての要素に活性化関数 f を適用すると，以下のような結果が得られます．

$$Y^{(t)} = f(U^{(t)}) = \begin{bmatrix} f(u_{11}^{(t)}) & f(u_{12}^{(t)}) & \cdots & f(u_{1n}^{(t)}) \\ f(u_{21}^{(t)}) & f(u_{22}^{(t)}) & \cdots & f(u_{2n}^{(t)}) \\ \vdots & \vdots & \ddots & \vdots \\ f(u_{h1}^{(t)}) & f(u_{h2}^{(t)}) & \cdots & f(u_{hn}^{(t)}) \end{bmatrix} \tag{14.3}$$

ここでは，活性化関数として双曲線正接関数 $f(u) = \tanh u$ を使用します．ReLU に比べると双曲線正接関数は勾配消失問題が発生しやすい傾向にありますが，ロジスティック関数に比べては勾配消失の問題が発生しにくいです．双曲線正接関数はその特性から，RNN の活性化関数として頻繁に利用されます．

14.3 出力層の順伝播

出力層は全結合層として扱われます．ここでは，出力層の活性化関数を $\widetilde{f}$，重みを $\widetilde{W}$，バイアスを $\widetilde{B}$，そして出力を $Z^{(t)}$ と表記します．これらの間には次のような関係があります．

$$\begin{aligned} \widetilde{U}^{(t)} &= Y^{(t)}\widetilde{W} + \widetilde{B}, \\ Z^{(t)} &= \widetilde{f}(\widetilde{U}^{(t)}) \end{aligned} \tag{14.4}$$

最初の式 $\widetilde{U}^{(t)} = Y^{(t)}\widetilde{W} + \widetilde{B}$ においては，前の層からの出力 $Y^{(t)}$ に重み $\widetilde{W}$ を掛け，さらにバイアス $\widetilde{B}$ を加えることで全結合層の総入力 $\widetilde{U}^{(t)}$ が得られます．次に，式 $Z^{(t)} = \widetilde{f}(\widetilde{U}^{(t)})$ により，総入力 $\widetilde{U}^{(t)}$ を活性化関数 $\widetilde{f}$ に通すことで，最終的な出力 $Z^{(t)}$ が得られます．この一連の流れは出力層の順伝播の基本的な仕組みとなります．

これを見てわかるように，出力層の設計は他の順伝播型ネットワークと基本的には同じです．損失関数についても同様の視点で考えて問題ありません．たとえば，クラス数が K のクラス分類の場合，出力層のニューロン数は K とし，活性化関数にはソフトマックス関数を用います．

出力系列を $\boldsymbol{z}^{(1)}, \boldsymbol{z}^{(2)}, \ldots, \boldsymbol{z}^{(T)}$，その目標値（正解値）を $\boldsymbol{d}^{(1)}, \boldsymbol{d}^{(2)}, \ldots, \boldsymbol{d}^{(T)}$ とし，さらに n 番目の訓練データの時刻 t の要素を $\boldsymbol{x}_n^{(t)}$（$n = 1, 2, \ldots, N$），n 番目の訓練データの系列長を T_n とします．これらの条件下で，損失関数は次の式で表されます．

$$E = -\sum_{n=1}^{N}\sum_{t=1}^{T_n}\sum_{k=1}^{K} d_{nk}^{(t)} \log z_k^{(t)}(\boldsymbol{x}_n^{(t)})$$

ここで，$d_{nk}^{(t)}$ は n 番目の訓練データの時刻 t での目標出力であり，それに対応する RNN の出力が $z_k^{(t)}$ です．$z_k^{(t)}$ が $\boldsymbol{x}_n^{(t)}$ に依存していることを明記するために $z_k^{(t)}(\boldsymbol{x}_n^{(t)})$ と表記しています．

なお，回帰の場合の損失関数も，同様の考え方で定義できます．第 14.9 節では回帰の場合を扱います．

14.4 RNN 層の逆伝播

この節では，RNN 層の逆伝播について詳しく説明します．逆伝播の全体的なプロセスを図 14.5 に示します．

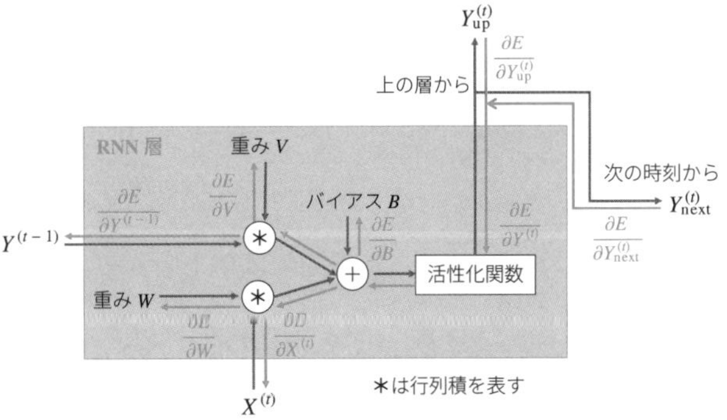

図 14.5: RNN 層の逆伝播

RNN 層の逆伝播における重要なポイントの 1 つは，順伝播で分岐した勾配が逆伝播では合算されるという点です．具体的には，損失関数を E とするとき，$\frac{\partial E}{\partial Y^{(t)}}$ は，上の層から伝播してくる勾配 $\frac{\partial E}{\partial Y_{\mathrm{up}}^{(t)}}$ と，次の時間ステップから伝播してくる勾配 $\frac{\partial E}{\partial Y_{\mathrm{next}}^{(t)}}$ の和として計算されます．つまり，以下の関係が成り立ちます．

$$\frac{\partial E}{\partial Y^{(t)}} = \frac{\partial E}{\partial Y_{\mathrm{up}}^{(t)}} + \frac{\partial E}{\partial Y_{\mathrm{next}}^{(t)}} \tag{14.5}$$

これにより，過去の情報が現在に影響を与える一方で，未来の情報も同時に現在の学習に影響を与えることができます．これが RNN の特徴的な逆伝播の仕組みです．

14.4.1 逆伝播の計算

まず，式 (14.2) および (14.3) における行列の各要素を以下のように表現します．

$$u_{ij}^{(t)} = \sum_{k=1}^{m} x_{ik}^{(t)} w_{kj} + \sum_{k=1}^{n} y_{ik}^{(t-1)} v_{kj} + b_{ij},$$
$$y_{ij}^{(t)} = f(u_{ij}^{(t)}) \quad (i = 1, 2, \ldots, h,\ j = 1, 2, \ldots, n)$$

次に，入力 $x_{ij}^{(t)}$ に関連する重み w_{ij} の勾配を求めます．ここで，E は出力層の誤差関数を示します．

$$\frac{\partial E}{\partial w_{ij}} = \sum_{t=1}^{T} \sum_{l=1}^{h} \frac{\partial E}{\partial u_{lj}^{(t)}} \frac{\partial u_{lj}^{(t)}}{\partial w_{ij}} = \sum_{l=1}^{h} \frac{\partial E}{\partial u_{ij}^{(1)}} \frac{\partial u_{lj}^{(1)}}{\partial w_{ij}} + \cdots + \sum_{l=1}^{h} \frac{\partial E}{\partial u_{ij}^{(T)}} \frac{\partial u_{lj}^{(T)}}{\partial w_{ij}} \tag{14.6}$$

さらに，

$$\frac{\partial u_{lj}^{(t)}}{\partial w_{ij}} = \frac{\partial \left(\sum_{k=1}^{m} x_{lk}^{(t)} w_{kj} + \sum_{k=1}^{n} y_{lk}^{(t-1)} v_{kj} + b_{lj} \right)}{\partial w_{ij}} = x_{li}^{(t)}$$

となります．ここで，$\delta_{lj}^{(t)} = \frac{\partial E}{\partial u_{lj}^{(t)}}$ とおけば，

$$\frac{\partial E}{\partial w_{ij}} = \sum_{t=1}^{T} \sum_{l=1}^{h} x_{li}^{(t)} \delta_{lj}^{(t)} \tag{14.7}$$

となります．この式と全結合層の式との違いは，時間方向に総和をとるという点です．

これに基づいて，前の時間の出力 $y_{ij}^{(t-1)}$ に関連する重み v_{ij} の勾配は以下のように求められます．

$$\frac{\partial E}{\partial v_{ij}} = \sum_{t=1}^{T} \sum_{l=1}^{h} y_{li}^{(t-1)} \delta_{lj}^{(t)} \tag{14.8}$$

バイアス b_{ij} に関する勾配も同様にして時間方向に総和をとる形で求めることができます．

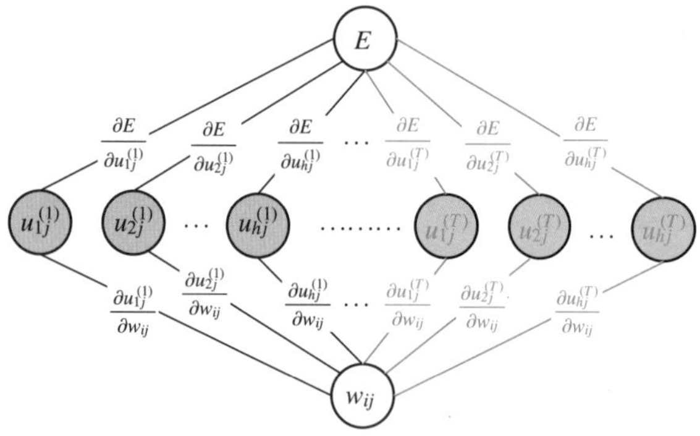

図 14.6: 連鎖律 (14.6) の対応

$$\frac{\partial E}{\partial b_{ij}} = \sum_{t=1}^{T} \sum_{l=1}^{h} \delta_{lj}^{(t)} \tag{14.9}$$

ある時刻 t における入力 $x_{ij}^{(t)}$ の勾配は以下の式で求められます．

$$\frac{\partial E}{\partial x_{ij}^{(t)}} = \sum_{l=1}^{n} \frac{\partial E}{\partial u_{il}^{(t)}} \frac{\partial u_{il}^{(t)}}{\partial x_{ij}^{(t)}} = \sum_{l=1}^{n} w_{jl} \delta_{il}^{(t)} \quad (i = 1, 2, \ldots, h,\ j = 1, 2, \ldots, m) \tag{14.10}$$

これは，RNN 層の上に別の層が存在する場合に，その層の勾配を求めるために利用します．

前の時間 $t-1$ における出力 $y_{ij}^{(t-1)}$ の勾配についても，入力の勾配と同様の方法で求めることができます．

$$\frac{\partial E}{\partial y_{ij}^{(t-1)}} = \sum_{l=1}^{n} \frac{\partial E}{\partial u_{il}^{(t)}} \frac{\partial u_{il}^{(t)}}{\partial y_{ij}^{(t-1)}} = \sum_{l=1}^{n} v_{jl} \delta_{il}^{(t)} \quad (i = 1, 2, \ldots, h,\ j = 1, 2, \ldots, n) \tag{14.11}$$

なお,

$$\delta_{ij}^{(t)} = \frac{\partial E}{\partial u_{ij}^{(t)}} = \frac{\partial E}{\partial y_{ij}^{(t)}} \frac{\partial y_{ij}^{(t)}}{\partial u_{ij}^{(t)}}$$

であり, $\frac{\partial E}{\partial y_{ij}^{(t)}}$ は前の時刻と出力層からの伝播により求められ, $\frac{\partial y_{ij}^{(t)}}{\partial u_{ij}^{(t)}}$ は活性化関数の偏微分により求められます.

ここで, 活性化関数を $y(u) = \tanh u$ とすれば,

$$y' = \frac{(e^u - e^{-u})'(e^u + e^{-u}) - (e^u - e^{-u})(e^u + e^{-u})'}{(e^u + e^{-u})^2} = \frac{(e^u + e^{-u})^2 - (e^u - e^{-u})^2}{(e^u + e^{-u})^2} = 1 - y^2$$

であり, これが $\frac{\partial y_{ij}^{(t)}}{\partial u_{ij}^{(t)}}$ に相当します.

14.4.2 逆伝播の行列表示

入力に対する損失関数の勾配は次のようになります.

$$\frac{\partial E}{\partial W} = \sum_{t=1}^{T} {}^t X^{(t)} \varDelta^{(t)} = \sum_{t=1}^{T} \begin{bmatrix} x_{11}^{(t)} & x_{21}^{(t)} & \cdots & x_{h1}^{(t)} \\ x_{12}^{(t)} & x_{22}^{(t)} & \cdots & x_{h2}^{(t)} \\ \vdots & \vdots & \ddots & \vdots \\ x_{1m}^{(t)} & x_{2m}^{(t)} & \cdots & x_{hm}^{(t)} \end{bmatrix} \begin{bmatrix} \delta_{11}^{(t)} & \delta_{12}^{(t)} & \cdots & \delta_{1n}^{(t)} \\ \delta_{21}^{(t)} & \delta_{22}^{(t)} & \cdots & \delta_{2n}^{(t)} \\ \vdots & \vdots & \ddots & \vdots \\ \delta_{h1}^{(t)} & \delta_{h2}^{(t)} & \cdots & \delta_{hn}^{(t)} \end{bmatrix}$$

ここで, h はバッチサイズ, m は入力ベクトルの次元です. したがって, ${}^t X^{(t)}$ および $\varDelta^{(t)}$ はそれぞれ $h \times m$ および $h \times n$ の次元を持つ行列となります.

行列の各要素は, バッチ内のデータ点および時間ステップ全体での総和をとったものになります. したがって, あるバッチ内での勾配は, 各データ点における勾配の総和で求めることができます. これは, 式 (14.7) によってバッチ処理に対応しています.

次に, 前の時間ステップの出力に対する重み行列 V の勾配について考えます.

$$\frac{\partial E}{\partial V} = \sum_{t=1}^{T} {}^t Y^{(t-1)} \varDelta^{(t)} = \sum_{t=1}^{T} \begin{bmatrix} y_{11}^{(t-1)} & y_{21}^{(t-1)} & \cdots & y_{h1}^{(t-1)} \\ y_{12}^{(t-1)} & y_{22}^{(t-1)} & \cdots & y_{h2}^{(t-1)} \\ \vdots & \vdots & \ddots & \vdots \\ y_{1n}^{(t-1)} & y_{2n}^{(t-1)} & \cdots & y_{hn}^{(t-1)} \end{bmatrix} \begin{bmatrix} \delta_{11}^{(t)} & \delta_{12}^{(t)} & \cdots & \delta_{1n}^{(t)} \\ \delta_{21}^{(t)} & \delta_{22}^{(t)} & \cdots & \delta_{2n}^{(t)} \\ \vdots & \vdots & \ddots & \vdots \\ \delta_{h1}^{(t)} & \delta_{h2}^{(t)} & \cdots & \delta_{hn}^{(t)} \end{bmatrix}$$

これは, 前述と同様に, 転置行列と行列積をバッチ内で総和をとり, さらに時間ステップ全体で総和をとることで求めることができます. この結果は式 (14.8) によって表されます.

バイアスの勾配は以下のようになります.

$$\frac{\partial E}{\partial B} = \sum_{t=1}^{T} \begin{bmatrix} \sum_{k=1}^{h} \delta_{k1}^{(t)} & \sum_{k=1}^{h} \delta_{k2}^{(t)} & \cdots & \sum_{k=1}^{h} \delta_{kn}^{(t)} \\ \sum_{k=1}^{h} \delta_{k1}^{(t)} & \sum_{k=1}^{h} \delta_{k2}^{(t)} & \cdots & \sum_{k=1}^{h} \delta_{kn}^{(t)} \\ \vdots & \vdots & \ddots & \vdots \\ \sum_{k=1}^{h} \delta_{k1}^{(t)} & \sum_{k=1}^{h} \delta_{k2}^{(t)} & \cdots & \sum_{k=1}^{h} \delta_{kn}^{(t)} \end{bmatrix}$$

この結果からわかるように, バイアスの勾配は, 各時間ステップにおいてバッチ内のすべてのデータ点にわたる $\varDelta^{(t)}$ の総和となります. このようにバイアスの勾配は, 行がすべて同じ行列になります.

次に, 入力の勾配については, 式 (14.10) を各入力, サンプルごとに並べることで表されます. これは, $\delta^{(t)}$ の行列 $\varDelta^{(t)}$ と転置した W の行列積で求めることができます.

$$\frac{\partial E}{\partial X^{(t)}} = \Delta^{(t)t} W = \begin{bmatrix} \delta_{11}^{(t)} & \delta_{12}^{(t)} & \cdots & \delta_{1n}^{(t)} \\ \delta_{21}^{(t)} & \delta_{22}^{(t)} & \cdots & \delta_{2n}^{(t)} \\ \vdots & \vdots & \ddots & \vdots \\ \delta_{h1}^{(t)} & \delta_{h2}^{(t)} & \cdots & \delta_{hn}^{(t)} \end{bmatrix} \begin{bmatrix} w_{11} & w_{21} & \cdots & w_{m1} \\ w_{12} & w_{22} & \cdots & w_{m2} \\ \vdots & \vdots & \ddots & \vdots \\ w_{1n} & w_{2n} & \cdots & w_{mn} \end{bmatrix}$$

最後に，前の時間ステップの出力の勾配について考えます．これも，式 (14.11) を各入力，サンプルごとに並べることで表され，$\delta^{(t)}$ の行列 $\Delta^{(t)}$ と転置した V の行列積で求めることができます．

$$\frac{\partial E}{\partial Y^{(t-1)}} = \Delta^{(t)t} V = \begin{bmatrix} \delta_{11}^{(t)} & \delta_{12}^{(t)} & \cdots & \delta_{1n}^{(t)} \\ \delta_{21}^{(t)} & \delta_{22}^{(t)} & \cdots & \delta_{2n}^{(t)} \\ \vdots & \vdots & \ddots & \vdots \\ \delta_{h1}^{(t)} & \delta_{h2}^{(t)} & \cdots & \delta_{hn}^{(t)} \end{bmatrix} \begin{bmatrix} v_{11} & v_{21} & \cdots & v_{n1} \\ v_{12} & v_{22} & \cdots & v_{n2} \\ \vdots & \vdots & \ddots & \vdots \\ v_{1n} & v_{2n} & \cdots & v_{nn} \end{bmatrix}$$

ただし，最後の時間ステップについては $\Delta^{(T+1)} = O$（ゼロ行列）とします．

14.5　出力層の逆伝播

まず，次のように定義します．

$$\delta_{\text{out}}^{(t)} = \frac{\partial E}{\partial \widetilde{u}^{(t)}} \tag{14.12}$$

これにより，式 (14.7) と同様の考え方から，次の式を得ることができます．

$$\frac{\partial E}{\partial \widetilde{w}_i} = \sum_{i=1}^{T} \frac{\partial E}{\partial \widetilde{u}^{(t)}} \frac{\partial \widetilde{u}^{(t)}}{\partial \widetilde{w}_i} = \sum_{i=1}^{T} y_i^{(t)} \delta_{\text{out}}^{(t)} \tag{14.13}$$

この式は，重み $\widetilde{w}_i$ に対する損失関数 E の勾配を表しています．

次に，通常の順伝播型ネットワークにおける第 $t+1$ 層から第 t 層への逆伝播を考えます．ここで $\delta_j^{(t)} = \frac{\partial E}{\partial u_j^{(t)}}$ と定義します．これは，第 t 層のユニット j の活性化関数の入力に対する誤差の勾配を表しています．この勾配は，次のように計算されます．

$$\delta_j^{(t)} = \left(\sum_r \delta_r^{(t+1)} w_{jr} \right) \frac{\partial y_j}{\partial u_j} = \left(\sum_r \delta_r^{(t+1)} w_{jr} \right) f'(u_j^{(t)}) \tag{14.14}$$

ここで，時刻 t における中間層のユニット j は，時刻 t の出力層のユニットと時刻 $t+1$ の中間層のユニットとつながっています．したがって，式 (14.14) は次のようになります．

$$\delta_j^{(t)} = \left(\sum_r \delta_{\text{out},r}^{(t)} \widetilde{w}_{jr} + \sum_q \delta_r^{(t+1)} w_{jq} \right) f'(u_j^{(t)}) \tag{14.15}$$

なお，$\delta^{(T+1)}$ はまだ計算できないため，暫定的に $\delta_j^{(T+1)} = 0$ とします．これは，最後の時刻 $T+1$ における逆伝播の勾配が存在しないという意味です．

14.6　重みの初期値

重みの初期値は，モデルの学習効率や結果に大きな影響を与えます．活性化関数に ReLU を用いる場合には「He の初期値」を，ロジスティック関数や双曲線正接関数などの S 字カーブのときは「Xavier の初期値」を使用することが一般的です．

まず，**Xavier の初期値**（Xavier initialization）[1]とは，前の層のニューロン数を n とした場合，$\frac{1}{\sqrt{n}}$ の標準偏差を持つ分布を使うというもので，Xavier Glorot らによって 2010 年に提案されました．Xavier の初期値は，活性化関数が線形であることを前提に導かれたものです．ロジスティック関数や双曲線正接関数は左右対称であり，中心付近が線形関数と見なせるため，Xavier の初期値が適しています．

次に，**He の初期値**（He initialization）[2]とは，ReLU に特化した初期値で，前の層のニューロン数が n の場合，$\sqrt{\frac{2}{n}}$ を標準偏差とするガウス分布を用いるというものです．これは，Kaiming He らによって 2015 年に提案されました．

これらの初期値設定は，勾配の消失や爆発を防ぐために重要です．活性化関数やネットワークの構造によって適した初期値設定が変わるため，それぞれの状況に応じて適切に選択することが求められます．

14.7　RNN の問題点

RNN はその特性上，一部の問題を抱えています．その深いネットワーク構造により，何層にもわたって誤差を伝播させると，勾配が消失したり，逆に爆発したりする問題があります．特に RNN では，前の時刻からのデータに繰り返し同じ重みを掛け合わせるため，この問題は通常のニューラルネットワークに比べて顕著に現れます．

全結合層では層ごとに異なる重みを使用しますが，RNN ではすべての時刻で同じ重みを共有します．逆伝播の際は，前の時刻の出力の勾配を求めるためにこの共有された重みを使用しますが，繰り返し同じ重みを使うため勾配が偏りやすくなります．特に，勾配が 0 に近づいてしまい学習が進行しなくなる問題は，**勾配消失問題**（vanishing gradient problem）と呼ばれ，一方で勾配が急激に増大し学習が発散する問題は**勾配爆発問題**（exploding gradient problem）と呼ばれます．

これらの問題に対処するためには，さまざまなテクニックが存在します．勾配爆発問題に対しては，**勾配クリッピング**（gradient clipping）と呼ばれるテクニックが 1 つの対策となります．勾配クリッピングでは，勾配の大きさに制限をかけることにより勾配爆発を抑制します．勾配クリッピングの手順は以下の通りです．

(1)　重みパラメータを w とし，その勾配を ∇w を求める．

(2)　勾配のノルム $\|\nabla w\|_2 = \sqrt{\sum_i (\nabla w_i)^2}$ を求める．

(3)　勾配をクリップ（数値を特定の範囲に制限）する．ここでは，閾値（しきいち）を c とする．クリッピング後の勾配 ∇w_{clip} は次のように計算される．

$$\nabla w_{\mathrm{clip}} = \min\left(1, \frac{c}{\|\nabla w\|_2}\right)\nabla w$$

この式では，勾配のノルムが c を超えていた場合，勾配をそのノルムで割って c 倍することで，勾配のノルムが最大でも c になるようにしています．一方，勾配のノルムが c 以下であった場合は，勾配をそのまま使用します．このように，勾配クリッピングは勾配の大きさを制御し，重みの更新が急激に大きくなるのを防ぐことで，学習の安定化に寄与します．

また，勾配消失問題や，RNN の長期的な記憶の保持力の問題（「長期依存性」問題とも呼ばれます）に対しては，ゲート付きの RNN の構造が効果的な対策とされています．その代表例としては，**LSTM**（Long Short-Term Memory）や **GRU**（Gated Recurrent Unit）が挙げられます．これらのモデルは「ゲート」構造を持ち，必要な情報を保持しつつ不要な情報は忘れることが可能となり，長期依存性の問題が緩和されます．

---

[1]Glorot, X., & Bengio, Y. : Understanding the difficulty of training deep feedforward neural networks, Proceedings of the thirteenth international conference on artificial intelligence and statistics, pp. 249-256, (2010).

[2]He, K., Zhang, X., Ren, S., & Sun, J. : Delving deep into rectifiers: Surpassing human-level performance on imagenet classification, Proceedings of the IEEE international conference on computer vision, pp. 1026-1034, (2015).

14.8　PyTorch を用いた RNN の実装

本節では，PyTorch を使用して，RNN を実装します．まず，学習データの生成から始め，その後 RNN モデルの構築と学習の流れを見ていきましょう．

14.8.1　訓練データの作成

最初に訓練用データを生成します．ここでは，$y = \sin x$ に乱数ノイズを加えたデータを用います．また，ある時刻 `time` までのデータを入力とし，時刻 `time+1` の値を正解とします．訓練データと正解データのペアを作成するために，`torch.utils.data.TensorDataset` クラスを利用します．

ソースコード 14.1 では，入力と正解データのペアを作成し，DataLoader を使ってデータのバッチ処理を行います．このバッチ処理により，大量のデータを一度に処理するのではなく，データを小さな塊（バッチ）に分割して処理することが可能となります．

ソースコード 14.1: 訓練データの作成

```
【NumPy, Matplotlib, PyTorch, DataLoader のインポート】

# y = sin x を作成
x = np.linspace(【自分で補おう】)  # -2πから 2πまで
sin_x =【自分で補おう】 + 0.1*np.random.randn(len(x))  # sin 関数に乱数でノイズを加える

n_time = 10  # 時系列の数
n_sample = len(x)-n_time  # サンプル数
n_in = 1 # 入力層のニューロン数
n_out = 1 # 出力層のニューロン数

input_data = np.zeros((n_sample, n_time, n_in))  # 入力
correct_data = np.zeros((n_sample, n_out))  # 正解
for i in range(n_sample):
    input_data[i] = sin_x[i:i+n_time].reshape(-1, 1) # 列数が 1の 2次元配列に
    correct_data[i] = sin_x[i+n_time:i+n_time+1]  # 正解は入力よりも 1つ後

input_data = torch.tensor(input_data, dtype=torch.float)  # テンソルに変換
correct_data = torch.tensor(correct_data, dtype=torch.float)
dataset = torch.utils.data.TensorDataset(input_data, correct_data)  # データセットの作成

train_loader = DataLoader(dataset, batch_size=8, shuffle=True)  # DataLoader の設定

plt.plot(x, sin_x)
plt.show()
```

生成されたデータは右図に示されています．この図から，sin 関数にノイズが加えられていることが確認できます．

実行例

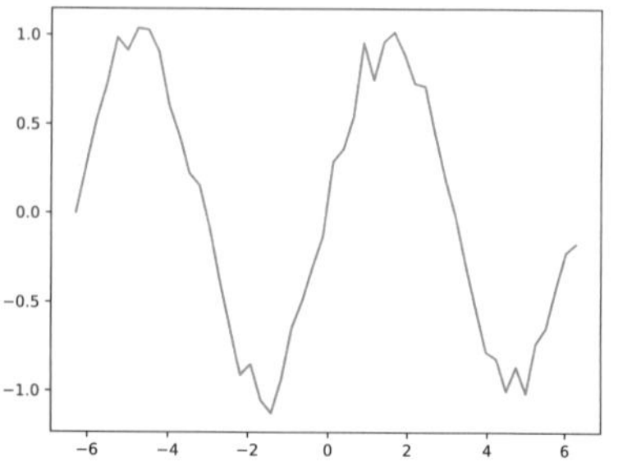

14.8.2 モデルの構築

まず，nn.Module モジュールを継承したクラスを作成します．その中で nn.RNN クラスを使用して，RNN を具体的に実装します．PyTorch では，このように自身のニューラルネットワークモデルを独自クラスとして定義することが一般的です．

ソースプログラム 14.2 では，RNN と全結合層を含むニューラルネットワークモデルを定義しています．

ソースコード 14.2: モデルの構築

```
import torch.nn as nn

class Net(nn.Module):  # nn.Module を継承したクラス Net を定義
    def __init__(self):  # 初期化メソッド
        super().__init__()  # nn.Module の初期化メソッドを呼び出す
        self.rnn = nn.RNN(  # RNN 層の定義
            input_size=1,  # 入力サイズ
            hidden_size=64,  # ニューロン数
            batch_first=True,  # 入力を(バッチサイズ，時系列の数，入力の数)の形式にする
        )
        self.fc = nn.Linear(64, 1)  # 全結合層の定義

    def forward(self, x):  # フォワードパスの定義
        y_rnn, h = self.rnn(x, None)  # RNN 層の計算，h は次の時刻に渡される値，初期値はNone で 0
        y = self.fc(y_rnn[:, -1, :])  # 全結合層の計算，y は最後の時刻の出力
        return y  # 出力を返す

network = Net()  # Net クラスのインスタンスを生成
print(network)  # ネットワークの構造を出力
```

実行例

```
Net(
  (rnn): RNN(1, 64, batch_first=True)
  (fc): Linear(in_features=64, out_features=1, bias=True)
)
```

出力結果は，定義したニューラルネットワークの構造を表示しています．RNN の層と全結合層が含まれていることが確認できます．

14.8.3 モデルの学習と予測

ここでは，DataLoader を利用してミニバッチを取得し，学習と評価を行う方法を説明します．学習済みのモデルを用いて新たな時系列データの予測を行い，その結果を正解データと比較する手順も示します．訓練したモデルを活用して，直近の時系列を用いた予測結果を逐次的に時系列に追加することで，一連の曲線が生成されます．これにより，学習が進行するにつれて正弦波が生成される様子を観察できます．特に，この例では 5 エポックごとにその様子を描画しています．

ソースコード 14.3: モデルの学習と予測

```
【必要なライブラリ等のインポート】

# 平均 2乗誤差関数
loss_func = nn.MSELoss()

# 最適化アルゴリズム SDG を指定
```

```
optimizer =【自分で補おう】 # 学習率は0.01

# 損失のログ
record_loss_train = []

# 学習
for i in range(50):  # 50エポック学習
    network.train()  # ネットワークを訓練モードに設定
    loss_train = 0  # 訓練用のロスを初期化
    for j, (x, t) in enumerate(train_loader):  # ミニバッチ (x, t)を取り出す
        y = network(x)  # ネットワークの予測値を計算
        loss = loss_func(y, t)  # 予測値と正解値の間のロスを計算
        loss_train += loss.item()  # バッチにおけるロスを累積
        optimizer【自分で補おう】 # 勾配をゼロにリセット
        loss【自分で補おう】 # 誤差逆伝播法により勾配を計算
        optimizer【自分で補おう】 # パラメータの更新
    loss_train /= j+1  # バッチ数でロスを割って平均を求める
    record_loss_train.append(loss_train)  # このエポックでの平均ロスを記録

    if (i+1)%5 == 0:  # 5エポックごとに予測結果を描画
        print("Epoch:",【自分で補おう】, "Loss_Train:", loss_train)
        predicted = list(input_data[0].reshape(-1))  # 最初の入力データをリストに変換
        for i in range(n_sample):
            x = torch.tensor(predicted[-n_time:])  # 直近の時系列データを取得
            x = x.reshape(1, n_time, 1)  # 入力データを適切な形状に変換
            y =【自分で補おう】 # 時系列データから次のデータを予測
            predicted.append(y[0].item())  # 予測値をリストに追加

        # 正解と予測のプロット
        plt.plot(range(len(sin_x)), sin_x, label="Correct")  # 正解データ
        plt.plot(range(len(predicted)), predicted, label="Predicted")  # 予測データ
        plt.legend()  # 凡例の表示
        plt.show()  # プロットの表示
```

実行例

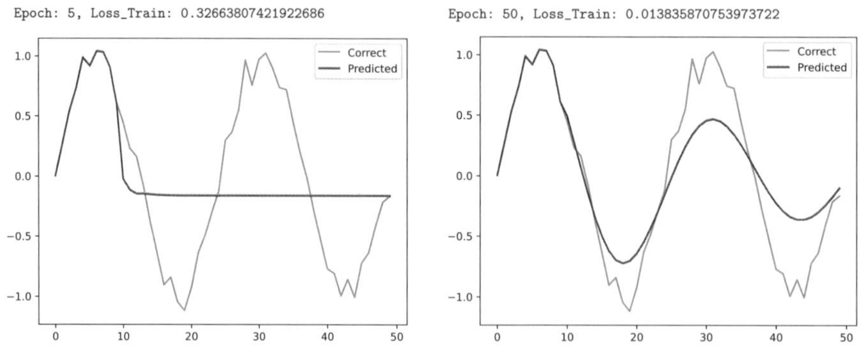

14.8.4　誤差の描画

次に，訓練データに対する誤差の推移をグラフに描画してみましょう．この過程により，モデルの学習が進行するにつれて誤差がどのように変化しているかを視覚的に確認することができます．

ソースコード 14.4: 誤差の推移

```
import matplotlib.pyplot as plt

# 訓練データに対する誤差の記録をプロット
plt.plot(range(len(record_loss_train)), 【自分で補おう】, label="Train")

plt.legend()

plt.xlabel("Epochs")  # x 軸のラベル
plt.ylabel("Error")  # y 軸のラベル
plt.show()  # グラフの描画
```

実行例

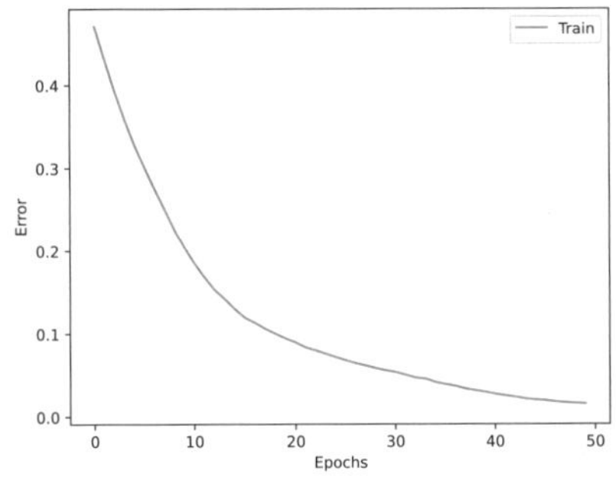

課題 14.1 ソースコード 14.1〜14.4 の実行結果を確認せよ．そして，エポック数，学習率などのパラメータを変更し，プログラムを再度実行せよ．この結果に対する自分の考えや解釈を述べよ．

14.9 Python による RNN 実装

この節では，図 14.3 に示すような出力層が 1 つの RNN を Python で実装します．詳細な数式については，第 14.2〜14.6 節ですでに述べていますので，以下ではその概要を簡単にまとめた上で，具体的な実装方法について説明します．

14.9.1 RNN 層

RNN 層の順伝播は以下の式で表されます．ここで，$h \times m$ 行列の $X^{(t)}$ は時刻 t の入力，$m \times n$ 行列の W はその重み行列，$h \times n$ 行列の $Y^{(t-1)}$ は 1 つ前の時刻 $t-1$ の出力，n 次元の行列 V はその重み行列，$h \times n$ 行列の B はバイアス，f は活性化関数をそれぞれ表します．また，h はバッチサイズ，n は隠れ状態ベクトルの次元，m は入力ベクトルの次元を示します．

$$U^{(t)} = X^{(t)}W + Y^{(t-1)}V + B \tag{14.16}$$

そして，上記の結果を活性化関数 f に入力すると以下の式が得られます．なお，ここでは活性化関数として tanh を用います．

$$Y^{(t)} = f(U^{(t)}) \tag{14.17}$$

逆伝播の場合，活性化関数を $y(u) = \tanh u$ とした場合，以下の式が得られます．

$$\varDelta^{(t)} = [\delta_{ij}] = \left[\frac{\partial E}{\partial u_{ij}^{(t)}}\right] = \left[\frac{\partial E}{\partial y_{ij}^{(t)}}\frac{\partial y_{ij}^{(t)}}{\partial u_{ij}^{(t)}}\right] = \left[\frac{\partial E}{\partial y_{ij}^{(t)}}\right] \odot \left[(1-(y_{ij}^{(t)})^2\right] \tag{14.18}$$

ここで $\varDelta^{(t)}$ は第 14.4 節で登場した $h \times n$ 行列で，$\odot$ はアダマール積です．プログラム中では，$\left[\frac{\partial E}{\partial y_{ij}^{(t)}}\right]$ を

`grad_y` と表します．以下のように各勾配が求まります．

$$\frac{\partial E}{\partial W} = \sum_{t=1}^{\tau} {}^{t}X^{(t)}\varDelta^{(t)}, \tag{14.19}$$

$$\frac{\partial E}{\partial V} = \sum_{t=1}^{\tau} {}^{t}Y^{(t-1)}\varDelta^{(t)}, \tag{14.20}$$

$$\frac{\partial E}{\partial B} = \begin{bmatrix} \sum_{t=1}^{\tau}\sum_{k=1}^{h}\delta_{k1}^{(t)} & \sum_{t=1}^{\tau}\sum_{k=1}^{h}\delta_{k2}^{(t)} & \cdots & \sum_{t=1}^{\tau}\sum_{k=1}^{h}\delta_{kn}^{(t)} \\ \sum_{t=1}^{\tau}\sum_{k=1}^{h}\delta_{k1}^{(t)} & \sum_{t=1}^{\tau}\sum_{k=1}^{h}\delta_{k2}^{(t)} & \cdots & \sum_{t=1}^{\tau}\sum_{k=1}^{h}\delta_{kn}^{(t)} \\ \vdots & \vdots & \ddots & \vdots \\ \sum_{t=1}^{\tau}\sum_{k=1}^{h}\delta_{k1}^{(t)} & \sum_{t=1}^{\tau}\sum_{k=1}^{h}\delta_{k2}^{(t)} & \cdots & \sum_{t=1}^{\tau}\sum_{k=1}^{h}\delta_{kn}^{(t)} \end{bmatrix}, \tag{14.21}$$

$$\frac{\partial E}{\partial X^{(t)}} = \varDelta^{(t)t}W, \tag{14.22}$$

$$\frac{\partial E}{\partial Y^{(t-1)}} = \varDelta^{(t)t}V \tag{14.23}$$

重みの初期値については，Xavier の初期値，つまり前の層のニューロン数を n とした場合の $\frac{1}{\sqrt{n}}$ の標準偏差を持つ分布を用います．

また，確率的勾配降下法の更新式は以下の通りです．

$$W \leftarrow W - \eta\frac{\partial E}{\partial W}, \tag{14.24}$$

$$V \leftarrow V - \eta\frac{\partial E}{\partial V}, \tag{14.25}$$

$$B \leftarrow B - \eta\frac{\partial E}{\partial B} \tag{14.26}$$

今回は回帰問題を扱いますので，損失関数を 2 乗和誤差

$$E = \frac{1}{2}\sum_{k}(y_k - t_k)^2 \tag{14.27}$$

とし，出力層の活性化関数を恒等写像とすれば，

$$y_k = u_k \tag{14.28}$$

なので，次の式が得られます．

$$\delta_k = \frac{\partial E}{\partial u_k} = \frac{\partial}{\partial y_k}\left(\frac{1}{2}\sum_{k}(y_k - t_k)^2\right) = y_k - t_k \tag{14.29}$$

14.9.2 出　力　層

出力層は全結合層となります．この出力層において，活性化関数を f，重みを W，バイアスを B，入力を X，そして出力を Z と表すこととします．すると，順伝播は以下の式で表現できます．

$$\begin{aligned} U &= XW + B, \\ Z &= f(U) \end{aligned} \tag{14.30}$$

逆伝播については，式 (14.19)，(14.21)，(14.22) において時間方向を考慮しないものと同様です．したがって，次のように表現できます．

$$\frac{\partial E}{\partial W} = {}^{t}X\Delta, \tag{14.31}$$

$$\frac{\partial E}{\partial B} = \begin{bmatrix} \sum_{k=1}^{h} \delta_{k1} & \cdots & \sum_{k=1}^{h} \delta_{kn} \\ \vdots & \ddots & \vdots \\ \sum_{k=1}^{h} \delta_{k1} & \cdots & \sum_{k=1}^{h} \delta_{kn} \end{bmatrix}, \tag{14.32}$$

$$\frac{\partial E}{\partial X} = \Delta\, {}^{t}W \tag{14.33}$$

14.9.3 RNN の実装

以上をもとに，RNN を実装してみましょう．なお，ソースコード 14.5 の 50〜52 行目にある `np.zeros_like(a)` は，a と同じ形状で，すべての要素が 0 である NumPy 配列を生成します．これは特定の形状で初期化された 0 の配列が必要な場合，たとえば配列の初期化や再定義などに利用します．

ソースコード 14.5: RNN の実装

```
1  import numpy as np
2  import matplotlib.pyplot as plt
3
4  # 各設定値
5  n_steps = 10  # 時系列のステップ数
6  n_input = 1  # 入力層のニューロン数
7  n_hidden = 20  # 中間層のニューロン数
8  n_output = 1  # 出力層のニューロン数
9
10 eta = 0.001  # 学習係数
11 epochs = 50  # エポック数
12 batch_size = 8
13 interval = 5  # 経過の表示間隔
14
15 # 訓練データの作成
16 x = 【ソースコード 14.1 と同じ】 # -2πから 2πまで
17 sin_x = 【ソースコード 14.1 と同じ】 # sin 関数に乱数でノイズを加える
18
19 n_samples = 【ソースコード 14.1 と同じ】 # サンプル数
20 input_data = 【ソースコード 14.1 と同じ】# 入力
21 correct_data = 【ソースコード 14.1 と同じ】 # 正解
22 for i in range(0, n_samples):
23     input_data[i] = 【ソースコード 14.1 と同じ】
24     correct_data[i] = 【ソースコード 14.1 と同じ】# 正解は入力よりも 1つ後
25
26 # RNN 層
27 class SimpleRNNLayer:
28     def __init__(self, n_upper, n):
29         # パラメータの初期値 W と V は Xavier の初期値で初期化
30         self.w = np.random.randn(n_upper, n) / np.sqrt(n_upper)
31         self.v = np.random.randn(n, n) / 【自分で補おう】
32         self.b = np.zeros(n)  # b はゼロで初期化
33
34     def forward(self, x, y_prev):  # y_prev：前の時刻の出力
35         u = np.dot(x, self.w)【自分で補おう】 # 式 (14.16)の実装
36         self.y = 【自分で補おう】 # 活性化関数 tanh, 式 (14.17)の実装
37
38     def backward(self, x, y, y_prev, grad_y):
39         delta = grad_y * 【自分で補おう】 # 式 (14.18)の実装
```

```

        # 各パラメータの勾配
        self.grad_w += np.dot(【自分で補おう】)  #  式 (14.19)の実装
        self.grad_v 【自分で補おう】  #  式 (14.20)の実装
        self.grad_b += np.sum(【自分で補おう】, axis=0)  # 式 (14.21)の実装

        self.grad_x = 【自分で補おう】  # 式 (14.22)の実装
        self.grad_y_prev = 【自分で補おう】  # 式 (14.23)の実装

    def reset_sum_grad(self):
        self.grad_w = np.zeros_like(self.w)
        self.grad_v = np.zeros_like(self.v)
        self.grad_b = np.zeros_like(self.b)

    def update(self, eta):
        self.w -= eta * self.grad_w  # 重みW の更新, 式 (14.24)の実装
        self.v 【自分で補おう】  # 重みV の更新, 式 (14.25)の実装
        self.b 【自分で補おう】  # バイアスB の更新, 式 (14.26)の実装

# 全結合出力層
class OutputLayer:
    def __init__(self, n_upper, n):
        self.w = np.random.randn(n_upper, n) / 【自分で補おう】  # Xavier の初期値
        self.b = np.zeros(n)

    def forward(self, x):
        self.x = x
        u = np.dot(x, self.w) + self.b  # 式 (14.30)の実装
        self.y = 【自分で補おう】  # 恒等関数, 式 (14.28)の実装

    def backward(self, t):
        delta = self.y - t  # 出力の誤差, 式 (14.25)の実装

        self.grad_w = 【自分で補おう】  # 重みW の勾配, 式 (14.31)の実装
        self.grad_b = 【自分で補おう】  # バイアスB の勾配, 式 (14.32)の実装
        self.grad_x = 【自分で補おう】  # 入力に対する勾配, 式 (14.33)の実装

    def update(self, eta):
        self.w -= eta * self.grad_w  # 重みW の更新, 式 (14.24)の実装
        self.b 【自分で補おう】  # バイアスB の更新, 式 (14.26)の実装

# 各層の初期化
rnn_layer = SimpleRNNLayer(n_input, n_hidden)
output_layer = OutputLayer(n_hidden, n_output)

# 訓練
def train(x_mb, t_mb):
    # 順伝播 RNN 層
    y_rnn = np.zeros((len(x_mb), n_steps+1, n_hidden))
    y_prev = y_rnn[:, 0, :]
    for i in range(n_steps):
        x = x_mb[:, i, :]
        rnn_layer.forward(x, y_prev)
        y = rnn_layer.y
        y_rnn[:, i+1, :] = y
        y_prev = y
```

```python

    # 順伝播 出力層
    output_layer.forward(y)

    # 逆伝播 出力層
    output_layer.backward(t_mb)
    grad_y = output_layer.grad_x

    # 逆伝播 RNN 層
    rnn_layer.reset_sum_grad()
    for i in reversed(range(n_steps)):
        x = x_mb[:, i, :]
        y = y_rnn[:, i+1, :]
        y_prev = y_rnn[:, i, :]
        rnn_layer.backward(x, y, y_prev, grad_y)
        grad_y = rnn_layer.grad_y_prev

    # パラメータの更新
    rnn_layer.update(eta)
    output_layer.update(eta)

# 予測
def predict(x_mb):
    # 順伝播 RNN 層
    y_prev = np.zeros((len(x_mb), n_hidden))
    for i in range(n_steps):
        x = x_mb[:, i, :]
        rnn_layer.forward(x, y_prev)
        y = rnn_layer.y
        y_prev = y

    # 順伝播 出力層
    output_layer.forward(y)

    return output_layer.y

errors = []  # エラーを保存するためのリスト

# エポックを複数回実行
for epoch in range(epochs):
    # データのシャッフル
    index_random = np.arange(n_samples)
    np.random.shuffle(index_random)
    for i in range(n_samples // batch_size):  # ミニバッチ(batch_size) ごとに更新
        mb_index = index_random[i*batch_size : (i+1)*batch_size]
        x_mb = input_data[mb_index, :]
        t_mb = correct_data[mb_index, :]
        train(x_mb, t_mb)

    # 学習経過の表示とエラーの計算
    y_pred = predict(input_data)
    error = 【自分で補おう】 # 2乗和誤差, 式 (14.27)の実装
    errors.append(error)  # エラーをリストに追加

    if epoch % interval == 0:
        print("Epoch:" + str(epoch+1) + "/" + str(epochs), "Error:" + str(error))
```

```
        # グラフ表示
        plt.plot(x, sin_x, linestyle="dashed")
        plt.plot(x[n_steps:], y_pred, marker="o")  # x と y の形状が一致するように変更
        plt.show()

# エラーのプロット
plt.figure()
plt.plot(errors)  # すべてのエポックで計算されたエラーをプロット
plt.title('Error over epochs')
plt.xlabel('Epochs')
plt.ylabel('Error')
plt.show()
```

実行例

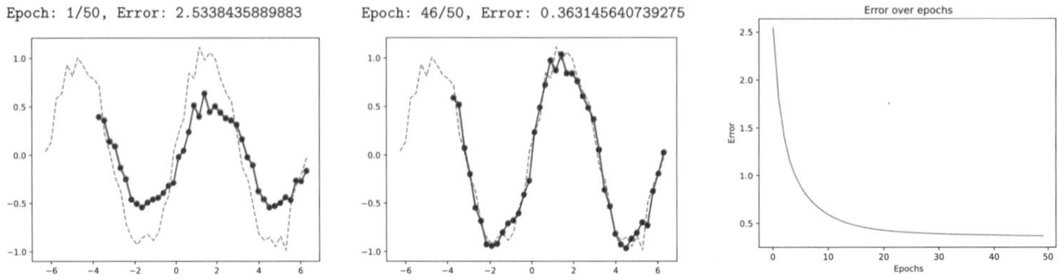

課題 14.2　ソースコード 14.5 の実行結果を確認せよ．また，エポック数，バッチサイズ，初期値を変えたりしてプログラムを実行せよ．これらの結果に対する自分の考えや解釈を述べよ．

課題略解

※課題番号のないものは略解も省略

第 1 章

課題 1.1　右辺を展開し，左辺と等しくなることを示せばよい．

課題 1.2　式 (1.2) より $y_i - \widehat{y_i} = y_i - \{\overline{y} + a(x_i - \overline{x})\}$ である．後は，この式の両辺の和を考えればよい．

課題 1.3　$y_i - \overline{y} = (y_i - \widehat{y_i}) + (\widehat{y_i} - \overline{y})$ に注意して，定理 1.1 より，次の式が成り立つことを利用する．

$$\sum_{i=1}^{N}(y_i - \widehat{y_i})(\widehat{y_i} - \overline{y}) = \sum_{i=1}^{N}\{y_i - (\overline{y} + a(x_i - \overline{x}))\}\{\overline{y} + a(x_i - \overline{x}) - \overline{y}\} = a\sum_{i=1}^{N}(x_i - \overline{x})(y_i - \overline{y}) - a^2\sum_{i=1}^{N}(x_i - \overline{x})^2 = 0 \tag{A1}$$

課題 1.4　式 (A1) と課題 1.2 の結果を使って，$\frac{1}{N}\sum_{i=1}^{N}(\widehat{y_i} - \overline{y})(e_i - \overline{e}) = 0$ を示せばよい．

課題 1.5　SSE = SST または SSR = 0 となるとき．このような状況を説明してみよう．

課題 1.6　課題 1.9 の結果を参照．

課題 1.7　たとえば，文献 [15] の pp.54-55 を参照．

課題 1.8　標準偏差を大きくした場合

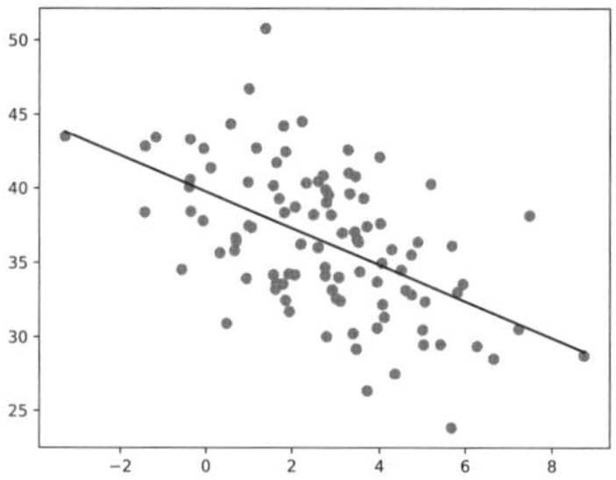

課題 1.9

```
決定係数 (y=x)： -12.0
決定係数 (y=-0.1x+2.2)： 0.09999999999999987
```

第 2 章

課題 2.1　第 2.2 節を参照せよ．補題 2.2 の証明と同様に考えれば，E のヘッセ行列 H が半正定値となり，H が逆行列を持つとは限らないことがわかる．

課題 2.2　$p+1=N$ のとき，A は**バンデルモンド行列**（Vandermonde matrix）なので，その行列式は，$\det A = \prod_{1 \le i < j \le N}(x_i - x_j)$ であることを用いる．バンデルモンドの行列式については，たとえば，文献 [20] の定理 5.6.1 を参照せよ．

課題 2.3　データ数やデータの特性などについて考えてみる．インターネットでも調べてみよう．

課題 2.10

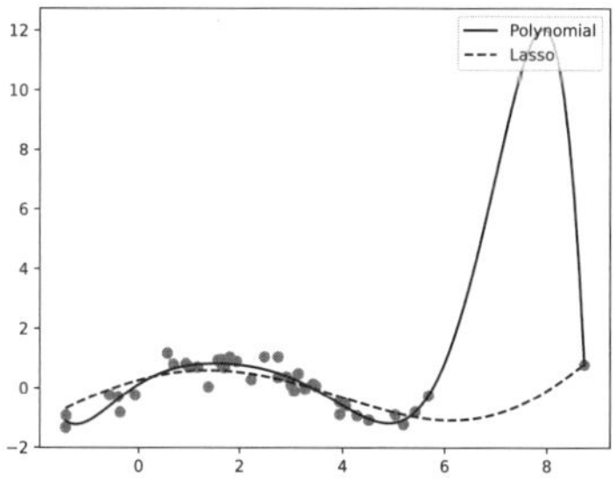

ラッソ回帰

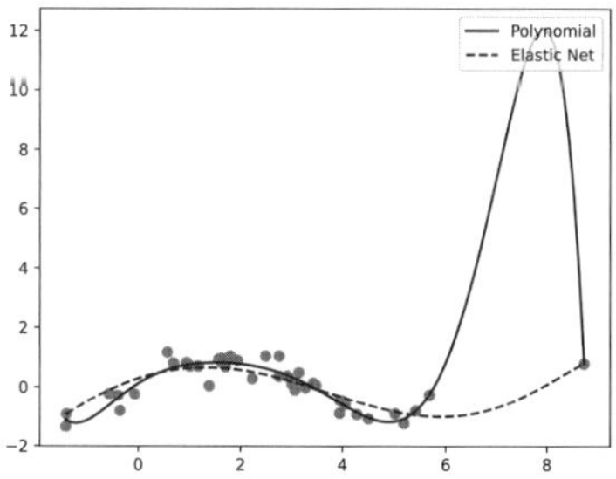

Elastic Net

第3章

課題 3.1 定理 2.1 の証明をなぞればよい．

課題 3.2 式 (3.9) を使って，課題 1.3 と同様に考える．

課題 3.3 追加した変数が p 個の変数の線形結合で表され，y の予測に関してまったく寄与しない場合．

課題 3.6

```
LinregressResult(slope=0.41793849201896244, intercept=0.45085576703268027,
rvalue=0.6880752079585477, pvalue=0.0, stderr=0.0030680575388678387,
intercept_stderr=0.013228716177148091)
決定係数： 0.4734474918071987
傾き： 0.41793849201896244 切片： 0.45085576703268027
```

課題 3.7

```
           5             4            3           2
1.961e-05 x - 0.0005913 x + 0.002255 x + 0.04009 x + 0.164 x + 0.7797
決定係数： 0.4863459521213568
```

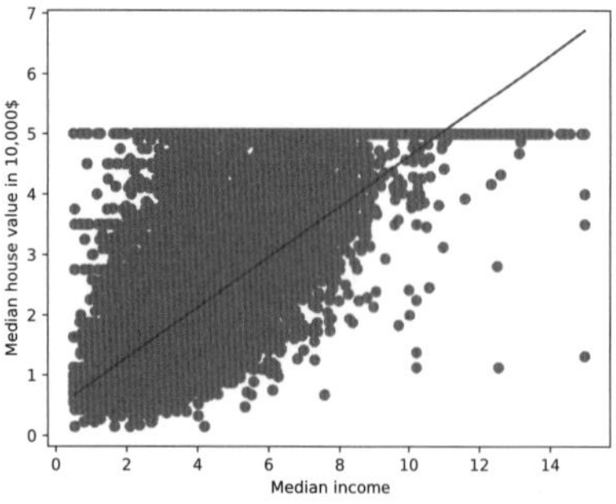

課題 3.6 の例

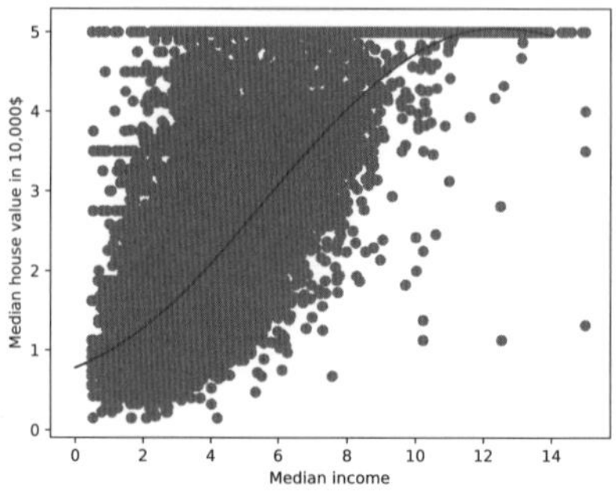

課題 3.7 の例

課題 3.8

SciPy を使った単回帰例

```
LinregressResult(slope=9.102108981180306, intercept=-34.67062077643854, 【以下省略】)
決定係数： 0.483525455991334
傾き： 9.102108981180306 切片： -34.67062077643854
```

NumPy を使った多項式回帰例

```
         5         4         3         2
-0.4596 x + 13.82 x - 163.7 x + 957.8 x - 2768 x + 3174
決定係数： 0.5903665905774409
```

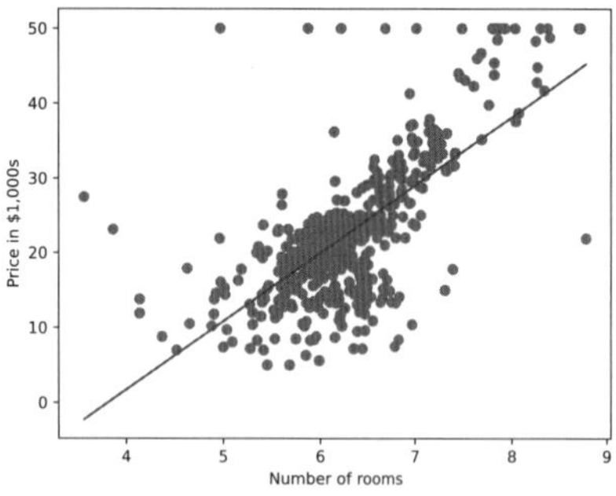

単回帰

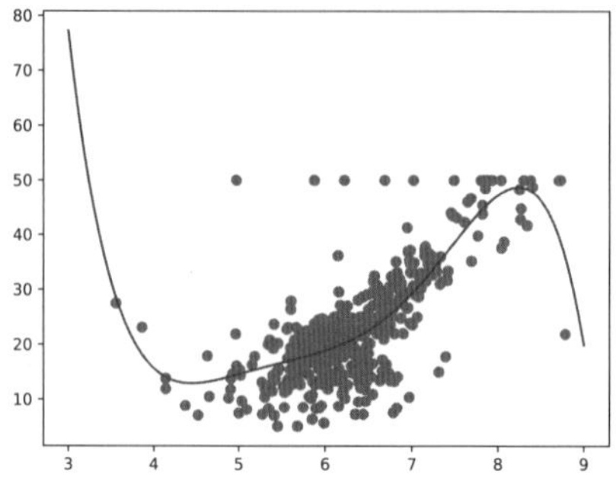

多項式回帰

課題 3.10

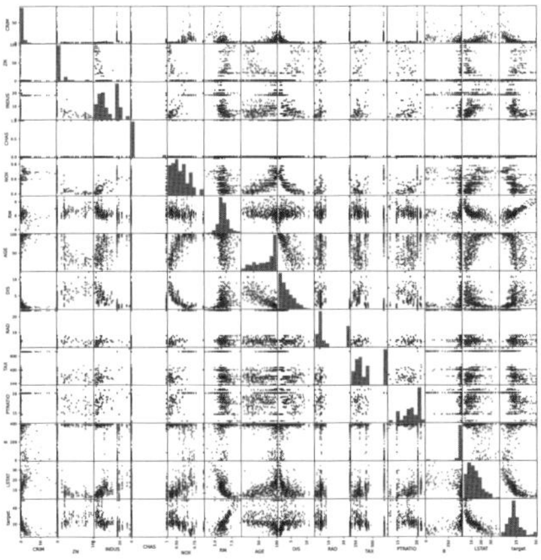

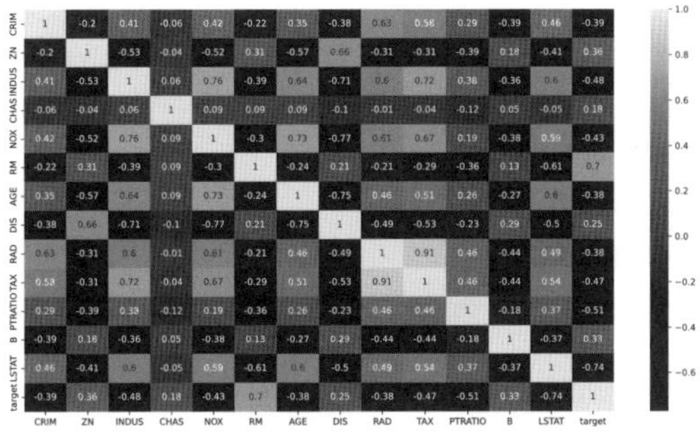

課題 3.11 住宅価格の中央値は 10 万ドル単位だったので，MSE が 0.69 ということは，平均的な誤差は 69,000 ドルを意味する．平均的な誤差が 69,000 ドルということは，それ以上の誤差もあるということである．このようなことも考えて，自分なりに回答しよう．

課題 3.12

```
MSE(Train):  43.7187065873985
MSE(Test):  43.4720416772022
```

課題 3.13 課題 3.11 も踏まえて考えよう．決定係数や MSE の目安は分野によって異なるので，いろいろと調べてみましょう．

課題 3.14

```
Cross validation scores (k=5) : [ 0.63919994  0.71386698  0.58702344  0.07923081 -0.25294154]
Cross validation scores (k=5) : 平均 : 0.353, 標準偏差 : 0.377
Cross validation scores (k=5) : [12.46030057 26.04862111 33.07413798 80.76237112 33.31360656]
Cross validation scores (k=5) : 平均 : 37.132, 標準偏差 : 23.092
```

課題 3.15 訓練データとテストデータともに右肩上がりになっている．どのようなことが考えられるか？ 未学習や過学習は起こっていないか？

課題 3.16

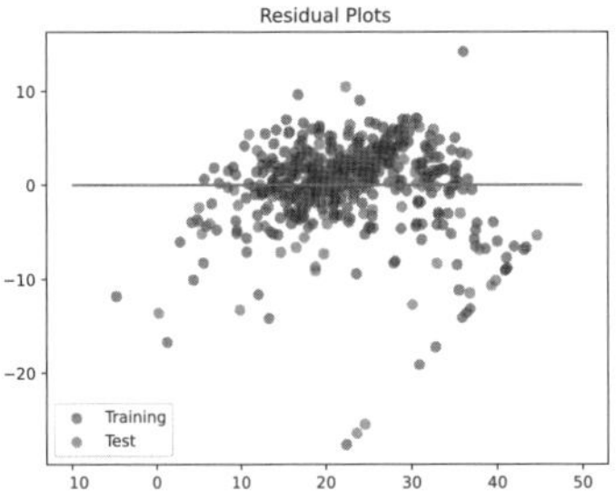

課題 3.18 たとえば，小数点以下の値に着目しよう．他のデータでもやってみよう．

課題 3.19 29.782245092302347

第 4 章

課題 4.1

$$x = \log\left(\frac{p}{1-p}\right) \Longrightarrow e^x = \frac{p}{1-p} \Longrightarrow p(1+e^x) = e^x \Longrightarrow p = \frac{e^x}{1+e^x} = \frac{e^x e^{-x}}{(1+e^x)e^{-x}} = \frac{1}{1+e^{-x}}$$

課題 4.8 オッズ比が 1 より大きい特徴量は，結果に正の影響を与え 1 より小さい特徴量は結果に対して負の影響を与える．また，係数が正の値を持つ特徴は，その特徴が増加すると結果が正のクラスになる確率を増加させ，係数が負の値を持つ特徴は，その特徴が増加すると，結果が負のクラスになる確率を増加させる．これらのことを踏まえて結果を読み取ろう．たとえば，occ5 と occ6 は比較的大きな正の係数を持つため，これらの特徴量が大きいと正のクラスに分類される確率が高まる．

第 6 章

課題 6.1　$\lim_{x \to +0} x \log_2 x$ を考えよ．

課題 6.6　【解答例】

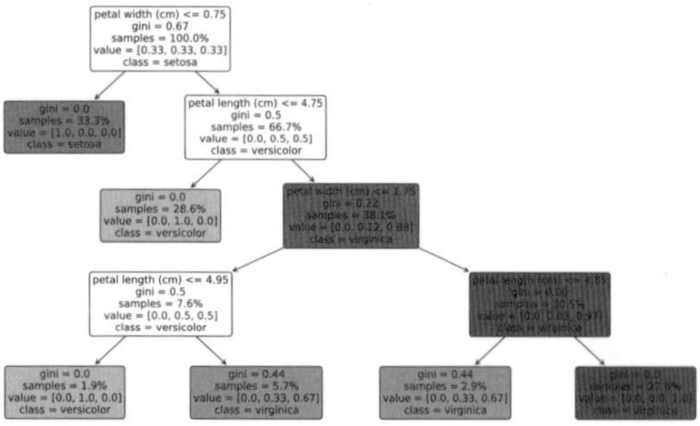

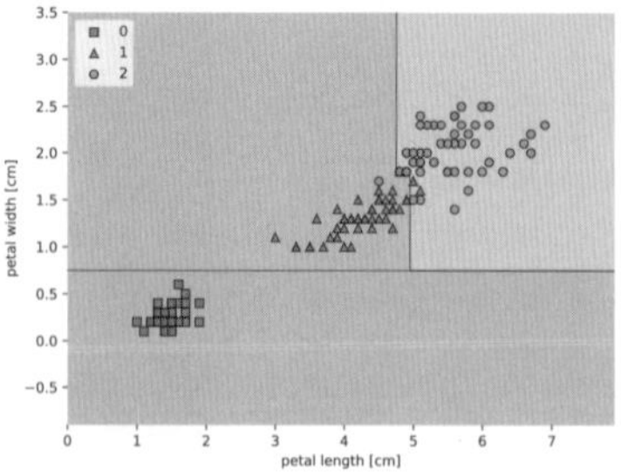

課題 6.8　【解答例】

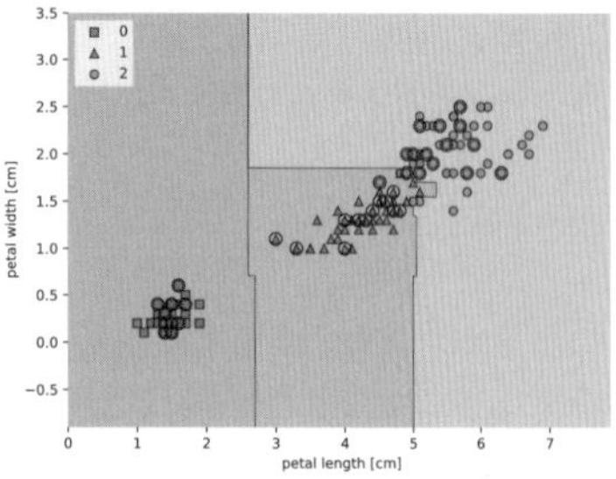

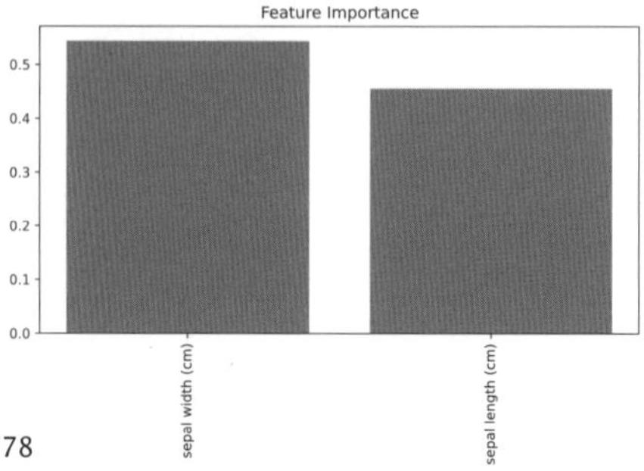

accracy_score による正解率 (test):0.9778

第 7 章

課題 7.5　accracy_score による正解率 (train):0.9429　　accracy_score による正解率 (test):1.0000

第 8 章

課題 8.4

正解率 (train):0.9556

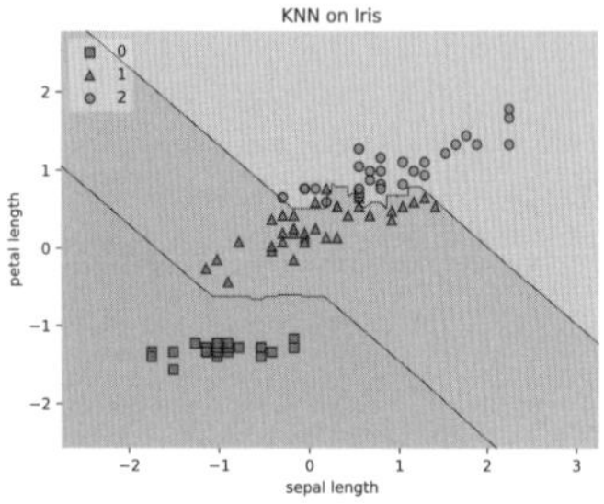

課題 8.6

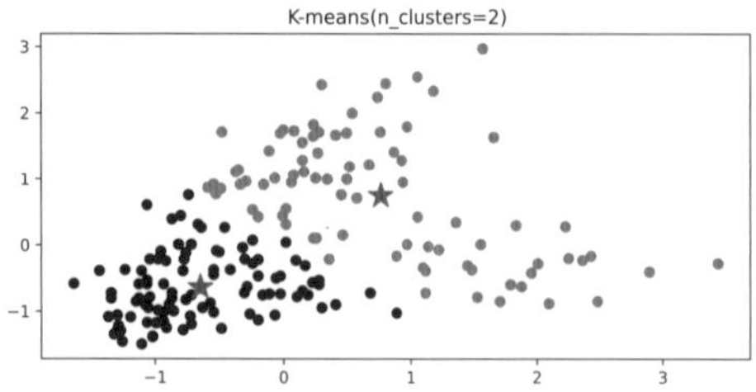

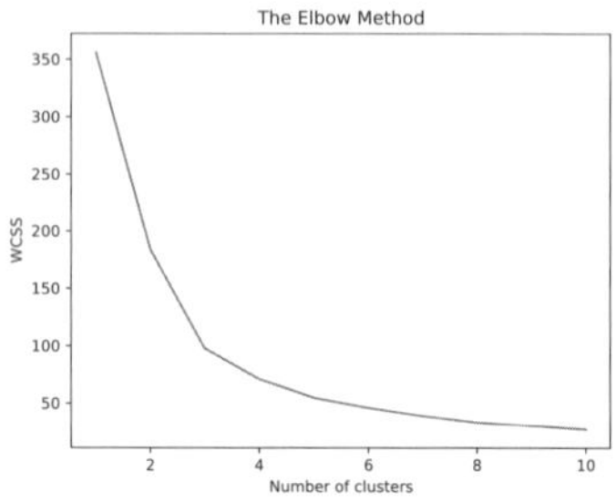

第 9 章

課題 9.6 【考察ポイントの例】 第 1 主成分だけで，目的変数を識別できそうか？ 第 1 主成分がどのもとの変数と相関が高そうか？ 主成分分析を使わなくても，説明変数に閾値を設定すれば分類できそうか？

主成分分析前のデータ次元：(150, 4)
主成分分析後のデータ次元：(150, 2)

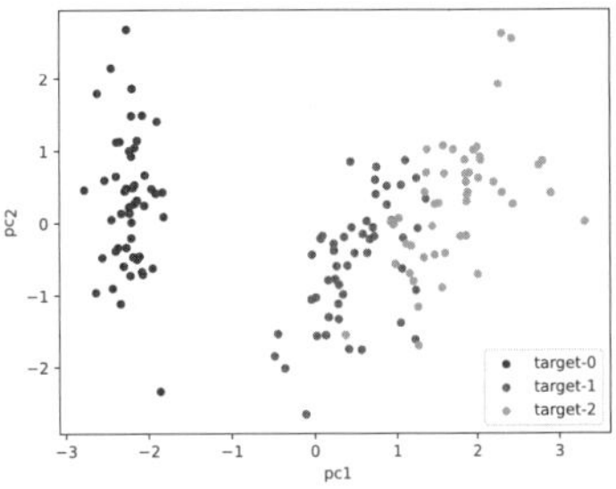

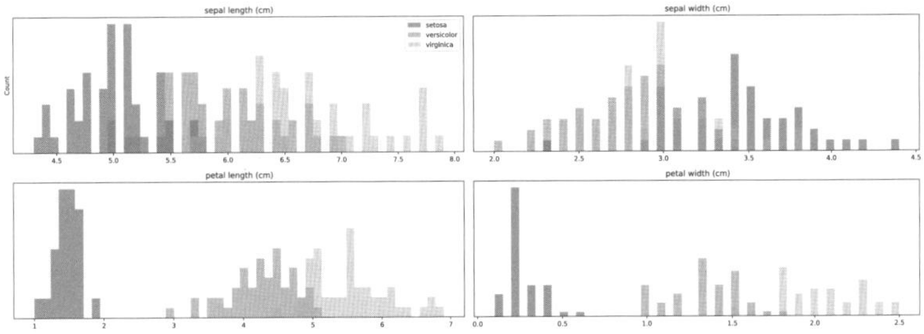

第 10 章

課題 10.5 random_state=0 のみを指定したときの出力例

ハードマージン：正解率 (train):0.993
ハードマージン：正解率 (test):0.951
ソフトマージン：正解率 (train):0.991
ソフトマージン：正解率 (test):0.965

第 11 章

課題 11.5

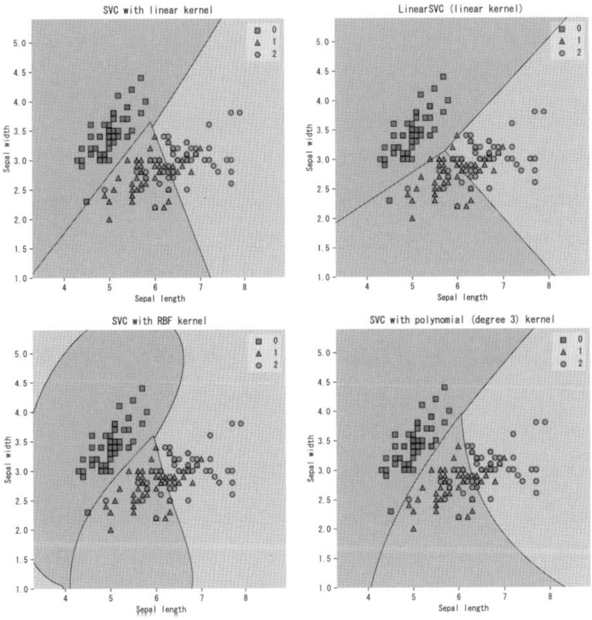

参考文献

[1] Sebastian Raschka（著), Vahid Mirjalili（著), 福島 真太朗（監修), 株式会社クイープ（翻訳), [第 3 版] Python 機械学習プログラミング ―達人データサイエンティストによる理論と実践―, インプレス, 2020 年.

[2] Jake VanderPlas（著), 菊池 彰（翻訳), Python データサイエンスハンドブック ―Jupyter, NumPy, pandas, Matplotlib, scikit-learn を使ったデータ分析, 機械学習―, オライリージャパン, 2018 年.

[3] 我妻 幸長, はじめてのディープラーニング ―Python で学ぶニューラルネットワークとバックプロパゲーション―, SB クリエイティブ, 2018 年.

[4] 我妻 幸長, はじめてのディープラーニング 2 ―Python で実装する再帰型ニューラルネットワーク, VAE, GAN―, SB クリエイティブ, 2020 年.

[5] 猪狩 宇司, 今井 翔太, 江間 有沙, 岡田 陽介, 他, 深層学習教科書 ディープラーニング G 検定（ジェネラリスト）公式テキスト 第 2 版, 翔泳社, 2021 年.

[6] 岡谷 貴之, 深層学習 改訂第 2 版（機械学習プロフェッショナルシリーズ), 講談社, 2022 年.

[7] 河本 薫, データ分析・AI を実務に活かす データドリブン思考, ダイヤモンド社, 2022 年.

[8] 北川 源四郎（編集), 竹村 彰通（編集), 赤穂 昭太郎（著), 他, 応用基礎としてのデータサイエンス AI ×データ活用の実践, 講談社, 2023 年.

[9] 斎藤 康毅, ゼロから作る Deep Learning ―Python で学ぶディープラーニングの理論と実装―, オライリージャパン, 2016 年.

[10] 斎藤 康毅, ゼロから作る Deep Learning 2 ―自然言語処理編―, オライリージャパン, 2018 年.

[11] 数理人材育成協会（編集), データサイエンス応用基礎, 培風館, 2022 年.

[12] 塚本 邦尊（著), 山田 典一（著), 大澤 文孝（著), 中山 浩太郎（監修), 松尾 豊（協力), 東京大学のデータサイエンティスト育成講座 Python で手を動かして学ぶデータ分析, マイナビ出版, 2019 年.

[13] 杜 世橋, 現場で使える！ PyTorch 開発入門 ―深層学習モデルの作成とアプリケーションへの実装―, 翔泳社, 2018 年.

[14] 皆本 晃弥, スッキリわかる微分方程式とベクトル解析: ―誤答例・評価基準つき―, 近代科学社, 2007 年.

[15] 皆本 晃弥, スッキリわかる確率統計: ―定理のくわしい証明つき―, 近代科学社, 2015 年.

[16] 皆本 晃弥, 基礎からスッキリわかる微分積分, 近代科学社, 2019 年.

[17] 皆本 晃弥, 基礎からスッキリわかる線形代数, 近代科学社, 2019 年.

[18] 毛利 拓也, 北川 廣野, 澤田 千代子, 谷 一徳, scikit-learn データ分析 実践ハンドブック, 秀和システム, 2019 年.

[19] 森下 光之助, 機械学習を解釈する技術 ―予測力と説明力を両立する実践テクニック―, 技術評論社, 2021 年.

[20] 吉野 雄二, 基礎課程 線形代数, サイエンス社, 2000 年.

索　引

著者略歴

皆本晃弥（みなもと てるや）

1996 年	第 1 種情報処理技術者試験合格
1997 年	九州大学大学院数理学研究科数理学専攻博士後期課程単位取得退学
(同年)	九州大学大学院システム情報科学研究科情報理学専攻 助手
2000 年	博士 (数理学)
現　在	佐賀大学教育研究院自然科学域理工学系 教授

主要著書　Linux/FreeBSD/Solaris で学ぶ UNIX
UNIX ユーザのためのトラブル解決 Q & A
理工系ユーザのための Windows リテラシ
GIMP/GNUPLOT/Tgif で学ぶグラフィック処理
シェル & Perl 入門
やさしく学べる pLaTeX 2ε 入門
C 言語による数値計算入門
やさしく学べる C 言語入門［第 2 版］
楽しく学ぶ みんなの C プログラミング

Information & Computing–124
Pythonによる 数理・データサイエンス・AI
—理論とプログラム—

2023 年11月25日©　　初 版 発 行

著　者　皆本晃弥　　発行者　森 平 敏 孝
　　　　　　　　　　印刷者　小宮山恒敏

発行所　**株式会社　サイエンス社**

〒151-0051　東京都渋谷区千駄ヶ谷 1 丁目 3 番 25 号
営 業　☎(03)5474-8500(代)　振替 00170-7-2387
編 集　☎(03)5474-8600(代)　FAX (03)5474-8900

印刷・製本　小宮山印刷工業 (株)

《検印省略》

ISBN978-4-7819-1585-2

PRINTED IN JAPAN

サイエンス社のホームページのご案内
https://www.saiensu.co.jp
ご意見・ご要望は
rikei@saiensu.co.jp　まで．